高等教育"十三五"规划教材

新编安全科学与工程专业系列教材

# 安全人机工程学

主　编　李　辉　程　磊

主　审　景国勋

中国矿业大学出版社

·徐州·

## 内 容 提 要

本书以人、机、环境三要素为研究对象,系统阐述了安全人机工程学的基础理论、方法原理与应用分析。全书共 9 章,第 1 章为绪论;第 2 章至第 5 章分别为人体的人机学参数、人的生理特性、人的心理特性、人体运动和能量代谢系统及疲劳损伤特性;第 6 章至第 9 章分别为安全人机功能匹配、人机系统的安全设计、作业环境与安全人机系统的关系、"安全人机工程学"课程设计概述;还提供了一个完整的附录。

本书作为高等教育"十三五"规划教材,适用于安全科学与工程专业,也可作为其他相关专业的教学用书,还可供相关专业的研究生、安全领域的研究人员、教师和其他工程技术人员参考。

**图书在版编目(CIP)数据**

安全人机工程学 / 李辉,程磊主编.—徐州:中国矿业大学出版社,2018.10(2021.2重印)

ISBN 978-7-5646-3595-4

Ⅰ.①安… Ⅱ.①李… ②程… Ⅲ.①安全人机学—高等学校—教材 Ⅳ.①X912.9

中国版本图书馆 CIP 数据核字(2017)第 159324 号

| | |
|---|---|
| 书　　名 | 安全人机工程学 |
| 主　　编 | 李　辉　程　磊 |
| 责任编辑 | 陈红梅 |
| 出版发行 | 中国矿业大学出版社有限责任公司 |
| | （江苏省徐州市解放南路　邮编 221008） |
| 营销热线 | (0516)83884103　83885105 |
| 出版服务 | (0516)83995789　83884920 |
| 网　　址 | http://www.cumtp.com　E-mail:cumtpvip@cumtp.com |
| 印　　刷 | 江苏淮阴新华印务有限公司 |
| 开　　本 | 787 mm×1092 mm　1/16　印张 16.75　字数 418 千字 |
| 版次印次 | 2018 年 10 月第 1 版　2021 年 2 月第 2 次印刷 |
| 定　　价 | 34.00 元 |

（图书出现印装质量问题,本社负责调换）

# 前　言

　　安全人机工程学是从安全的角度出发,以生产、生活、生存领域中的人为中心,以安全科学、系统科学、人体科学为基础理论,运用人机工程学的原理和方法研究人机结合面安全问题的一门新兴学科。它既是人机工程学的应用学科,也是安全工程学的重要分支学科。同时,"安全人机工程学"也是安全工程类专业以及人机与环境工程类专业的重要专业基础课程之一,现已列为安全工程专业的必修专业基础课程。

　　安全人机工程学把人—机—环境系统作为研究对象,中心问题是从系统安全、预防事故及职业病的观点来研究和解决人与环境系统的合理关系。主要侧重于人们在生产劳动中的保护,重点从人的生理、心理、生物力学、安全科学、劳动科学等几个方面研究生产过程,以期更好地实现人、机、环境3个方面因素的协调。

　　本书是为满足"安全人机工程"课程教学需要而编写的。在编写过程中,编者始终以安全科学、系统科学和人体科学为核心,十分重视基本概念、基础原理、基本方法的阐述,着重强调教材的科学性、系统性、新颖性和整体构思的完整性;同时广泛收集有关专家、学者的研究成果和成熟的理论知识,力求兼顾知识性、普遍性和实用性等几个方面,并结合文中与附录中的案例分析,按照从感性到理性、从具体到抽象、由浅入深的认识规律,并考虑到理论课与实践课相配合来编排课程体系。

　　全书共分9章,第1章、第2章、第3章、第7章由李辉(河南理工大学)编写,第4章、第6章、第8章由程磊(河南理工大学)编写,第5章由王振江(河南工程学院)编写,第9章由胡国忠(中国矿业大学)编写,附录由李辉和程磊共同编写。本书由李辉、程磊担任主编,并负责全书的统稿、定稿工作。

　　本书图文并茂,内容丰富。书中列举了多篇参考文献,供感兴趣的读者进一步阅读和学习。另外,编者通过多年教学实践与长期科学研究成果的提炼、升华,认真编写了附录,作为安全人机工程学的典型案例,使读者加深理解书中所讲授的基本内容,密切联系现代科研方向,提高解决工程实践问题的能力。

　　本书力求简明扼要、重点突出,在编写过程中参考了诸多相关文献,为提高本书的质量起到了很好的帮助作用;初稿完成后,承蒙安阳工学院景国勋教授给予认真审阅,并提出许多宝贵意见;在编写出版过程中,得到了中国矿业大学出版社陈红梅编辑的支持和大力帮助。在此,编者们向本书的审阅者、文献作者和专家学者们以及中国矿业大学的相关编辑表示衷心的感谢。

本书可作为安全科学与工程、人机与环境工程、系统工程、消防工程、工业工程等专业的本科教材和教学参考用书,也可供有关教师、科技人员、管理人员以及相关专业的研究生参考学习。

由于编者水平有限,书中难免存在不足与欠妥之处,敬请各位专家及广大读者批评指教。

编 者

2018 年 10 月

# 目　录

# 1

## 绪　　论

## 1.1　人机工程学

人机工程学(man-machine engineering)是一门专门研究人、机及其工作环境之间相互作用的技术科学。该学科在其自身的发展过程中逐步打破各学科之间的界限，并有机地融合了相关学科理论，不断地完善自身的基本概念、基础理论、研究方法、技术标准和操作规范，从而形成了一门研究和应用都极为广泛的综合性边缘学科。它起源于欧洲，形成于美国，发展于日本，作为一门独立学科已有60余年的历史。

### 1.1.1　人机工程学的命名与定义

1) 人机工程学的命名

英国学者莫瑞尔于1949年首次正式提出ergonomics一词，该词由希腊词根"ergon"(工作、劳动)和"nomoi"(自然法则)复合而成，其含义是"人的工作规律"。也就是说，这门学科是研究人们在生产、生活和操作过程中合理地、适度地劳动和用力的规律问题。在1950年2月召开的学术会议上，大会通过了使用"ergonomics"这一术语。由于该词能够较为全面地反映本学科的本质，又源于希腊文，为便于各国语言翻译上统一且保持词义中立性，同时不会对各组成学科亲密或间疏，因此目前大多数国家采用"ergonomics"一词作为该学科名称。

由于该学科研究和应用范围极其广泛，它所涉及的各学科、各领域的专家、学者都试图从各自研究领域的角度和解决问题的着眼点来给本学科命名。例如，这门学科的名称在美国被称为"human engineering"(人类工程学)或"human factors engineering"(人的因素工程学)，西欧国家多用"ergonomics"，日本和俄罗斯都用西欧名称，日语为"人间工学"，俄语为"эргономика"，其他国家大都是沿用英、美两国名称。在我国，由于看问题的角度和着眼点不同而采用的名称不同，其称呼大致有"人体工程学"、"人因工程学"、"工效学"、"人机工程学"等。

2) 人机工程学的定义

人机工程学是20世纪中期发展起来的交叉科学，它广泛运用人体测量学、生理学、卫生学、医学、心理学、系统科学、社会学、管理学及技术科学和工程技术等学科的理论和知识，研

— 1 —

究人、机及其工作环境,特别是人、机与环境结合面之间的关系,通过恰当的设计使人机系统能高工效和安全地工作。这门学科目前在国内外尚无统一的定义,而且随着学科的发展,其定义也在不断地发生变化。

国际人类工效学会(International Ergonomics Association,IEA)将人机工程学定义为:研究人在某种工作环境中的解剖学、生理学和心理学等方面的特点、功能,研究人和机器及环境的相互作用,研究在工作中、生活中和休息时怎样统一考虑工作效率、人的健康、安全和舒适等问题的学科。2000年8月,IEA理事会又对定义进行了修改:研究系统中人和系统中其他元素之间的相互作用的一门科学,其目的是使人在系统中工作、生活的舒适性与系统总的绩效达到最优。

《中国企业管理百科全书(合订本)》(企业管理出版社,1990年版)将人机工程学定义为研究人和机器、环境的相互作用及其合理结合,使设计的机器和环境系统适合人的生理、心理等特点,达到在生产中提高效率、安全、健康和舒适的目的的学科。有些学者通过对于各种定义的归结,认为人机工程学可定义为:按照人的特性设计和改善人—机—环境系统的科学。

综上所述,尽管学科名称多样,定义存在不同程度的分歧,但本学科的研究对象、研究方法、理论体系等方面并不存在根本的区别。这正是人机工程学作为一门独立学科存在的理由,同时也充分体现了该学科边界模糊、内容综合性强、涉及面广等特点。

## 1.1.2 人机工程学的产生与发展

从广义上说,从原始社会人们借助工具劳作开始,就产生了人和机的关系。这是一种最原始,也是最简单的"人机关系",即人与工具和器具之间的关系,它们相互依存、相互制约。英国是世界上最早开展人机工程学研究的国家,但本学科奠基性工作实际上是在美国完成的,而此后对学科的进一步发展和应用起推动作用的却是日本。所以,人机工程学有"起源于欧洲、形成于美国、发展于日本"之说。在本学科的形成与发展过程中,主要经历了3个阶段,即经验人机工程学、科学人机工程学和现代人机工程学。

1) 经验人机工程学

自人类社会形成以来,人类在求生存、求发展的搏斗中,开始创造各种各样的简单器具。人类利用这些器具进行狩猎、耕种,从而有了人与器具的关系——原始人机关系。在古老的人类社会中尽管没有系统的人机工程学的研究方法,但人类通过实践的启发所创造的各种简单工具,以其形状的发展变化来看是符合人机学原理的。例如:旧石器时代的石刀、石枪、石斧、骨针等工具大部分呈直线形状,有利于使用;到新石器时代,人类所用的锄头及石磨等的形状,就更适合人的使用。那时的人类用这些工具进行笨重的体力劳动时,就自发地存在保护自己和提高劳动效率两方面需要解决的问题。随着人类社会的发展,人类所创造的工具更是大大向前发展,这些工具由于人的使用经验、体会促使人机关系由简单到复杂,由低级到高级,由自发到自觉,逐渐科学化。但这个时期的人机关系及其发展只是建立在人类不断积累的经验和自发的基础上,因此称为经验人机关系或自发人机关系。

工业革命是资本主义发展史上的一个重要阶段,是以大规模工厂化生产取代个体工厂手工生产的一场生产与科技革命。工业革命之后,人们所从事的劳动在复杂程度和负荷量上都有了很大的变化。这段时期对劳动功效的苛刻追求促进了人机工程学的孕育,世界上一些工业发达国家就在客观需要的条件下提出了"操作方法"课题,如进行过"肌肉疲劳试验"、"铁锹作业试验研究"及"砌砖作业试验"等,以便于耗费最少的体力,获得较多的效益。

① 肌肉疲劳试验。1884 年,德国学者莫索(A. Mosso)对人体劳动疲劳现象进行试验研究。对作业的人体通以微电流,随着人体疲劳程度的变化,电流也随之变化,这样可以采用不同的电信号来反映人的疲劳程度。这一试验研究为以后的"劳动科学"奠定了基础。

② 铁锹作业试验研究。1898 年美国学者泰勒(F. W. Taylor)从人机学角度出发,对铁锹的作业效率进行了研究。他用形状相同而铲量分别为 5 kg、10 kg、17 kg 和 30 kg 的 4 种铁锹交给工人,去铲同一堆煤,进行铲煤作业试验,比较他们在每个班次 8 h 的工作效率。结果表明工效有明显差距,虽然 17 kg 和 30 kg 的铁锹每次铲的量大,但事实上铲煤量为 10 kg 的铁锹作业效率最高。他做了许多次试验,找出了铁锹的最佳设计和搬运煤屑、铁屑、沙子、铁矿石等松散粒状材料每一铲的最适当的质量。该试验是关于体能合理利用的最早科学试验。泰勒还进行了对比各种不同的操作方法、操作动作的工作效率的研究,这是关于合理作业姿势的最早科学研究。

③ 砌砖作业试验。吉尔伯勒斯(F. B. Gilreth)是泰勒的亲密合作者,科学管理运动的主要代表之一。他指出,"世界上最大的浪费,无过于不必要的、错误的、无效的动作所造成的浪费"。1911 年,吉尔伯勒斯对建筑工人砌砖作业进行了试验研究。他用高速摄影机把工人的砌砖动作拍摄下来,通过对所拍摄的砌砖动作进行分析研究,去掉多余无效动作,最终提高了工作效率,使工人砌砖速度由当时的 120 块/h 提高到 350 块/h。

泰勒和吉尔伯勒斯的这些试验影响很大,后来成为人机工程学的重要分支"时间与动作的研究"中的主要内容。特别是泰勒的研究成果,他在传统管理方法的基础上,首创了新的管理方法和理论,并据此制定了一整套以提高工作效率为目的的操作方法。20 世纪初,美国和欧洲一些国家为了提高劳动生产率而推行的"泰勒制"。

经验人机工程学研究阶段一直持续到第二次世界大战之前。它主要研究每一种职业的要求,利用测试来选择工人和安排工作;如何挖掘和利用人力的方法;制订培训方案,使人力得到最有效的发挥;研究最优良的工作条件;研究最好的组织管理形式;研究工作动机,促进工人和管理者之间的通力合作。参与研究的人员大都是心理学家,研究偏向心理学方向。学科发展的主要特点是:机械设计的主要着眼点在于力学、电学、热力学等工程技术方面的优选上,在人机关系上以选择和培训操作者为主,使人适应于机械设备的运行。

2) 科学人机工程学

第二次世界大战期间,由于战争的需要,许多国家大力发展高效能、威力大的新式武器和装备。但由于片面注重新式武器和装备的功能研究,而忽视了其中"人的因素",因而由于操作失误导致失败的教训屡见不鲜。例如,由于战斗机中座舱及仪表位置设计不当而造成飞行员误读仪表和误用操作器而导致意外事故,或由于操作复杂、不灵活和不符合人的生理尺寸而出现战斗命中率低等现象。失败的教训引起了决策者和设计者的高度重视。通过分析研究,逐步认识到,在人和武器的关系中主要的限制因素不是武器而是人,并深深感到"人的因素"在设计中是不能忽视的一个重要条件;同时还认识到,要设计好一个高效能的装备,只有工程技术知识是不够的,还必须有生理学、心理学、人体测量学生物力学等学科的知识。因此,在第二次世界大战期间,人们在军事领域中开展了与设计相关学科的综合研究与应用。例如,为了使所设计的武器能够符合战士的生理特点,武器设计工程师不得不把解剖学家、生理学家和心理学家请去为设计操纵合理的武器而出谋献策,结果取得了良好的效果。最终,军事领域中对"人的因素"的研究应用使人机工程学应运而生。

科学人机工程学一直持续到 20 世纪 50 年代末。在其发展的后一阶段,由于战争的结束,本学科的综合研究与应用逐渐从军事领域向非军事领域发展,并逐步应用军事领域中的研究成果来解决工业与工业设计中的问题,如飞机、汽车、机械设备、建筑设施及生活用品等。人们还提出在设计工业机械设备时也应集中运用工程技术人员、医学家、心理学家等相关学科专家的共同智慧。因此,在这一发展阶段中,学科的研究课题已超出了心理学的研究范畴,使许多生理学家、工程技术专家涉身到该学科中来共同研究,从而使学科命名也有所变化,大多称为"工程心理学"。这一阶段学科发展主要特点是重视工业与工程设计中"人的因素",力求使机器适应于人。

3)现代人机工程学

20 世纪 60 年代,欧美各国进入大规模的经济发展时期,由于科学技术的进步,人机工程学获得了更多的应用和发展机会。宇航技术的发展、原子能的利用、电子计算机的应用以及各种自动装置的广泛使用,使人机关系更加复杂。同时,在科学领域中,由于控制论、信息论、系统论和人体科学等学科中新的理论建立,要求在研究人机关系时应用新理论来进行人机系统设计。这一切不仅给人机工程学提供了新的理论和新的实验场所,同时也给该学科的研究提出了新的要求和新的课题,从而使人机工程学进入了系统的研究阶段,也使人机工程学的发展走向成熟。

现代人机工程学研究的方向是把人—机—环境系统作为统一的整体来研究,以创造最适合于人操作的机械设备和作业环境,使人—机—环境系统相协调,从而获得最优的以及安全、高效、经济的系统组合方式。

由于人机工程学的迅速发展及其在各个领域中的作用越来越显著,引起了各学科专家学者的关注,1961 年在瑞士的斯德哥尔摩正式成立了国际人类工效学会,该学会每三年召开一次国际大会,为推动各国人机工程学的发展起了重大的作用。

本学科在国内起步虽晚,但是发展迅速。新中国成立前仅有少数人从事工程心理学的研究;到了 20 世纪 60 年代初,只有中国科学院、中国军事科学院等少数单位从事本学科中个别问题的研究,其研究范围仅局限于国防和军事领域,但这些研究为我国人机工程学的发展奠定了基础;70 年代末,人机工程学在我国进入了较快的发展时期;1989 年正式成立了本学科与 IEA 相应的国家一级学科组织——中国人类工效学学会(Chinese Ergonomics Society,CES)。

### 1.1.3　人机工程学的研究内容

人机工程学的研究对象是人机系统，即人机各自的特性、功能和其相互作用以及总体功能。

人机工程学的研究任务就是解决人与机的关系，改善机械设备发出的信号信息，使人易于识别，改善机械设备的控制装置，使人易于控制，排除不良环境对人机系统的影响，从而建立一个合理可行的方案使人—机—环境系统达到最优的配合，充分发挥人与机的作用，做到人尽其力，机尽其用，环境尽其效，使整个系统安全、可靠、高效，以保证操作者在健康、舒适的环境中工作和生活。围绕研究任务，其研究内容主要包括以下几个方面：

① 人的因素：人的人机学参数、生理因素、作业特征。

② 机的因素：显示装置、控制装置等机械设备的设计、安全防护装置。

③ 环境因素：光环境、噪声环境、振动环境、微气候等作业环境设计。

④ 人机系统综合研究：人机匹配、人机界面设计、作业空间设计。

## 1.2　安全人机工程学的概念与内涵

安全人机工程学是人机工程学的一个分支，即运用人机工程学的原理及工程技术理论来研究和揭示人机系统中的安全问题、立足于对人在作业过程中的保护、确保安全生产和生活的一门学科。安全人机工程学以系统论、控制论和信息论为理论基础，从人的生理、心理、生物力学等方面出发，研究在发挥机器、设备高效的同时如何使其与人达到和谐匹配，以及如何确保人的安全和健康等问题。随着科学技术的飞速发展，工业生产设备的自动化、复杂程度越来越高，作业过程中的危险、有害因素也越来越多，对本质安全化的追求促进了安全人机工程学的发展。

### 1.2.1　安全人机工程学的诞生

人类社会中发展最快的是机械、电气、化工、交通运输及信息传递设备及控制装置。虽然人类接触到的环境变化也很迅速，但依据遗传法则产生和发展的人类自身进步却是最慢的。另外，教育和培训会使人类进步，但是人类的生理、生物力学特性等却无多大变化，人类的判断力、注意力和操控水平对于飞速发展的机械设备来说，进步实在是太慢了，这就出现了人与机之间的不匹配、不协调，不但影响机的功能发挥，也给操作者带来负担，可能还会损害人的健康，甚至会出现安全生产事故。任何先进的机械设备都是人来设计和制造的，并为人类服务的，因而人机系统中人是主要因素，保证系统中人的安全是人机工程学的重要任务，也是保证人机系统功能和高效的前提条件。所以，研究工作和生产中如何保证人的安全成为人机工程学非常重要的研究和应用领域之一，这就产生了安全人机工程学。

安全是人类最重要和最基本的需求，是人们生命和健康的基本保证。随着安全观念的深入人心，人们的安全意识逐步增强，安全也由原先的生产安全扩展到人们生活和生存领域，即大安全观。安全人机工程学随着安全科学的发展其研究领域也不断扩大，已不仅仅局限于人机结合面的匹配问题，而是要求深入更广泛的应用研究领域，如人与生产工艺、人与操作技能、人与工程施工、人与生活服务、人与组织管理等要素的相互协调适应问题。由于人的生产领域、生活领域、生存领域涉及方方面面，而且每个人都息息相关，因此安全人机工程学发展非常迅速并且具有广阔的应用前景。从1991年开始，很多安全领域的专家、学者先后出版了不同版本的《安全人机工程》著作，使得安全人机工程学学科逐步完善。但是随着人类生活水平的不断提高，安全人机工程学的应用领域将会不断扩大和深入，如航空领域、自动控制领域等，同时对于人体尺寸的完善和标准的更新也是有待深入研究的。

### 1.2.2　安全人机工程学的定义

安全人机工程学（safety ergonomics）是从安全的角度和着眼点研究人与机的关系的一门学科，其立足于"安全"，以对活动过程中的人实行保护为目的，主要阐述人与机保持什么样的关系，才能保证人的安全。也就是说，在实现一定的生产效率的同时，如何最大限度地保障人的安全健康与舒适愉快。这主要是从活动者的生理、心理、生物力学的需要与可能等诸因素出发，着重研究人从事生产或其他活动过程中在实现一定活动效率的同时最大限度地免受外界因素的作用机理，为预防与消除危害的标准与方法提供科学依据，从而达到实现安全卫生的目的，确保人类能在安全健康、舒适愉快的条件与环境中从事各项活动。

人类社会进步的重要标志就是创造一个适合人类生存与发展的优美舒适的劳动条件和生活、生存环境，即让人类劳动、生活、生存在一个安全卫生和谐的社会之中。所以，从安全的角度和着眼点出发，即以人的活动效率为条件和以人的身心安全为目标，将安全人机工程学从人机工程学中分解出来，并作为安全工程学的一个重要分支学科而自成体系，这是现代科学技术发展的必然趋势也是文明生产、生活、生存的象征。

安全人机工程学可定义为：安全人机工程学是从安全的角度和着眼点出发，运用人机工程学的原理和方法去解决系统中人机结合面的安全问题的一门新兴学科。它作为人机工程学的一个应用学科的分支，以安全为目标，以工效为条件，将与"以安全为前提，以工效为目标"的工效人机工程学并驾齐驱，并成为安全工程学的一个重要分支学科。

### 1.2.3　安全人机工程学的研究对象

在任何一个人类活动场所，总是包括人和机（此处的机是广义的，即物）两大部分。这两种性质截然不同的要素——人与机，彼此之间存在着物质、能量和信息不停交换（即输入、输出）和处理上的本质差异。而人机结合面起着人机之间沟通的作用，各自发挥功能，以提高系统效率，保证系统安全。因此，人机系统是一个有机的整体，如图1-1所示。

所谓的人，是指活动的人体，即安全主体，人应该始终是有意识有目的地操纵物（机器、物质）和控制环境的，同时又接受其反作用。不管机械化和自动化的成就有多大，不管人使用的能源是多么新颖和充裕，不管使用什么信息传递系统，不管是过去、现在还是

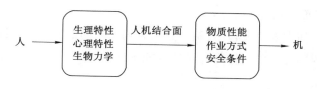

图 1-1　人机关系示意图

将来,人总该是人与复杂的外界之间相互作用链条上起决定作用的一环,人也应该是他所创造的并为他自己服务的任何系统的安全主导,其自身依靠的科学基础都需要借用生理学、心理学、人体生物力学、解剖学、卫生学、人类逻辑学、社会学等人体科学的研究成果。

所谓的机,它是广义的,包括劳动工具、机器(设备)、劳动手段和环境条件、原材料、工艺流程等所有与人相关的物质因素。机应是执行人的安全意志,服从于人,其基础需要由安全设备工程学的安全机电工程学、卫生设备工程学和环境工程学等学科去研究。

所谓人机结合面,就是人和机在信息交换和功能上接触或互相影响的领域(或称为"界面")。此处所说人机结合面、信息交换、功能接触或互相影响,不仅是指人与机器的硬接触(即一般意义上的人机界面或人机接口),而且包括人与机的软接触,此结合面不仅包括点、线、面的直接接触,甚至还包括远距离的信息传递与控制的作用空间。人机结合面是人机系统中的中心环节,主要由安全工程学的分支学科即安全人机工程学去研究和提出解决的依据,并通过安全设备工程学、安全管理工程学以及安全系统工程学去研究具体的解决方法、手段、措施。

由以上分析可以看出,安全人机工程学主要是从安全的角度和以人机工程学中的安全为着眼点进行研究的,其研究对象是人、机和人机结合面 3 个安全因素。

### 1.2.4　安全人机工程学的研究内容与方法

1)研究内容

安全人机工程学的研究内容与人机工程学的研究内容基本一致,只是研究的角度和着眼点不同,包括以下几个方面。

(1)人机系统中人的各种特性

人机系统中人的特性是指人的生理特性和心理特性。

生理特性:人体的形态机能,静态及动态人体尺度,人体生物力学参数,人的信息输入、处理、输出的机制和能力,人的操作可靠性的生理因素等。

心理特性:人的心理过程与个性心理特征、人在劳动时的心理状态、安全生产的心理因素和事故的心理因素分析等。

这些特性是安全人机工程学的基础理论部分,也是解决安全工程技术问题的主要依据。

(2)人机功能合理分配

这方面的主要依据包括:人和机各自的功能特性参数、适应能力和发挥其功能的条件、各种人机系统人机功能分配的方法等。

（3）各种人机界面的研究

对控制类人机界面主要研究包括：机器显示装置与人的信息通道特征的匹配、机器操纵器与人体运动特性的匹配和显示器与操纵器性能的匹配等，从而针对不同的系统研究最优的显示——控制方式。

（4）作业方法与作业负荷研究

作业方法研究包括作业的姿势、体位、用力、作业顺序、合理的工作器具和工卡量具等的研究，目的是消除不必要的劳动消耗。

作业负荷研究主要侧重于体力负荷的测定、建模（用模拟技术建立各种作业时的生物力学模型）、分析，以确定合适的作业量、作业速率、作息安排以及研究作业疲劳及其安全生产的关系等。

① 作业空间的分析研究。主要研究为保证安全高效作业所需的空间范围。包括人的最佳视区、最佳作业域、最小的装配作业空间以及最低限度的安全防护范围等。

② 事故及其预防的研究。据国内外大量的统计表明，有近80％的事故是由于人为失误而发生的。因此，事故及其预防的研究既是安全人机工程学的立足点，也是其根本目的，即研究生产事故的各种人的因素、人的操作失误分析与预防措施等。

2）研究方法

安全人机工程学从适合人的安全特性去研究人机界面，其主要研究方法如下。

（1）测量法

这是借助器具、设备而进行实际测量的方法，如对人的生理特征方面（人体尺度与体型、人体活动范围、作业空间等）的测量，也可进行人体知觉反应、疲劳程度、出力大小等的测量。

（2）测试法

个体或小组测试法：依据特定的研究内容，设计好调查表，对典型生产环境中的作业个体或小组进行书面或问卷调查以及必要的客观测试（生理、心理指标等），收集作业者的反应和表现。

抽样测试法：被测试者是通过对人群的随机抽样或分层抽样而选取的样本。所以，分层原则以及各层样本的数目，将直接影响测试和分析结果。

（3）实验法

实验法是在人为设计的环境中，测试实验对象的行为或反应。根据实验时可控变量的多少，实验可分为单变量和多变量实验，各种实验数据要经数学手段或计算机进行处理。

（4）观察分析法

观察分析法是通过观察、记录被观察者的行为表现、活动规律等，然后进行分析的方法。观察可以采用多种形式，它取决于调查的内容和目的，如可用公开或秘密的方式，也可借助摄影或录像等手段。

（5）系统分析评价法

对人机系统的分析评价应包括作业者的能力、生理素质及心理状态,机械设备的结构、性能及作业环境等诸多因素。

### 1.2.5　安全人机工程学的研究目的与任务

1) 研究目的

人的活动效率和人的安全是同一事物运动变化过程中两个不同侧面的要求。人们在工作或从事生产活动的时,往往既要求有效率又希望安全地,甚至是舒适、健康和愉悦地进行工作和生产。生产技术的发展产生了各种各样的机械设备,这些机械设备有的能够提供能源和动力,有的能够直接替代人类作业,将人类从劳动中解放出来,但机械设备只能按照预先设定的程序进行工作,需要有人来启动和监护才能完成既定的任务。相反,如果机械设备的设计不符合人的生理和心理特征,甚至超过人的正常能力,人们无法利用它们进行工作,或者会出现安全事故,就得不到应有的效应。因此,机械设备的效能不仅取决于机械设备本身的生产能力和安全可靠性能,还取决于它是否适合于人的操作;同时,人和机既相互作用又相互制约,是不可分割的统一整体,在设计阶段就应当考虑人的影响因素。

安全人机工程学的主要研究目的是:对人机系统建立合理可行的方案,根据人和机功能特点和需求,合理地分配功能,使人和机有机结合,有效地发挥人的作用,最大限度地为人提供安全卫生和舒适的环境,达到保障人的健康、舒适、愉快地活动的目的,同时提高活动效率。

2) 研究任务

安全人机工程学研究的主要任务是:为人机系统设计者提供系统安全性设计,包括人体参数与安全性设计、人的生理和心理因素与安全生产、作业疲劳与安全生产、安全标志和安全色在人机界面中的应用、作业空间安全布局、安全防护装置设计、作业环境优化等。

安全人机工程学的另外一个任务是:对已有系统进行安全人机分析和评价,查找系统中不符合安全人机设计原则和思想的地方,以提出设计改进意见。

## 1.3　安全人机工程学与相关学科的关系

安全人机工程学作为安全工程学的重要分支学科和人机工程学的一个应用学科,其性质是一个跨门类、多学科的交叉科学,它处于许多学科和专业技术的接合部位上,除了是安全工程学学科的组成部分外,还与人体的生理学、心理学、生物力学、解剖学、测量学、管理学、色彩学、信息论、控制论、系统论、系统工程、环境科学、劳动科学等学科都有密切关系。因此,它属于自然科学与社会科学共同研究的综合科学课题。

### 1.3.1　安全人机工程学与安全工程学的关系

1985 年 5 月,中国劳动保护科学技术学会召开全国劳动保护科学体系第二次学术研讨会(简称青岛会议),会上发表了刘潜、欧阳文昭的两篇论文,在我国首次阐述了安全科学学科理论、安全科学技术体系结构和安全人机工程学学科属性与安全工程学的关系(表 1-1 和图 1-2)。

表 1-1 安全科学技术体系结构设想表

| 哲学 | 基础科学 | | 技术科学 | | | 工程技术 | | |
|---|---|---|---|---|---|---|---|---|
| 马克思主义哲学(桥梁:安全观) | 安全科学(安全学) | 安全设备学(自然科学类) | 1. 安全设备工程学 | 安全设备工程学 | 安全工程学 | 安全工程 | 安全设备工程 | 安全设备工程 |
| | | | | 卫生设备工程学 | | | | 卫生设备工程 |
| | | 安全管理学(社会科学类) | 2. 安全管理工程学 | | | | 安全管理工程 | |
| | | 安全系统学(系统科学类) | 3. 安全系统工程学 | 安全信息论 | | | 安全系统工程 | |
| | | | | 安全运筹学 | | | | |
| | | | | 安全控制论 | | | | |
| | | 安全人机学(人体科学类) | 4. 安全人机工程学 | 安全人机工程学 | | | 安全人机工程 | |
| | | | | 安全生理学 | | | | |
| | | | | 安全心理学 | | | | |

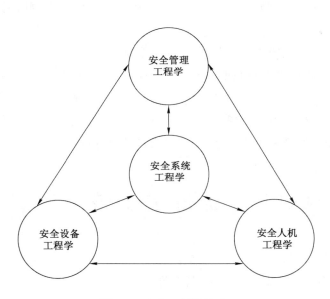

图 1-2 安全工程学体系

从表 1-1 可以看出,安全工程学体系主要由 4 部分组成:安全管理工程学、安全设备工程学、安全人机工程学和安全系统工程学。若将安全工程学视为一个系统,则上述 4 部分便可分别看作 4 个子系统。它们之间的相互关系如下:安全人机工程学是实现安全工程学的科学依据和最活跃的人的作用因素;安全设备工程学是实现安全工程学的物质条件;安全管理工程学是实现安全工程学的"人与物关系"的组织手段;安全系统工程学是实现整个安全工程学内在联系的方法论。四者之间存在着相互交叉、渗透、影响、制约和互补的关系。

安全工程技术的理论是安全工程学,属于综合科学学科的范畴。其中,安全管理工程学属于社会科学的范畴,代表着安全法规(含安全的法律、安全条例、安全规程)、安全经济、安全教育、安全管理等技术理论。而安全设备工程学属于自然科学的范畴,如安全装置、安全设备、安全信息显示与处理装置等技术理论。前者含"人"的因素,后者含"物"(机)的因素。从解决"人"与"物"之间界面关系的角度来研究导致活动者伤亡病害等不利因素的作用机理和预防与消除方法的依据等,就是安全人机工程学研究的内容。安全人机工程学的任务是为工程技术设计者提供人体的数据与要求,包括:人体的安全阈值(不致伤害的高低限度和环境要求);人体的允许范围(不影响工作的效率),即各种承受能力;人体的舒适范围(最佳状态);各种安全防护设施必须适合于人使用时的各种要求等。以这些数据和要求指导工程技术人员进行具体工程设计,从而在实现生产效率的同时确保劳动者的安全。也就是说,它是直接为工程技术服务的理论依据。因此,安全人机工程学在安全科学技术体系中属于安全科学的技术科学层次,即安全工程学中的分支学科;它的研究内容基本上属于人体科学的应用科学范畴;而安全系统工程学则属于系统科学中的系统工程学的应用科学范畴。

### 1.3.2　安全人机工程学与人机工程学的关系

安全人机工程学是人机工程学在安全领域的应用和发展,也是人机工程学和安全工程学相互交叉而产生的,与工效人机工程学一起构成人机工程学的两个分支学科。没有人机工程学的发展和应用,就没有安全人机工程学的产生。安全人机工程学是从安全的角度出发,侧重于人体的安全卫生,在最大限度地保障人的安全、健康与舒适、愉快工作的同时提高工作效率。而工效人机工程学则是从工作效率的角度和着眼点出发,侧重于用人保证机的作用。

人机工程学是在以人为本的思想指导下,综合考虑人的特性和需求等因素,研究系统中人、机、环境相互间的合理关系,以保证人们安全、健康、舒适地工作,并取得满意的工作效果。虽然安全人机工程学和人机工程学的侧重点不同,但是安全人机工程学的发展离不开人机工程学的发展。

### 1.3.3　安全人机工程学与安全心理学的关系

安全心理学是心理学在安全领域的应用,也是安全人机工程学的主要理论基础之一。它所研究的对象是人机系统中人的精神作用这一环节,重点研究人在活动过程中的生理心理和社会心理活动,研究由此引起人在信息的接受、储存、加工、传递、处理等方面对实现安全的影响以及在此基础上的决策和执行决定等问题。安全人机工程学则是在综合各门学科知识的基础上全面考虑人的因素,从而对人机系统的安全设计、使用、监督、分析、评定和提供全面的宜人依据。因此,安全心理学研究的所有内容均对安全人机工程学产生影响。从一定意义上说,安全人机工程学是安全心理学的延伸和扩展,二者有着不可分割的联系。

### 1.3.4　安全人机工程学与人体生理学及环境科学的关系

1) 与人体生理学的关系

人体生理学是安全人机工程学的研究基础和依据,很多安全人机工程学方面的问题常需要从人体生理过程、引起职业病原因和人体解剖学原理等方面进行分析;研究人的工作负荷、作业方法和动作姿势,就需要对人体机体结构、肌肉受力、能量消耗等角度来分析;在职业病研究中,就涉及劳动强度、工作制度、机器设计及工作环境等方面的问题,而这些问题的深入研讨都会从生理学、医学等方面去研究。因此,生理学、卫生学、医学等研究人体各方面的机理、机能和方法、效率以及各种环境对人体的实际影响,这些均是安全人机工程学的基础与机制的理论依据。

2) 与环境科学的关系

环境科学主要研究环境指标的测量、分析和评价,环境对人的生理及心理影响,恶劣环境条件下职业危害、职业病的形成机理及预防控制措施,环境的设计与改善等。环境科学所研究的这些内容为安全人机工程学进行环境设计与改善,创造适宜的作业环境和条件提供了方法和标准。

### 1.3.5 安全人机工程学与人体测量学及生物力学的关系

人体测量学是对人体静态和动态尺寸(如人体身高、上下肢的长度、坐姿时肢体运动的角度和尺寸等)进行测量研究,所测得的数据经过统计分析为人机系统机械设备设计、作业姿势设计、作业空间设计提供数据资料,是安全人机系统设计的重要依据。

人体生物力学是研究人体这个生物系统运动规律的学科。它研究人体各部分的力量、活动范围和速度,人体组织对不同力量的阻力,人体各部分的重量、重心变化以及做动作时的惯性等问题;对人体的作用,保持在人的承受范围之内既不可超出安全阈值,又尽量避免做无用功,提高劳动效率,减少疲劳,保障人类活动的安全。如对使用操纵机构时用力大小、动作轨迹、动作平稳程度以及人体各部分运动的方向等进行研究;对确定结构上允许用力程度进行研究,从而决定对操纵结构的类型等方面的要求,给人机系统的安全带来必要的保证。

### 1.3.6 安全人机工程学与其他工程技术学科的关系

工程技术科学是研究工程技术设计的具体内容和方法,而安全人机工程学所要研究的不是这些设计中的具体技术问题,而是工程设计应满足何种条件方能适合于人的使用和避免危害的问题,并从这个角度出发,向设计人员提供必要的安全参数和要求,从而制订安全卫生标准,使工程设计更加合理,更适合人的生理和心理以及生物力学的要求。所以,安全人机工程学作为一门新兴学科,与许多邻近学科既有密切的联系,又有它独特的理论体系、研究方法和具体内容。

## 1.4 安全人机工程学的发展与展望

### 1.4.1 安全人机工程学发展新趋势

安全人机工程学是一门应用性很强的学科,其应用领域非常广泛,无论是在农业、林业、制造业、建筑业、交通业、服务业等产业部门,还是在无线通信、网络媒体、数字出版物等信息领域中,都要求人与机的和谐自然交互。当今,安全人机工程学顺应着互联网和通信技术的飞速发展,不断地与时俱进,与传统工业化状态下的人机设计有很多不同,主要表现为绿色人机、虚拟人机、信息化人机、数字化人机、智能化人机等,其发展具有以下特点:

① 不同于传统人机工程学研究中着眼于选择和训练特定的人,使之适应工作要求,现代人机工程学着眼于机械设备的设计,使机器的操作不越出人类能力界限之外。

② 密切与实际应用相结合,通过严密计划设定的广泛实验性研究,尽可能利用所掌握的基本原理,进行具体的机械设计。

③ 力求使实验心理学、生理学、功能解剖学等学科的专家与物理学、数学、工程学方面的研究人员共同努力、亲密合作。

1) 绿色人机

20 世纪 70 年代以来,工业污染所造成的全球性环境恶化迫使人们不得不重视环境保护的问题,为了确保人类的生活质量和经济的可持续性健康发展,全球性产业结构调整出现了绿色趋势。绿色产品的特征:低能耗;使用安全;用最少的资源;零部件易于拆卸、可回收和再利用;有较长的生命周期。

绿色人机强调对人—机—环境系统绿色设计的过程。绿色产品设计是从能源消耗、使用安全性及对环境的影响等方面对产品的绿色性进行分析,并对产品生命周期各阶段对环境的影响进行周期评估。绿色设计克服了传统设计中的不足,主要特点包括:

① 绿色设计可以防止地球上矿物资源的枯竭。它减少了对材料资源及能源的需求,保护了地球的矿物资源,使其可合理持续的使用。

② 绿色设计减少了垃圾数量及垃圾处理问题。工业化国家每天要制造大量的垃圾,通常采用填埋法不仅要占用大量的土地,而且还会造成二次污染。绿色设计将废弃物的产生扼杀在萌芽状态。

③ 绿色设计有利于环境保护,维护生态系统的平衡和可持续发展。

2) 虚拟人机

虚拟人机是借助虚拟样机系统来进行的,也有人称其为虚拟人机工程学环境。设计人员和不同技术背景的人可以直观地看到各种虚拟人体三维数字模型使用产品的情况,精确地研究产品的人机工程学参数,直接与设计的产品进行交互,并评价产品的性能。虚拟人机应用前景非常广阔,最早出现在电视、游戏及娱乐业,目前的应用重点正转向工业和商业方面。

3) 信息化人机

在 Internet 环境及多媒体和虚拟现实技术支撑下,人类更多面对的是非物质的东西——信息。信息时代对设计师提出了新的挑战,与传统工业化状态下的人机学内容相比较,信息化社会的形成和发展形成了信息化的人机特点。首先,传统设计本身就成为被改造的对象,计算机作为一种方便而理想的设计工具,导致人机设计的手段、方法、过程等一系列的变化。其次,设计从范畴、定义、本质、功能等方面也开始发生重要的变革,不再局限于对象的物理设计而是越来越强调对非物质,诸如系统、组织机构、交互活动、信息娱乐、服务及数字艺术的设计。

4) 数字化人机

数字化人机,包含传统的数字化产品和如今的产品数字化这两个截然不同的概念。计算机技术在企业的产品设计及生产过程中的应用,出现了产品数字化的概念。与传统的数字化产品相比,产品数字化是指采用计算机软件、硬件技术,以网络为基础,以数据库为平台,在产品从采办—研制—设计—制造—交付—培训—维护—报废的全生命周期中,以三维CAD 设计为核心,将 CAE/CAT/CAPP/CAM/CALS/PDM 等计算机技术全面应用到产品的设计、制造、管理、售后服务等环节,形成用户需要的产品。通过产品数字化人机系统的研究,将在很大程度上改善和提高产品设计、生产及使用过程的人性化因素。

5) 智能化人机

随着机器智能技术的发展,人与计算机之间建立起了一种新的人机关系。由于计算机具有智能性,将其与智能化的人类组成新型的人机智能系统,使人机系统技术进入了一个新的境界。所谓智能化人机系统,就是采取以人—机器系统为一体的技术路线,人与机器处于平等合作的地位,各自执行自己最擅长的工作,人与机器共同认知、共同感知、共同决策、共同工作,从而突破传统的"人工智能系统"的概念。

智能化人机系统,可以分成以下几种类型:人类本身的人体系统,特别是人脑系统;人类以其智能直接参与活动的系统,如金融系统、保险系统等;人与机器共同工作的人机系统;模拟人类智能的机器系统。

前两类智能系统是"人本系统",也就是人本身的系统;后两类智能系统是"人为系统",也就是人类改造自然,为人类谋求利益而创造的系统。比如,在智能化人机系统中,虚拟人的智能化行为表现在能够根据用户的要求,智能化地做出相应的反应,并按照相应的策略给予用户以提示和帮助。

表 1-2 列出了人与机器在智能活动上的互补性。在目前的科学技术水平上,机器智能完全替代人类智能还存在很大困难。对于"人"来讲,在认识、表示、操作各层次上的机理还不够清晰,还有待于科学家进一步研究和揭示。那么人与机器可以进行分工与合作,对机器来讲不是一味地追求机器智能的高水平,而是在一种经济指标的衡量下,强调机器对人类智能的适应,追求机器对人类智能的支撑,创造人类充分发挥智能的条件,从而在人类与机器的共同协作下,达到一种比任何一方面单独作用时的智能化水平都要高的综合智能。

表 1-2                     人与机器在智能方面的互补性

| 层次 | 不精确处理 | 精确处理 | 层次 | 不精确处理 | 精确处理 |
|---|---|---|---|---|---|
| 体系层次 | 人 | 机器 | 表示层次 | 联结机制及其他 | 物理符号机制 |
| 认识层次 | 感受及其他 | 知识 | 操作层次 | 反馈、自组织及其他 | 搜索、推理 |

## 1.4.2 安全人机工程学的展望

1) 安全人机工程学的研究领域

随着科学技术的快速发展、社会的进步和经济的繁荣,人们对保护自身的安全健康要求日益强烈。因此,促使安全人机工程学的研究领域已不能局限于人机结合面的匹配问题,而要求研究广泛的应用领域,如人与生产工艺、人与操作技能、人与工程施工、人与生活服务、人与组织管理、人与游艺设备、人(乘客)与运输机(汽车、火车、飞机、轮船、宇宙载人飞船)等要素的相互协调适应问题。这些研究以各自有关要素构成的系统为基础,从系统中人的角度,以解决人机系统的安全问题为着眼点,优化人与各相关要素的关系,使机适宜于人。从而使系统达到安全目标和保障工效的目的。由于人的生活领域、生产领域、生存领域涉及方方面面,其领域非常广泛。可以说,安全人机工程学具有广阔的应用前景。

2) 安全人机工程学的研究范围

安全人机工程学涉及社会上各行各业,几乎渗透到每个人的每时每刻和各个方面,包括人的工作、学习、体育(含使用健身器)、休闲、旅游、娱乐(含使用游艺机、娱乐器等),以及衣、食、住、行等各种器具、设施都存在一个安全卫生问题,都要求科学化、宜人化。随着人类生活水平的不断提高,安全人机工程学的应用领域将会不断扩大和深入发展。

3) 安全人机工程学在高科技领域中的作用

随着微电子技术、纳米技术、机器人技术及计算机技术迅速发展以及遥感、遥测、遥控技术等自动化程度的提高,将使人在工作中由操作者变为监控者或监督者,即由体力劳动者变为脑体结合或脑力劳动者。将来会有越来越多的智能化机器替代人的一部分功能,那时人类社会生活将会发生根本的变化。然而,高科技的发展也会像机械化一样给人们带来"福"的同时也带来"祸害",需要有安全人机工程学为高科技的发展"保驾护航"。回顾人类社会的科技发展史,当一个新的科技产品被开发利用,给人们带来利益的同时,随之也带来一些危害,要求人们去解决。要求产品从内容上讲是高科技及智能型的,但操作上是"傻瓜式"的简化型。当这些危害因素被解除或缓解之后,就促进这一新科技的快速发展,相应地推动了社会的前进。当今高科技与人类社会往往产生不相协调的问题,可以应用安全人机工程学的理论和技术,在高科技产品投入市场之前将其负面效应(即不安全因素)予以解决。安全人机工程学在参与解决这些新问题中将会发挥更加突出的作用,同时也促进自身的发展。

4) 安全人机工程学的有关课题研究

目前,有关人体特性方面的研究就急待深入研究,其人体测量仅限于人的肢体测量,而缺乏手掌和手指、脚掌和脚趾的测量数据、疲劳的测试、生理测量、生物力学测量及制定各类安全、卫生标准的生理和心理依据,对人的潜在危险均待深入研究。同时,心理学界已重视人的社会因素的研究,认识到单纯研究人的思维、记忆力、气质、性格、意志、需要、动机、能力等是不够的,还应当重视人的高级心理活动与人类活动安全的研究,如人的性格特征及人与人的关系与人类活动安全、人与社会的关系与人类活动的安全等研究。有一位美国心理学家为了改变对提高生产率有影响的因素,进行了一项试验。该试验进行了几个月之后,他发现不论改变什么条件,这几位工人的劳动生产率一直在提高,可靠性系数高,几乎不发生事故,这是为什么呢?原因是进行实验本身就是一种强有力的社会性诱因,促使工人提高生产效率,而把那些改变生产效率诱发事故的影响因素掩盖了。这个实例说明社会性因素的作用是强劲的,同时告诉人们在人的高级心理活动中受影响的因素是多方面的。因此,从高级心理活动的角度,如何保持正常情绪,以便真实反映心理状态,保障活动安全,是当前和今后需要解决的重要问题。生物工程、基因工程、人体科学的深入发展将会促进对人体特性的研究更加深入。那么将来人机系统中的人将会与机融为一体,让机器成为人类身体的延伸,那时人机结合面将会是一个全新的概念。

## 思考与练习

1. 何谓人机工程学?经验人机工程学时期比较著名的实验有哪些?

2. 何谓安全人机工程学?它的研究目的、内容、方法是什么?

3. 阐述人机工程学与安全人机工程学的联系与区别。

4. 如何理解安全人机工程学与工效人机工程学的关系?

5. 请说明安全人机工程学在安全工程学中处于什么地位与作用。

6. 研讨:分析安全人机工程学设计方面应用到身边事物的合理性与不当之处。

# 2

## 人体的人机学参数

为了使各种与人有关的机械、设备、产品等能够在安全的前提下高效率地工作,实现人—机的最优结合,并使人在使用时处于安全、舒适的状态和无害、宜人的环境之中,现代设计必须充分考虑人体的各种人机学参数。因此,不论是安全工程师还是现代机械、设备、产品开发设计者,了解有关人体的人机学参数及其测量方面的基本知识,熟悉、掌握有关设计所必需的人机学参数的性质和使用条件是十分必要的。

安全人机工程学范围内的人机学参数主要包括:人体形态尺寸和人体功能尺寸;人的视觉特征及其参数;人的体部指数;人体的体积、表面积和比重;人体生物力学和生理学参数等。

## 2.1 人体尺寸的测量

人体测量学是一门新兴的学科,是安全人机工程学的重要组成部分。人体测量是用测量的方法来研究人体体质特征,通过测量人体各部位尺寸来确定个体之间和群体之间在人体尺寸上的差别,用以研究人的形态特征,从而为各种安全设计、工业设计和工程设计提供人体测量数据。例如,各种操作装置都应设在人的肢体活动所能及的范围之内,其高度必须与人体相应部位的高度相适应,而且其布置应尽可能设在人操作方便、反应最灵活的范围之内。其目的就是提高设计对象的宜人性,让使用者能够安全、健康、舒适地工作,从而减少人体疲劳和误操作,提高整个人机系统的安全性和效能。

人体测量的内容如下:

1) 形态测量

对人体的基本尺度、体型(包括廓径)、表面面积、体积和重量等进行的测量,称为形态测量。形态测量是以检测人体静止形态为主的一种测量方式。

2) 生理测量

对人体的知觉反应、疲劳程度和出力大小进行的测量,称为生理测量。生理测量是以检测人体生理指标为主的一种测量方式。

3) 运动测量

人体在运动的状态下,对人体的动作范围动作过程及其形态变化、皮肤变化等方面所进行的测量,称为运动测量。它是以人体静止形态测量为基础,以检测人体的活动过程(如四肢活动范围的大小和操纵动作过程等)为主的一种测量方式。

## 2.2 人体测量的基本术语

《用于技术设计的人体测量基础项目》(GB/T 5703—2010)规定了人机工程学使用的人体测量术语、人体测量方法和人体测量仪器。人体测量学中,只有被测试者姿势、测量基准面、测量方向、测点都符合相应国家标准要求时,测量出的数据才是有效的。

1) 被测者姿势

(1) 立姿(standing posture):被测者身体挺直,头部以眼耳平面定位,眼睛平视前方,肩部放松,上肢自然下垂,手伸直,掌心向内,手指轻贴大腿侧面,左、右足后跟并拢,前端分开大致呈 45°夹角,体重均匀分布于两足。

(2) 坐姿(sitting posture):被测者挺直躯干,头部以眼耳平面定位,眼睛平视前方,膝弯屈大致成直角,足平放在地面上。

2) 测量基准面

人体测量基准面是由三个互为垂直的轴(垂直轴、纵轴和横轴)来决定的。人体测量中设定的基准轴和基准面,如图 2-1 所示。

(1) 正中面(矢状面):通过铅垂轴和纵轴的平面及与其平行的所有平面都称为矢状面。

(2) 正中矢状面:在矢状面中,把通过人体正中线的矢状面称为正中矢状面。正中矢状面将人体分成左、右对称的两部分。

(3) 冠状面:通过垂直轴和横轴的平面及与其平行的所有平面都称为冠状面。冠状面将人体分成前、后两部分。

(4) 水平面:与矢状面及冠状面同时垂直的所有平面称为水平面。水平面将人体分成上、下两部分。

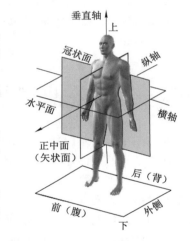

图 2-1 人体测量基准轴和基准面

(5) 眼耳平面(法兰克福平面):当头的正中矢状面保持垂直时,两耳屏点和右眼眶下点所构成的标准水平面称为眼耳平面。

3) 测量方向

(1) 在人体上、下方向上,称上方为头侧端,称下方为足侧端。

(2) 在人体左、右方向上,将靠近正中矢状面的方向称为内侧,将远离正中矢状面的方向称为外侧。

(3) 在四肢上,将靠近四肢附着部位的称为近位,将远离四肢附着部位的称为远位。

(4) 对于上肢,将挠骨侧称为挠侧,将尺骨侧称为尺侧。

(5) 对于下肢,将胫骨侧称为胫侧,将腓骨侧称为腓侧。

4) 测量条件

下列测量条件应与测量数值结果同时记录。建议对测量项目和过程进行拍照或详细绘图。

(1) 被测试者的衣着:测量时,被测试者应裸体或尽可能少着装,且免冠赤脚。

（2）支撑面：站立面（地面）、平台或坐面应平坦、水平且不变形。

（3）身体对称：对于可以在身体任何一侧进行的测量项目，建议在两侧都进行测量，如果做不到这一点，应注明此测量项目是在哪一侧测量的。

5）基本测点及测量项目

《用于技术设计的人体测量基础项目》（GB/T 5703—2010）规定了人机工程学使用的有关人体测量参数的测点及测量项目。具体包括：头部测点 13 个，头部测量项目 12 项；躯干和四肢部位测点 27 个，躯干和四肢部位测量项目 100 项（立姿 79 项，坐姿 5 项，手和足部 16 项）。同时，该标准规定了人体参数测量方法，这些方法适用于成年人和青少年的人体参数测量，标准对于上述测量项目的具体测量方法和各个测量项目所使用的仪器做了详细介绍。需要测量时，必须按照该标准规定的测量方法进行，其测量结果方为有效。

## 2.3　人体测量的主要仪器

人体参数测量中所采用的人体测量仪器有：人体测高仪、人体测量用直脚规、人体测量用弯脚规、人体测量用三脚平行规、坐高椅、量足仪、角度计、软卷尺以及医用磅秤等。国家对人体尺寸测量专用仪器制订有相应的国家标准，《人体测量仪器》（GB/T 5704—2008）。

1）人体测高仪

人体测高仪主要用来测量人的身高、坐高、立姿和坐姿的眼高以及伸手向上所及的高度等立姿和坐姿的人体各部位高度尺寸。

GB/T 5704.1—2008 中所规定的人体测高仪（图 2-2）由直尺 1、固定尺座 2、管形尺框 3、活动尺座 4、弯尺 5、主尺杆 6 和底座 7 组成。主尺杆由相互连接的 4 节金属管（每节长 500 mm）及固定装配在第一节金属管顶端的固定尺座组成。固定尺座为被固定安装在第一节金属管顶端的尺座，第一节金属管与固定尺座装配固定后的总长度为 510 mm，固定尺座内可插入直尺或弯尺。

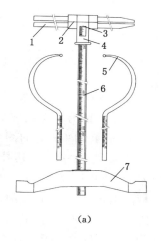

(a)

图 2-2　人体测高仪

直尺共两支，若将一支直尺插入活动尺座内，则可用于测量人体的各种高度；若将两支直尺分别插入固定尺座及活动尺座内，与第一、二节金属管配合使用时，即构成圆杆直脚规，可测量人体各种宽度。

弯尺共两支，若将两支弯尺分别插入固定尺座和活动尺座，与构成主尺杆的第一、二节金属管配合使用时，即构成圆杆弯脚规，可测量人体各种宽度和厚度。

2）直脚规

人体测量用直脚规主要用来测量两点间的直线距离，特别适宜测量距离较短的不规则部位的宽度或直径，如耳、脸、手、足等部位的尺寸。

GB/T 5704.2—2008 是人体测量用直脚规的技术标准，此种直脚规由固定直脚、活动直脚、主尺、尺框等组成。直脚规根据有、无游标读数分为两种类型：Ⅰ型无游标读数，Ⅱ型有游标读数。Ⅰ型直脚规又根据测量范围不同，分为ⅠA 型及ⅠB 型两种。直脚规的结构形式见图 2-3 和表 2-1。

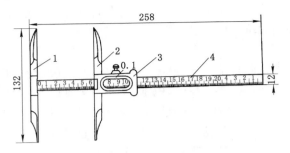

图 2-3　人体测量用直脚规

1—固定直脚；2—活动直脚；3—尺框；4—主尺

表 2-1　　　　　　　　　　　　　　　直脚规主要参数　　　　　　　　　　　　　　单位：mm

| 类型 | 测量范围 | 分度值 | 分辨力 |
|------|---------|--------|--------|
| ⅠA | 0～200 | 1 | 0.1 |
| ⅠB | 0～250 | 1 | 0.1 |
| Ⅱ | 0～200 | 0.1 | 0.1 |

注：分辨率适用于带数字显示的直脚规。

3）弯脚规

人体测量用弯脚规主要用于不能直接用直尺测量的两点间距离的测量。如测量肩宽、胸厚等部位的尺寸等。其技术标准参见 GB/T 5704.3—2008。弯脚规适用于读数值为 1 mm，测量范围在 0～300 mm 的人体尺寸的测量。按其脚部形状的不同分为椭圆体型（Ⅰ型）和尖端型（Ⅱ型）。图 2-4 所示为Ⅱ型弯脚规。

4）软尺

软尺主要用来测量人体围长或弧长。

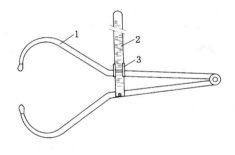

图 2-4　人体测量用弯脚规

1—弯脚；2—主尺；3—尺框

# 2.4　人体测量中常用的统计函数

由于群体中个体与个体之间存在着差异，某一个体的测量尺寸一般不能作为设计的依据。为了使产品能适合于一个群体使用，设计中需要的是一个群体的尺寸，然而全面测量群体中每一个体的尺寸又是不现实的。通常情况下，只能通过测量群体中较少量个体的尺寸，经数据处理后而获得该群体较为精确的尺寸数据。

在人体测量中所得到的测量值都是离散的随机变量，因而可根据概率论与数理统计理论对人体测量数据进行统计分析，从而获得所需群体尺寸的统计规律和特征参数。

1）均值

表示样本的测量数据集中地趋向某一个值，该值称为平均值，简称均值，用符号 $\bar{x}$ 表示。均值是描述测量数据位置特征的值,可用来衡量一定条件下的测量水平和概括地表现测量数据的集中情况。对于有 $n$ 个样本的测量值:$x_1,x_2,\cdots,x_n$,其均值为:

$$\overline{x} = \frac{x_1 + x_2 + \cdots + x_n}{n} = \frac{1}{n}\sum_{i=1}^{n}x_i \tag{2-1}$$

2)方差

描述测量数据在中心位置(均值)上下波动程度差异的值叫均方差,通常称为方差,用符号 $S^2$ 表示。方差表明样本的测量值是变量,既趋向均值而又在一定范围内波动。方差越小,离散程度越小,图像越尖。对于均值为 $\overline{x}$ 的 $n$ 个样本测量值:$x_1,x_2,\cdots,x_n$,其方差为:

$$S^2 = \frac{1}{n-1}\left[(x_1 - \overline{x})^2 + (x_2 - \overline{x})^2 + \cdots + (x_n - \overline{x})^2\right] = \frac{1}{n-1}\sum_{i=1}^{n}(x_i - \overline{x})^2 \tag{2-2}$$

或

$$S^2 = \frac{1}{n-1}(x_1{}^2 + x_2^2 + \cdots + x_n^2 - n\overline{x}{}^2) = \frac{1}{n-1}\left(\sum_{i=1}^{n}x_i{}^2 - n\overline{x}{}^2\right) \tag{2-3}$$

3)标准差

方差的量纲是测量值量纲的平方,为使其量纲和均值相一致,取其均方根差值,即标准差来说明测量值对均值的波动情况。所以,方差的平方根 $S$ 称为标准差。对于均值为 $\overline{x}$ 的 $n$ 个样本测量值:$x_1,x_2,\cdots,x_n$ 其标准差为:

$$S = \left[\frac{1}{n-1}\left(\sum_{i=1}^{n}x_i^2 - n\overline{x}{}^2\right)\right]^{1/2} \tag{2-4}$$

4)抽样误差

抽样误差又称标准误差,即全部样本均值的标准差。在实际测量和统计分析中,总是以样本推测总体。通常情况下,样本与总体不可能完全相同,其差别就是由抽样引起的。抽样误差数值越大,表明样本均值与总体均值的差别就越大;反之,说明其差别就越小,即均值的可靠性就越高。当样本的容量为 $n$,样本的标准差为 $S$ 时,抽样误差为:

$$S_{\overline{x}} = \frac{S}{\sqrt{n}} \tag{2-5}$$

由上式可知,全部样本均值的标准差 $S_{\overline{x}}$ 要比测量数据列的标准差 $S$ 小 $\sqrt{n}$ 倍。这意味着,当测量方法一定时,样本容量越多,其测量结果精度越高。因此,在条件允许情况下,增加样本容量,可提高测量结果的精度。

5)百分位数和适应度

百分位数也是一种表示事故离散趋势的统计量。人体测量数据可大致上视为服从正态分布。其中,百分位表示具有某一人体尺寸和小于该尺寸的人占统计对象总人数的百分比,称为"第几百分位"。百分位数就是百分位所对应的数值,一个百分位数将群体或样本的全部测量值分为两部分,有 $a\%$ 的测量值小于或等于它,其余 $(100-a)\%$ 的测量值大于它。最常用的有 $P_5$、$P_{50}$、$P_{95}$ 三个百分位数,其中 $P_5$ 被称为小百分位数,$P_{95}$ 被称为大百分位数,$P_{50}$ 就是均值,代表中百分位数。

正态分布曲线上,从 $-\infty$(或 $+\infty$)$\sim a$,或两个百分位 $a_1 \sim a_2$ 的区域,称为适应度。适应度反映了设计所能适应的身材的分布范围,即所设计的产品在尺寸上能满足多少人使用,通常以百分率表示。例如,适应度 $90\%$ 是指设计适应 $90\%$ 的人群范围,而对 $5\%$ 身材矮小和 $5\%$ 身材高大的人则不适用。

对于正态分布的数据,当已知样本均值 $\overline{x}$ 和标准差 $S$ 时,百分位数可由下式取得。

求 1%~50% 的数据时:

$$P_a = \overline{x} - kS \qquad (2\text{-}6)$$

求 50%~99% 的数据时:

$$P_a = \overline{x} + kS \qquad (2\text{-}7)$$

式中　$P_a$——对应于百分位 $a$ 的百分位数;

　　　$\overline{x}$——样本均值;

　　　$S$——样本标准差;

　　　$k$——与 $a$ 有关的变换系数,见表 2-2。

表 2-2　　　　　　　　　　　　　百分位与变换系数

| 百分位 | 0.5(99.5) | 1(99) | 5(95) | 10(90) | 15(85) | 20(80) | 25(75) | 30(70) | 50 |
|---|---|---|---|---|---|---|---|---|---|
| $a$ | 2.576 | 2.326 | 1.645 | 1.282 | 1.036 | 0.842 | 0.674 | 0.524 | 0.000 |

**例 2.1**　求华南区男性身高的第 30 百分位数。

**解**　由表 2-2 和表 2-10(P26)中查到,$\overline{x} = 1\,650$ mm,$S = 57.1$ mm,$k = 0.524$,则:

$P_{30} = \overline{x} - Sk = 1\,650 - 57.1 \times 0.524 \approx 1\,620$ (mm)

即有 30% 的人的身高小于等于 1 620 mm。

**例 2.2**　设计适用于 90% 华北男性使用的产品,试问:应按怎样的身高范围设计该产品? 尺寸是多少?

**解**　由表 2-10(P26)中查到华北男性身高平均值 $\overline{x} = 1\,693$ mm,标准差 $S = 56.6$ mm。

要求产品适用于 90% 的人,故以第 5 百分位和第 95 百分位确定尺寸的界限值,由表 2-2 查得变换系数 $k = 1.645$。所以,第 5 百分位数为:

$P_5 = 1\,693 - 56.6 \times 1.645 \approx 1\,600$ (mm)

第 95 百分位数为:

$P_{95} = 1\,693 + 56.6 \times 1.645 \approx 1\,786$ (mm)

结论:按身高 1 600~1 786 mm 设计产品尺寸,将适用于 90% 的华北男性。

# 2.5　常用的人体测量数据

工业产品的造型设计要符合人的使用和操作要求,必须考虑到产品在造型尺度方面符合正常人体各部分的结构尺寸及关节运动所能达到的范围。与此相对应的人体参数主要是人体结构尺寸和功能尺寸。人体结构尺寸是指静态尺寸;人体功能尺寸是指动态尺寸,包括人在各种工作姿势下或在某种操作活动状态下测量的尺寸,如肢体活动范围、角度、距离等。

## 2.5.1　我国成年人的人体静态尺寸

《中国成年人人体尺寸》(GB/T 10000—88)是我国现行的成年人人体尺寸国家标准,于 1989 年 7 月开始实施。该标准为我国各种设备、工业产品、建筑室内、环境艺术、武器装备以及各种家具、工具用具的人机工程学设计提供了中国成年人人体尺寸的基础数据。

该标准提供了 7 类共 47 项人体尺寸基础数据,标准中所列出的数据是代表从事工业生产的法定中国成年人(男 18~60 岁,女 18~55 岁)的人体尺寸,并按男、女性别分开列表。在各类人体尺寸数据表中,除了给出工业生产中法定成年人年龄范围内的人体尺寸,同时还将该年龄范围分为 3 个年龄段:18~25 岁(男、女),26~35 岁(男、女),36~60 岁(男)和 36~55 岁(女),且分别给出这些年龄段的各项人体尺寸数值。为了应用方便,各类数据表中的各项人体尺寸数值均列出其相应的百分位数。图 2-5~图 2-10 和表 2-3~表 2-9 是该标准中部分常用人体尺寸(中国成年人男 18~60 岁和女 18~55 岁年龄范围内的人体尺寸),各表中项目代码与图中测量代码对应一致。限于篇幅,其他 3 个年龄段的人体尺寸从略。

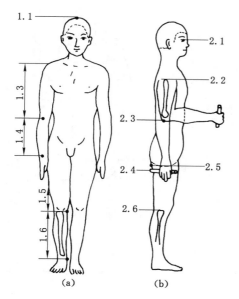

图 2-5　立姿人体尺寸

图 2-6　坐姿人体尺寸

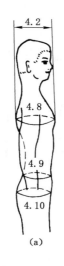
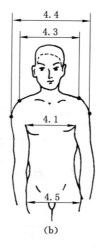
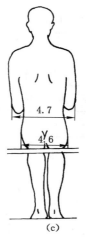

图 2-7　人体水平尺寸

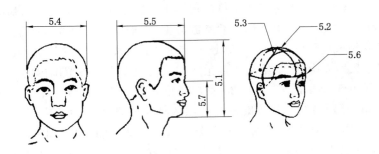

图 2-8　人体头部尺寸

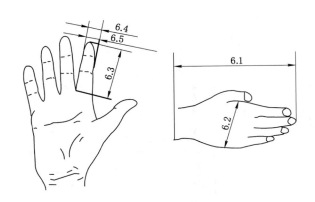

图 2-9　人体手部尺寸

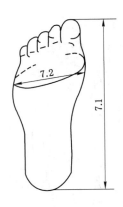

图 2-10　人体脚部尺寸

表 2-3　　　　　　　　　　　　　　　　人体主要尺寸　　　　　　　　　　　　　　　单位:mm

| 年龄分组 | 男(18~60 岁) | | | | | | | 女(18~55 岁) | | | | | | |
|---|---|---|---|---|---|---|---|---|---|---|---|---|---|---|
| 百分位数 | 1 | 5 | 10 | 50 | 90 | 95 | 99 | 1 | 5 | 10 | 50 | 90 | 95 | 99 |
| 1.1 身高 | 1 543 | 1 583 | 1 604 | 1 678 | 1 754 | 1 775 | 1 814 | 1 449 | 1 484 | 1 503 | 1 570 | 1 640 | 1 659 | 1 697 |
| 1.2 体重/kg | 44 | 48 | 50 | 59 | 70 | 75 | 83 | 39 | 42 | 44 | 52 | 63 | 66 | 71 |
| 1.3 上臂长 | 279 | 289 | 294 | 313 | 333 | 338 | 349 | 252 | 262 | 267 | 284 | 303 | 302 | 319 |
| 1.4 前臂长 | 206 | 216 | 220 | 237 | 253 | 258 | 268 | 185 | 193 | 198 | 213 | 229 | 234 | 242 |
| 1.5 大腿长 | 413 | 428 | 436 | 465 | 496 | 505 | 523 | 387 | 402 | 410 | 438 | 467 | 476 | 494 |
| 1.6 小腿长 | 324 | 338 | 344 | 369 | 396 | 403 | 419 | 300 | 313 | 319 | 344 | 370 | 375 | 390 |

表 2-4　　　　　　　　　　　　　　　　立姿人体尺寸　　　　　　　　　　　　　　　单位:mm

| 年龄分组 | 男(18~60 岁) | | | | | | | 女(18~55 岁) | | | | | | |
|---|---|---|---|---|---|---|---|---|---|---|---|---|---|---|
| 百分位数 | 1 | 5 | 10 | 50 | 90 | 95 | 99 | 1 | 5 | 10 | 50 | 90 | 95 | 99 |
| 2.1 眼高 | 1 436 | 1 474 | 1 495 | 1 568 | 1 643 | 1 664 | 1 705 | 1 337 | 1 371 | 1 388 | 1 454 | 1 522 | 1 541 | 1 579 |
| 2.2 肩高 | 1 244 | 1 281 | 1 299 | 1 367 | 1 435 | 1 455 | 1 494 | 1 166 | 1 195 | 1 211 | 1 271 | 1 333 | 1 350 | 1 385 |

| 年龄分组 | 男（18～60 岁） | | | | | | | 女（18～55 岁） | | | | | | |
|---|---|---|---|---|---|---|---|---|---|---|---|---|---|---|
| 2.3 肘高 | 925 | 954 | 968 | 1 024 | 1 079 | 1 096 | 1 128 | 873 | 899 | 913 | 960 | 1 009 | 1 023 | 1 050 |
| 2.4 手功能高 | 656 | 680 | 693 | 741 | 787 | 801 | 828 | 630 | 650 | 662 | 704 | 746 | 757 | 778 |
| 2.5 会阴高 | 701 | 728 | 741 | 790 | 840 | 856 | 887 | 648 | 673 | 686 | 732 | 779 | 792 | 819 |
| 2.6 胫骨点高 | 394 | 409 | 417 | 444 | 472 | 481 | 498 | 363 | 377 | 384 | 410 | 437 | 444 | 459 |

表 2-5 坐姿人体尺寸 单位：mm

| 年龄分组 | 男（18～60 岁） | | | | | | | 女（18～55 岁） | | | | | | |
|---|---|---|---|---|---|---|---|---|---|---|---|---|---|---|
| 百分位数 | 1 | 5 | 10 | 50 | 90 | 95 | 99 | 1 | 5 | 10 | 50 | 90 | 95 | 99 |
| 3.1 坐高 | 836 | 858 | 870 | 908 | 947 | 958 | 979 | 789 | 809 | 819 | 855 | 891 | 901 | 920 |
| 3.2 坐姿颈椎点高 | 599 | 615 | 624 | 657 | 691 | 701 | 719 | 563 | 579 | 587 | 617 | 648 | 657 | 675 |
| 3.3 坐姿眼高 | 729 | 749 | 761 | 798 | 836 | 847 | 868 | 678 | 695 | 704 | 739 | 773 | 783 | 803 |
| 3.4 坐姿肩高 | 539 | 557 | 566 | 598 | 631 | 641 | 659 | 504 | 518 | 526 | 556 | 585 | 594 | 609 |
| 3.5 坐姿肘高 | 214 | 228 | 235 | 263 | 291 | 298 | 312 | 201 | 215 | 223 | 251 | 277 | 284 | 299 |
| 3.6 坐姿大腿厚 | 103 | 112 | 116 | 130 | 146 | 151 | 160 | 107 | 113 | 117 | 130 | 146 | 151 | 160 |
| 3.7 坐姿膝高 | 441 | 456 | 461 | 493 | 523 | 532 | 549 | 410 | 424 | 431 | 458 | 485 | 493 | 507 |
| 3.8 小腿加足高 | 372 | 383 | 389 | 413 | 439 | 448 | 463 | 331 | 342 | 350 | 382 | 399 | 405 | 417 |
| 3.9 坐深 | 407 | 421 | 429 | 457 | 486 | 494 | 510 | 388 | 401 | 408 | 433 | 461 | 469 | 485 |
| 3.10 臀膝距 | 499 | 515 | 524 | 554 | 585 | 595 | 613 | 481 | 495 | 502 | 529 | 561 | 570 | 587 |
| 3.11 坐姿下肢长 | 892 | 921 | 937 | 992 | 1046 | 1063 | 1096 | 826 | 851 | 865 | 912 | 960 | 975 | 1005 |

表 2-6 人体水平尺寸 单位：mm

| 年龄分组 | 男（18～60 岁） | | | | | | | 女（18～55 岁） | | | | | | |
|---|---|---|---|---|---|---|---|---|---|---|---|---|---|---|
| 百分位数 | 1 | 5 | 10 | 50 | 90 | 95 | 99 | 1 | 5 | 10 | 50 | 90 | 95 | 99 |
| 4.1 胸宽 | 242 | 253 | 259 | 280 | 307 | 315 | 331 | 219 | 233 | 239 | 260 | 289 | 299 | 319 |
| 4.2 胸厚 | 176 | 186 | 191 | 212 | 237 | 245 | 261 | 159 | 170 | 176 | 199 | 230 | 239 | 260 |
| 4.3 肩宽 | 330 | 344 | 351 | 375 | 397 | 403 | 415 | 304 | 320 | 328 | 351 | 371 | 377 | 387 |
| 4.4 最大肩宽 | 383 | 398 | 405 | 431 | 460 | 469 | 486 | 347 | 363 | 371 | 397 | 428 | 438 | 458 |
| 4.5 臀宽 | 273 | 282 | 288 | 306 | 327 | 334 | 346 | 275 | 290 | 296 | 317 | 340 | 346 | 360 |
| 4.6 坐姿臀宽 | 284 | 295 | 300 | 321 | 347 | 355 | 369 | 295 | 310 | 318 | 344 | 374 | 382 | 400 |
| 4.7 坐姿两肘间宽 | 353 | 371 | 381 | 422 | 473 | 489 | 518 | 326 | 348 | 360 | 404 | 460 | 378 | 509 |
| 4.8 胸围 | 762 | 791 | 806 | 867 | 944 | 970 | 1018 | 717 | 745 | 760 | 825 | 919 | 949 | 1 005 |
| 4.9 腰围 | 620 | 650 | 665 | 735 | 859 | 895 | 960 | 622 | 659 | 680 | 772 | 904 | 950 | 1 025 |
| 4.10 臀围 | 780 | 805 | 820 | 875 | 948 | 970 | 1009 | 795 | 824 | 840 | 900 | 975 | 1 000 | 1 044 |

表 2-7 人体头部尺寸 单位：mm

| 年龄分组 | 男（18～60 岁） | | | | | | | 女（18～55 岁） | | | | | | |
|---|---|---|---|---|---|---|---|---|---|---|---|---|---|---|
| 百分位数 | 1 | 5 | 10 | 50 | 90 | 95 | 99 | 1 | 5 | 10 | 50 | 90 | 95 | 99 |
| 5.1 头全高 | 199 | 206 | 210 | 223 | 237 | 241 | 249 | 193 | 200 | 203 | 216 | 228 | 232 | 239 |

续表 2-7

| 年龄分组 | 男（18～60 岁） | | | | | | | 女（18～55 岁） | | | | | | |
|---|---|---|---|---|---|---|---|---|---|---|---|---|---|---|
| 5.2 头矢状弧 | 314 | 324 | 329 | 350 | 370 | 375 | 384 | 300 | 310 | 313 | 329 | 344 | 349 | 358 |
| 5.3 头冠状弧 | 330 | 338 | 344 | 361 | 378 | 383 | 392 | 318 | 327 | 332 | 348 | 366 | 372 | 381 |
| 5.4 头最大宽 | 141 | 145 | 146 | 154 | 162 | 164 | 168 | 137 | 141 | 143 | 149 | 156 | 158 | 162 |
| 5.5 头最大长 | 168 | 173 | 175 | 184 | 192 | 195 | 200 | 161 | 165 | 167 | 176 | 184 | 187 | 191 |
| 5.6 头围 | 525 | 536 | 541 | 560 | 580 | 586 | 597 | 510 | 520 | 525 | 546 | 567 | 573 | 585 |
| 5.7 形态面长 | 104 | 109 | 111 | 119 | 128 | 130 | 135 | 97 | 100 | 102 | 109 | 117 | 119 | 123 |

表 2-8　　　　　　　　　　　　　　人体手部尺寸　　　　　　　　　　　　单位：mm

| 年龄分组 | 男（18～60 岁） | | | | | | | 女（18～55 岁） | | | | | | |
|---|---|---|---|---|---|---|---|---|---|---|---|---|---|---|
| 百分位数 | 1 | 5 | 10 | 50 | 90 | 95 | 99 | 1 | 5 | 10 | 50 | 90 | 95 | 99 |
| 6.1 手长 | 164 | 170 | 173 | 183 | 193 | 196 | 202 | 154 | 159 | 161 | 171 | 180 | 183 | 189 |
| 6.2 手宽 | 73 | 76 | 77 | 82 | 87 | 89 | 91 | 67 | 70 | 71 | 76 | 80 | 82 | 84 |
| 6.3 食指长 | 60 | 63 | 64 | 69 | 74 | 76 | 79 | 57 | 60 | 61 | 66 | 71 | 72 | 76 |
| 6.4 食指近位指关节宽 | 17 | 18 | 18 | 19 | 20 | 21 | 21 | 15 | 16 | 16 | 17 | 18 | 19 | 20 |
| 6.5 食指远位指关节宽 | 14 | 15 | 15 | 16 | 17 | 18 | 19 | 13 | 14 | 14 | 15 | 16 | 16 | 17 |

表 2-9　　　　　　　　　　　　　　人体足部尺寸　　　　　　　　　　　　单位：mm

| 年龄分组 | 男（18～60 岁） | | | | | | | 女（18～55 岁） | | | | | | |
|---|---|---|---|---|---|---|---|---|---|---|---|---|---|---|
| 百分位数 | 1 | 5 | 10 | 50 | 90 | 95 | 99 | 1 | 5 | 10 | 50 | 90 | 95 | 99 |
| 7.1 足长 | 223 | 230 | 234 | 247 | 260 | 264 | 272 | 208 | 213 | 217 | 229 | 241 | 244 | 251 |
| 7.2 足宽 | 86 | 88 | 90 | 96 | 102 | 103 | 107 | 78 | 81 | 83 | 88 | 93 | 95 | 98 |

我国是一个地域辽阔的多民族国家，不同地区间人体尺寸差异较大。因此，GB/T 10000—88 将全国成年人人体尺寸分布划分为西北区、东南区、华中区、华南区、西南区和东北、华北区 6 个区域，并给出了各区域成年人的体重、身高、胸围 3 项参数的均值和标准差（表 2-10）。

表 2-10　　　　各区域的体重、身高和胸围三项参数的均值和标准差　　　　单位：mm

| 项目 | | 东北、华北区 | | 西北区 | | 东南区 | | 华中区 | | 华南区 | | 西南区 | |
|---|---|---|---|---|---|---|---|---|---|---|---|---|---|
| | | 均值 | 标准差 | 均值 | 标准差 | 均值 | 标准差 | 均值 | 标准差 | 均值 | 标准差 | 均值 | 标准差 |
| 男（18～60 岁） | 体重/kg | 64 | 8.2 | 60 | 7.6 | 59 | 7.7 | 57 | 6.9 | 56 | 6.9 | 55 | 6.8 |
| | 身高 | 1 693 | 56.6 | 1 684 | 53.7 | 1 686 | 55.2 | 1 669 | 56.3 | 1 650 | 57.1 | 1 647 | 56.7 |
| | 胸围 | 888 | 55.5 | 880 | 51.5 | 865 | 52.0 | 853 | 49.2 | 851 | 48.9 | 855 | 48.3 |
| 女（18～55 岁） | 体重/kg | 55 | 7.7 | 52 | 7.1 | 51 | 7.2 | 50 | 6.8 | 49 | 6.5 | 50 | 6.9 |
| | 身高 | 1 586 | 51.8 | 1 575 | 51.9 | 1 575 | 50.8 | 1 560 | 50.7 | 1 549 | 49.7 | 1 546 | 53.9 |
| | 胸围 | 848 | 66.4 | 837 | 55.9 | 831 | 59.8 | 820 | 55.8 | 819 | 57.6 | 809 | 58.8 |

西北地区包括的省（自治区）有新疆、甘肃、青海、陕西、山西、西藏、宁夏、河南 8 个省；东南地区包括的省（市）有安徽、浙江、江苏、上海 4 个省（市）；华中区包括的省有湖南、湖北、江西 3 个省；华南区包括的省有广西、广东、福建 3 个省；西南区包括的省有云南、贵州、四川 3 个省；东北、华北区包括的省（市）有黑龙江、吉林、辽宁、内蒙古、山东、河北、北京、天津 8 个省市。

## 2.5.2 我国成年人的人体动态尺寸

与安全有关的各种操作、空间、环境设计以及各种着装设计，不仅要考虑人体的静态结构和形体参数，而且还要保证使人在工作、活动时，有足够的活动度、活动空间和合理的活动方向。在正常、动态条件下所测得的人体各肢体的活动角度参数和活动幅度参数，称为人体动态尺度。人体动态尺度是各种操作、空间、环境设计及各种着装设计的必要人体测量参数。

1）肢体活动角度范围

受人体解剖学特性的限制，正常人体其各关节的活动方向和活动角度的范围是不一样的。因此，凡与人相关的各种设计均应考虑这一问题。人体各关节的活动有一定限度，超过限度将会造成损伤。另外，人体处于各种舒适姿势时关节必然处在一定的舒适调节范围内，见表 2-11。图 2-11～图 2-12 分别给出了中国成年人人体不同肢体的活动方向、活动角度范围参数，其数据可供实际设计参考。

表 2-11　　　　　　　　　　　身体各部位的活动角度范围

| 身体部位 | 活动关节 | 动作代号 | 动作方向 | 动作角度/(°) |
|---|---|---|---|---|
| 头 | 脊柱 | 1 | 向右转 | 55 |
| | | 2 | 向左转 | 55 |
| | | 3 | 屈 膝 | 40 |
| | | 4 | 极度伸展 | 50 |
| | | 5 | 向右侧弯曲 | 40 |
| | | 6 | 向左侧弯曲 | 40 |
| 肩胛骨 | 脊柱 | 7 | 向右转 | 40 |
| | | 8 | 向左转 | 40 |
| 臂 | 肩关节 | 9 | 外 展 | 90 |
| | | 10 | 抬 高 | 40 |
| | | 11 | 屈 曲 | 90 |
| | | 12 | 向前抬高 | 90 |
| | | 13 | 极度伸展 | 45 |
| | | 14 | 内 收 | 140 |
| | | 15 | 极度伸展 | 40 |
| | | 16 | 外展旋转（内观） | 90 |
| | | 17 | 外展旋转（外观） | 90 |

| 身体部位 | 活动关节 | 动作代号 | 动作方向 | 动作角度/(°) |
|---|---|---|---|---|
| 手 | 腕 | 18 | 手背向屈曲 | 65 |
| | | 19 | 手掌向屈曲 | 75 |
| | | 20 | 内　收 | 30 |
| | | 21 | 外　展 | 15 |
| | | 22 | 掌心朝上 | 90 |
| | | 23 | 掌心朝下 | 80 |
| 腿 | 髋关节 | 24 | 内　收 | 40 |
| | | 25 | 外　展 | 45 |
| | | 26 | 屈　曲 | 120 |
| | | 27 | 极度伸展 | 45 |
| | | 28 | 屈曲时回转（外观） | 30 |
| | | 29 | 屈曲时回转（外内） | 35 |
| 小　腿 | 膝关节 | 30 | 屈　曲 | 135 |
| 足 | 踝关节 | 31 | 内　收 | 45 |
| | | 32 | 外　展 | 50 |

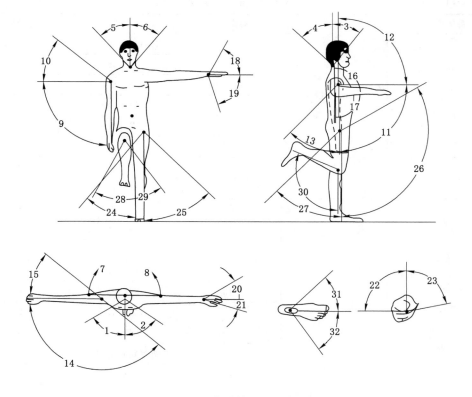

图 2-11　人体肢体活动角度范围

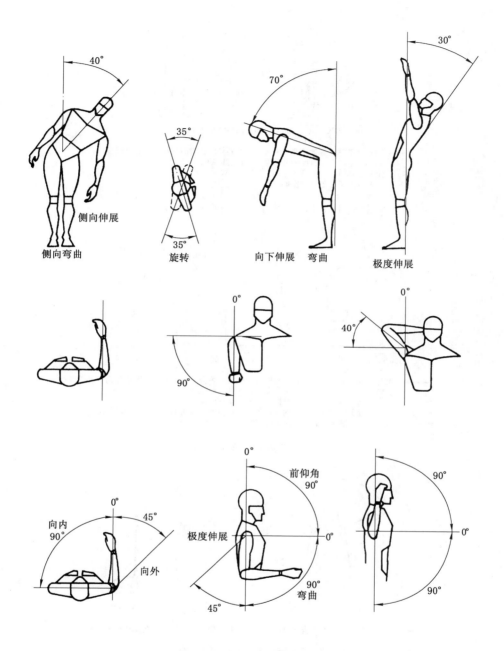

图 2-12　人体上部及上肢固定姿势活动角度范围

2）不同姿势时手能及的空间范围

由于活动空间应尽可能适应绝大多数人的使用，设计时应以高百分位人体尺寸为依据。根据 GB 10000—88 中的人体测量基础数据，本书以我国成年男子的第 95 百分位身高（1 775 mm）为基准。我国成年男子立姿、坐姿、单腿跪姿和仰卧姿时上身及手的可及范围，如图 2-13～图 2-16 所示。

3）常用的功能尺寸

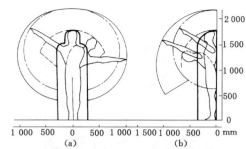

——稍息立正时的身体轮廓,为保持身体姿势所必需的平衡活动已考虑在内;
— — —头部不动,上身自髋关节起前弯、侧转时的活动空间;
—·—·—上身不动时手臂的活动空间;
————上身动时手臂的活动空间。

图 2-13　立姿上身及手的可及范围

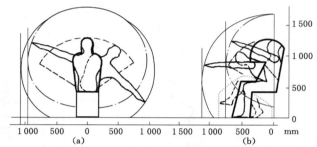

————上身挺直及头向前倾的身体轮廓,为保持身体姿势而必需的平衡活动已考虑在内;
— — —从髋关节起上身向前、向侧弯曲的活动的活动空间;
—·—·—上身不动,自肩关节起手臂向上和向两侧的活动空间;
————上身从髋关节起向前、向两侧活动时手臂自肩关节起向前和两侧的活动空间;
·············自髋关节、膝关节起腿伸曲活动空间。

图 2-14　坐姿上身及手的可及范围

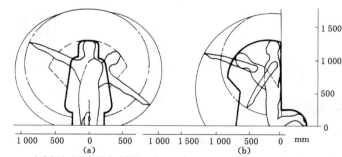

————上身挺直头前倾的身体轮廓。为稳定身体姿势所必需的平衡动作已考虑在内;
— — —上身从髋关节起侧弯;
—·—·—上身不动,自肩关节起手臂向前、向两侧的活动空间;
————上身自髋关节起向前或两侧活动时手臂自肩关节起向前或向两侧的活动空间。

图 2-15　单膝跪姿上身及手的可及范围

　　前述常用的立、坐、跪、卧等作业姿势活动空间的人体尺度图和手脚作业阈图,可满足人体一般作业空间概略设计的需要。但对于受限作业空间的设计,则需要应用各种作业姿势下人体功能尺寸测量数据。国家标准 GB/T 13547—92 提供了我国成年人立、坐、跪、卧、爬等常取姿势功能尺寸数据,经整理归纳后列于表 2-12。需要说明的是,表 2-12 中的数据均为裸体测量结果,使用时应增加一定的修正量值。

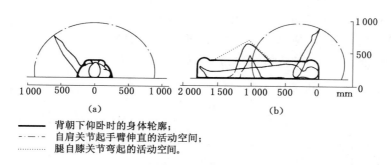

图 2-16 仰卧姿势手及腿的活动空间

——— 背朝下仰卧时的身体轮廓；
—·—·— 自肩关节起手臂伸直的活动空间；
············· 腿自膝关节弯起的活动空间。

表 2-12 我国成年人男女上下肢功能尺寸 单位：mm

| 年龄分组 | 男（18～60岁） | | | 女（18～55岁） | | |
|---|---|---|---|---|---|---|
| 百分位数 | 5 | 50 | 95 | 5 | 50 | 95 |
| 立姿双手上举高 | 1 971 | 2 108 | 2 245 | 1 845 | 1 968 | 2 089 |
| 立姿双手上功能举高 | 1 869 | 2 003 | 2 138 | 1 741 | 1 860 | 1 976 |
| 立姿双手左右平展宽 | 1 579 | 1 691 | 1 802 | 1 457 | 1 559 | 1 659 |
| 立姿双臂功能平展宽 | 1 374 | 1 483 | 1 593 | 1 248 | 1 344 | 1 438 |
| 立姿双肘平展宽 | 816 | 875 | 936 | 756 | 811 | 869 |
| 坐姿前臂手前伸长 | 416 | 447 | 478 | 383 | 413 | 442 |
| 坐姿前臂手功能前伸长 | 310 | 343 | 376 | 277 | 306 | 333 |
| 坐姿上肢前伸长 | 777 | 834 | 892 | 712 | 764 | 818 |
| 坐姿上肢功能前伸长 | 673 | 730 | 789 | 607 | 657 | 707 |
| 坐姿双手上举高 | 1 249 | 1 339 | 1 426 | 1 173 | 1 251 | 1 328 |
| 跪姿体长 | 592 | 626 | 661 | 553 | 587 | 624 |
| 跪姿体高 | 1 190 | 1 260 | 1 330 | 1 137 | 1 196 | 1 258 |
| 俯卧体长 | 2 000 | 2 127 | 2 257 | 1 867 | 1 982 | 2 102 |
| 俯卧体高 | 364 | 372 | 383 | 359 | 369 | 384 |
| 爬姿体长 | 1 247 | 1 315 | 1 384 | 1 183 | 1 239 | 1 296 |
| 爬姿体高 | 761 | 798 | 836 | 694 | 738 | 783 |

### 2.5.3 手、脚作业域测量

1）手的作业域测量

手脚在一定空间范围内作各种操作，所形成的包括左右水平面和上下垂直面的空间区域，称为作业域。作业域的边界是指人站立或坐姿时手脚所能达到的最大范围，一般不取边界值，而是多取不超过边界的较小的尺寸，包括通常操作范围或正常操作范围。

（1）水平作业域

水平作业域是指人于台面前，在台面上左右运动手臂所形成的轨迹范围。手尽量外伸所形成的区域称为最大作业域。手自然放松运动所形成的区域称为通常作业区域。一般需要手频繁活动的操作，如键盘打字、精密维修作业等，应安排在该区域内，而从属于这些活动的器物、工具等则应安排在最大作业域内。手在水平面的正常作业域和最大作业域参见图 2-15。

（2）垂直作业域

垂直作业域是指手臂伸直，以肩关节为轴做上、下运动所形成的范围。以肩关节为圆心的直臂抓握半径:男子为 65 cm,女子为 58 cm。图 2-18 是第 5 百分位的人体坐姿垂直抓握以手心为轨迹测量点操作作业域。图 2-19 和图 2-20 分别是第 5 百分位的人体立姿单臂和立姿双臂垂直作业空间。图 2-21 是身高与摸高的关系。

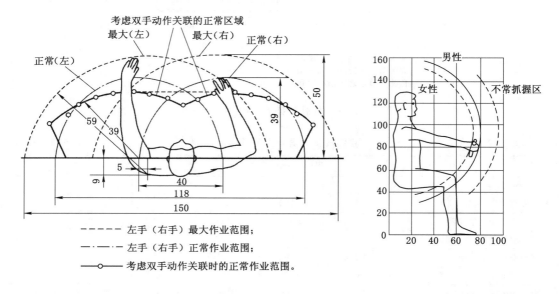

图 2-17  手在水平面的正常作业域和最大作业域(单位:cm)          图 2-18  坐姿抓握作业域(单位:cm)

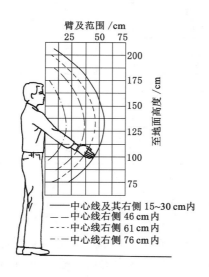

图 2-19  立姿单臂垂直作业域

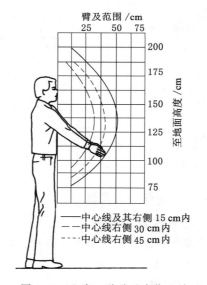

图 2-20  立姿双臂臂垂直作业域

2) 脚的作业域测量

当足跟水平时踝关节的背屈、侧转等活动的角度,以及赤脚和穿鞋时脚掌、脚趾的长度、宽度、厚度的测量数据。这些数据是设计脚踏板或脚控器的长度、宽度和倾斜角的重要依据,如图 2-22 所示。

与手相比,脚的操作力较大,但精确度较差,且活动范围较小。一般脚的作业空间参数主要用于踏板类装置设计。正常的脚作业空间应位于身体前侧、座高以下的区域,其舒适的

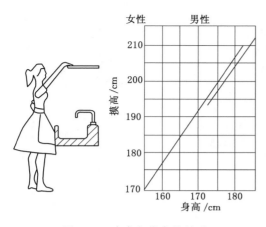

图 2-21　身高与摸高的关系

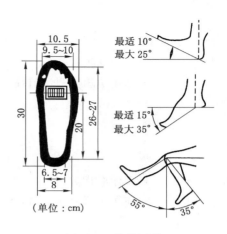

图 2-22　脚的测量

作业空间与身体尺寸和动作性质有关。图 2-23 所示为脚偏离身体中线左右各 15 cm，其中深影区为脚的灵敏作业域，其余需要大、小腿有较大的动作，不适于布置常用操作装置。

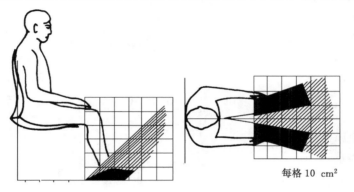

图 2-23　脚的作用区域

# 2.6　人机学参数计算

## 2.6.1　人体体部指数及有关人机学参数计算

正常成年人人体各部分尺寸之间存在一定的比例关系，根据人体某个特征尺寸，可以计算出其他各部分尺寸。近年来，有人通过对已有测量数据的统计、分析、比较，归纳出了一些能表达人体主要参数间相互关系的经验公式。由于人体测量所需样本量很大，调查测量过程复杂、周期长，因此在无法直接获得具体的测量数据的情况下，运用这些经验公式是比较方便和实用的。

1）人体的体部指数

在一般人体测量中，常采用两种以上的测量参数组成的一些比例系数来反映人体各部分的比例关系和形态特征，人们把这种比例系数称为体部指数。常见的体部指数主要有以下 6 种：

（1）第 1 标准指数

$$\eta_1 = \frac{L_i}{H} \times 100\% \tag{2-8}$$

式中　$\eta_1$——第 1 标准指数；

　　　$L_i$——人体第 $i$ 部分测量值，cm；

　　　$H$——身高，cm。

（2）第 2 标准指数

$$\eta_2 = \frac{L_i}{H_q} \times 100\% \tag{2-9}$$

式中　$\eta_2$——第 2 标准指数；

　　　$L_i$——人体第 $i$ 部分测量值，cm；

　　　$H_q$——躯干长，cm。

（3）体形系数

$$\eta_3 = \frac{\omega_x + \omega_y}{H} \times 100\% \tag{2-10}$$

式中　$\eta_3$——体形系数；

　　　$\omega_x$——胸围，cm；

　　　$\omega_y$——腰围，cm；

　　　$H$——身高，cm。

（4）李氏体重指数

$$\eta_4 = \frac{1\,000\sqrt[3]{W}}{H} \tag{2-11}$$

式中　$\eta_4$——李氏体重指数；

　　　$W$——体重，kg；

　　　$H$——身高，cm。

（5）罗氏体重指数

$$\eta_5 = \frac{W}{H^3} \tag{2-12}$$

式中　$\eta_5$——罗氏体重指数；

　　　$W$——体重，kg；

　　　$H$——身高，cm。

（6）体质指数

$$\eta_6 = H - \omega_{x,max} + W \tag{2-13}$$

式中　$\eta_6$——体质指数；

　　　$W$——体重，kg；

　　　$\omega_{x,max}$——最大胸围；

　　　$H$——身高，cm。

2）用人体身高尺寸计算人体各部分尺寸

根据 GB 10000—88 中的人体基础数据，可推导出我国成年人人体尺寸与身高 $H$ 的比例关系，分别见图 2-24、图 2-25 和表 2-13。由于不同国家人体结构尺寸的比例有所不同，因而该图不适用于其他国家人体结构尺寸计算。又因间接计算结果与直接测量数据间有一定的误差，使用时应考虑计算值是否满足设计的要求。

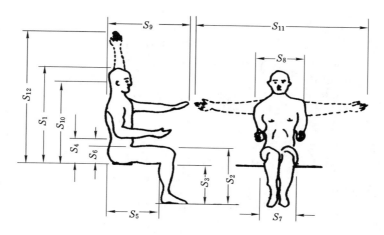

图 2-24 坐姿静态尺寸编号图

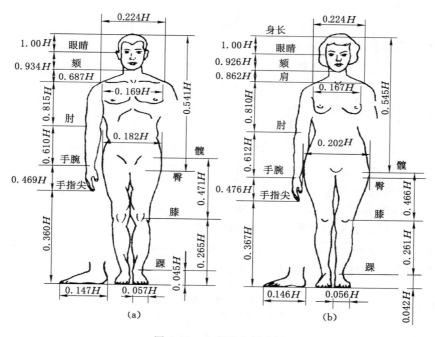

图 2-25 立姿静态尺寸图

表 2-13　　　　　　　　　　　　坐姿静态尺寸与身高关系

| 参数名称 | 计算公式 | 参数名称 | 计算公式 |
|---|---|---|---|
| 坐高 | $S_1 = 0.523H$ | 臀宽 | $S_7 = 0.203H$ |
| 膝高 | $S_2 = 0.311H$ | 肩宽 | $S_8 = 0.229H$ |
| 坐姿膝高 | $S_3 = 0.249H$ | 手前举水平距离 | $S_9 = 0.462H$ |
| 肘关节至椅面高 | $S_4 = 0.135H$ | 坐姿眼高 | $S_{10} = 0.454H$ |
| 臀部至小腿长 | $S_5 = 0.280H$ | 两手平举直线距 | $S_{11} = 1.03H$ |
| 大腿厚 | $S_6 = 0.086H$ | 座面至臂上举高度 | $S_{12} = 0.795H$ |

— 35 —

3) 用人体体重计算人体体积和表面积

(1) 人体体积的计算(适用于体重在 50～100 kg 的男性)

$$V = 1.05W - 4.937 \tag{2-14}$$

式中　$V$——人体的体积,L;

　　　$W$——体重,kg。

(2) 人体表面积计算:

① Bubois 算法:

$$S = K_R W^{0.425} H^{0.725} \tag{2-15}$$

② Stevenson 算法:

$$S = 0.006\ 1H + 0.012\ 8W - 0.152\ 9 \tag{2-16}$$

③ 赖氏算法:

$$S = 0.023\ 5H^{0.422\ 46}W^{0.0514\ 56} \tag{2-17}$$

④ 胡咏梅算法:

$$S = 0.006\ 1H + 0.012\ 4W - 0.009\ 9 \tag{2-18}$$

⑤ 赵松山算法:

a. 中国成年男性的体表面积:

$$S = 0.006\ 07H + 0.012\ 7W - 0.069\ 8 \tag{2-19}$$

b. 中国成年女性的体表面积:

$$S = 0.005\ 86H + 0.012\ 6W - 0.046\ 1 \tag{2-20}$$

式中　$S$——人体的表面积,m²;

　　　$H$——身高,cm;

　　　$W$——体重,kg;

　　　$K_R$——人种常数,中国人取值 72.46。

4) 用身高、体重、表面积求算有关人机学参数

在知道了人的身高 $H$(cm)、体重 $W$(kg)和体积 $y$(L)以后,还可以进一步计算其他有关人机学参数近似值,具体参数和计算公式见表 2-14。

表 2-14　　　　　　　　　　人体有关人机学参数计算公式

| 序号 | 名称 | 序号 | 名称 |
|---|---|---|---|
| | 人体各部分长度<br>(以人体身高 $H$ 为基础)/cm | | 人体各部重心位置<br>(指靠近身体中心关节的距离)/cm |
| 1 | 手掌长 $L_1 = 0.109H$ | 2 | 手掌重心位置 $O_1 = 0.506L_1$ |
| | 前臂长 $L_2 = 0.157H$ | | 前臂重心位置 $O_2 = 0.430L_2$ |
| | 上臂长 $L_3 = 0.172H$ | | 上臂重心位置 $O_3 = 0.436L_3$ |
| | 大腿长 $L_4 = 0.232H$ | | 大腿重心位置 $O_4 = 0.433L_4$ |
| | 小腿长 $L_5 = 0.247H$ | | 小腿重心位置 $O_5 = 0.433L_5$ |
| | 躯干长 $L_6 = 0.300H$ | | 躯干重心位置 $O_6 = 0.660L_6$ |

| 序号 | 名称 | 序号 | 名称 |
|---|---|---|---|
| 3 | 人体各部分的旋转半径<br>（指靠近身体中心关节的距离）/cm<br>手掌旋转半径 $R_1=0.587L_1$<br>前臂旋转半径 $R_2=0.526L_2$<br>上臂旋转半径 $R_3=0.542L_3$<br>大腿旋转半径 $R_4=0.540L_4$<br>小腿旋转半径 $R_5=0.528L_5$<br>躯干旋转半径 $R_6=0.830L_6$ | 5 | 人体各部分的重量（以体重 $W$ 为基础）/kg<br>手掌重量 $W_1=0.006W$<br>前臂重量 $W_2=0.018W$<br>上臂重量 $W_3=0.0357W$<br>大腿重量 $W_4=0.0946W$<br>小腿重量 $W_5=0.042W$<br>躯干重量 $W_6=0.5804W$ |
| 4 | 人体各部分体积<br>（以人体体积 $V$ 为基础）/L<br>手掌体积 $V_1=0.005\,66V$<br>前臂体积 $V_2=0.017\,02V$<br>上臂体积 $V_3=0.034\,95V$<br>大腿体积 $V_4=0.092\,4V$<br>小腿体积 $V_5=0.040\,83V$<br>躯干体积 $V_6=0.613\,2V$ | 6 | 人体各部分转动惯量<br>（指绕关节转动的惯量）/kg·m²<br>手掌转动惯量 $I_1=W_1\times R_1^2$<br>前臂转动惯量 $I_2=W_2\times R_2^2$<br>上臂转动惯量 $I_3=W_3\times R_3^2$<br>大腿转动惯量 $I_4=W_4\times R_4^2$<br>小腿转动惯量 $I_5=W_5\times R_5^2$<br>躯干转动惯量 $I_6=W_6\times R_6^2$ |

## 2.6.2 人体测量数据的处理

根据数理统计有关知识,我们把针对样本测量获得的数据进行统计分析,就可以得到用于设计的群体数据。人体测量的数据统计处理的步骤如下:

1) 数据分组

首先确定组距,然后根据全距确定分组个数。全距是指在所有测量值中最大值与最小值之差。组距的大小必须恰当,组距过大,将导致分组数目较少,从而影响计算的准确性;组距过小,将导致分组过多,使得计算量增加。在人体测量中,青壮年的测量数据分组组距参见表 2-15。分组个数可以依据式(2-21)来确定:

$$n=\frac{\text{全距}}{\text{组距}} \tag{2-21}$$

应当注意的是,若由式(2-21)计算得到的 $n$ 为小数时,则实际分组个数 $n'=[n]+1$。

**表 2-15** 组距参考值

| 项目 | 身高 | 立姿眼高 | 胸围 | 椅高 | 体重 | 握力 | 拉力 |
|---|---|---|---|---|---|---|---|
| 组距 | 20 mm | 15 mm | 20 mm | 5 mm | 2 kg | 3 N | 5 N |

2) 作频数分布图

将各测量值归入相应的组内,并作直方图。某组的概率是指该组的频数与总频数之比,即组受测人数与总受测人数之比。频率高者,表示纳入的被测人数多,反之则少。因此,在进行安全人机工程设计时,应把概率高者作为依据,而把概率低者作为调整参数,这样就可以保证产品在有限条件下得到更广泛的适用范围。例如,手动控制器的设计,其最大高度应取决于第 5% 身材的人直立时能够接触得到;最低高度应该是第 95% 身材的人的指节高度。

3）确定假定平均数

假定平均数可选任一组的上限与下限除以 2 得到,即该组的组中值,这是为了计算方便而预先设定的平均数。从理论上讲,确定假定平均数选哪一组都可以,对测量指标均无影响。通常以选取与真实平均数相接近的组计算比较简便,因此选择频数较大的那一组的组中值作为假定平均数。

4）计算离均差

离均差是表示各组与假定平均数的差数,即:

$$x = \frac{G_i - G_0}{b} \tag{2-22}$$

式中　$x$——离均差;

　　　$G_i$——各组的中值;

　　　$G_0$——假定平均数;

　　　$b$——组距;

　　　$i$——组号,$i = 1, 2, \cdots, n$。

假定平均数所在组的离均差为零,比较各组,较其小者为 $-1, -2, \cdots, -n$;较其大者为 $1, 2, \cdots, n$ 即可。

5）计算并列表

计算平均值 $\overline{x}$,标准差 $S$ 以及抽样误差 $S_{\overline{x}}$,所用到的计算公式如下:

$$\overline{x} = \frac{\sum fx}{N} b + G_0 \tag{2-23}$$

$$S = \sqrt{\frac{\sum fx^2}{N} - \left(\frac{\sum fx}{N}\right)^2} \times b \tag{2-24}$$

$$S_{\overline{x}} = \frac{S}{\sqrt{N}} \tag{2-25}$$

式中　$\overline{x}$——平均值;

　　　$S$——标准差;

　　　$S_{\overline{x}}$——抽样误差;

　　　$N$——总频数;

　　　$f$——各组频数。

**例 2.3**　已测得 200 名 20 岁男性拖拉机驾驶员的身高数值(最高值为 1 795 mm,最低值为 1 540 mm),其频数见表 2-16。试计算平均数、标准差、抽样误差、5% 值和 95% 值。

已知:$N = 200$;最高值 1 795 mm;最低值 1 540 mm。

全距:1 795 - 1 540 = 255 (mm);

确定组距:$b = 20$ mm;

计算分组个数:$n = [255/20] + 1 \approx 13$(组);

确定假定平均数:$G_0 = (1\ 660 + 1\ 680)/2 = 1\ 670$ (mm);

计算平均值、标准差和抽样误差:

$$\overline{x} = \frac{\sum fx}{N} b + G_0 = \frac{-98}{200} \times 20 + 1\ 670 = 1\ 660.2 \text{ (mm)}$$

$$S = \sqrt{\frac{\sum fx^2}{N} - \left(\frac{\sum fx}{N}\right)^2} \times b = \sqrt{\frac{1\,328}{200} - \left(\frac{-98}{200}\right)^2} \times 20 = 51.6\ (\text{mm})$$

$$S_{\bar{x}} = \frac{S}{\sqrt{N}} = \frac{51.6}{\sqrt{200}} = 3.65\ (\text{mm})$$

表 2-16                   200 名 20 岁男性拖拉机驾驶员的身高测量指标计算

| 组别 | $f$ | $x$ | $fx$ | $fx^2$ |
|---|---|---|---|---|
| 1 540~1 560 mm | 4 | −6 | −24 | 144 |
| 1 560~1 580 mm | 10 | −5 | −50 | 250 |
| 1 580~1 600 mm | 15 | −4 | −60 | 240 |
| 1 600~1 620 mm | 19 | −3 | −57 | 171 |
| 1 620~1 640 mm | 20 | −2 | −40 | 80 |
| 1 640~1 660 mm | 27 | −1 | −27 | 27 |
| 1 660~1 680 mm | 32 | 0 | 0 | 0 |
| 1 680~1 700 mm | 28 | 1 | 28 | 28 |
| 1 700~1 720 mm | 20 | 2 | 40 | 80 |
| 1 720~1 740 mm | 15 | 3 | 45 | 135 |
| 1 740~1 760 mm | 5 | 4 | 20 | 80 |
| 1 760~1 780 mm | 3 | 5 | 15 | 75 |
| 1 780~1 800 mm | 2 | 6 | 12 | 72 |
| — | $\sum f = 200$ | — | $\sum fx = -98$ | $\sum fx^2 = 1\,328$ |

$P_5 = 1\,660.2 - 51.6 \times 16.5 = 1\,575.06\ (\text{mm})$；

$P_{95} = 1\,660.2 + 51.6 \times 16.5 = 1\,745.34\ (\text{mm})$；

图 2-26 所示为身高—频数分布直方图。

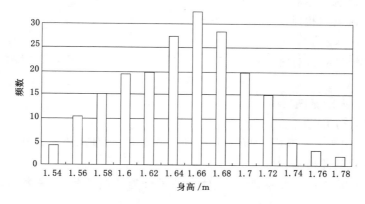

图 2-26  身高—频数分布直方图

在设计拖拉机座椅尺寸时,应按照 1 575 mm、1 660 mm、1 745 mm 三种身高尺寸变换座椅高度。

## 2.6.3  人体生理学参数及计算

人在活动时,会产生一系列的生理变化,承受的负荷量不同,生理上的变化也不同,进而导致心率、耗氧量、肌电图、脑电图、频闪值等一系列生理指标值发生改变。通过测定人的有关生理学参数,即可科学地推断人从事某种活动或操作所承受的生理负荷,又可据此合理安排劳动定额、劳动节奏,从而提高工效和操作安全性。

1) 最大耗氧量($V_{O_2 max}$)及氧债能力

(1) 耗氧量和摄氧量

人体为了维持生理活动,必须通过氧化能源物质获得能量。体内单位时间内所需要的氧气量叫作需氧量。成年人安静时每分钟的需氧量为 0.2~0.3 L/min。劳动时随着劳动强度的增加,需氧量也增多,供氧量能否满足人体活动需要的氧气量,取决于人体的循环、呼吸机能状态。单位时间内人体通过循环、呼吸系统所能摄入的氧气量称为摄氧量。人体在单位时间内所消耗的氧气量称为耗氧量。由于氧不能在人体内大量储存,吸入的氧一般随即被人体消耗,因此,一般摄氧量与耗氧量大致相等。人体在从事高度繁重体力劳动时,循环、呼吸(氧运输)系统的功能经 1~2 min 后达到人体极限摄氧能力,这时,人体单位时间内的摄氧量称为最大摄氧量。此时,人体单位时间内的最大耗氧量近似等于最大摄氧量,最大可达安静休息时的 30 倍,达到 3~6 L/min。最大耗氧量可作为允许最大体力消耗的标志,其影响因素主要有年龄、性别、海拔高度、体能训练、劳动强度、持续时间等。

最大耗氧量可用绝对数表示,单位为 L/min,表示整个机体在单位时间内所能吸收的最大氧量。由于需氧量与体重成正比关系,而身高、体重存在个体差异,因此用绝对值进行个体间的横向比较是不适宜的。也可用相对数表示,单位为 mL/(kg·min)。如已知年龄,则最大摄氧量可按下式近似计算:

$$V_{O_2 max} = 5.659\,2 - 0.039\,8A \tag{2-26}$$

式中  $V_{O_2 max}$——最大摄氧量,mL/(kg·min);

$A$——年龄,岁。

摄氧量绝对值可以根据式(2-27)转换成相对值,即:

$$V_{O_2 绝} = V_{O_2 相}W/1\,000 \tag{2-27}$$

式中  $V_{O_2 绝}$——摄氧量绝对值,L/min;

$V_{O_2 相}$——摄氧量相对值,mL/(kg·min);

$W$——体重,kg。

根据最大摄氧量的绝对值,还可计算出人在从事最大允许负荷劳动时的能量消耗率:

$$E_{max} = 354.3V_{O_2 max} \tag{2-28}$$

式中  $E_{max}$——最大能量消耗率。

(2) 氧债与劳动负荷

劳动开始时,由于人体呼吸、循环机能跟不上需氧量,致使肌肉在缺氧的状态下活动,这种供氧量与需氧量的差值称为氧债。

根据摄氧量和需氧量的关系,可将人体负荷量分为常量负荷、高量负荷、超量负荷 3 种情况。

① 常量负荷:劳动时摄氧量与需氧量保持平衡的负荷,即需氧量小于最大摄氧量的各种负荷。此时,只有作业开始 2~3 min 内,由于呼吸和循环系统的活动暂时不能适应氧需,略欠了氧债。其后转入稳定状态,这是人体可以持久作业的最理想的状态。稳定状态结束后,归还所欠氧债,见图 2-27(a)。

② 高量负荷:需氧量已接近或等于最大摄氧量的负荷。此时,氧债也是在需氧量上升

期间出现,到达最大摄氧量后,便维持稳定状态,见图 2-27(b)。

③ 超量负荷:若劳动强度过大,需氧量超过最大摄氧量,人体一直在缺氧状态下活动形成较大氧亏,处于"假稳定状态"下的负荷,见图 2-27(c)。由于机体担负的氧债能力有限,活动不能持久。而且劳动结束后,人体还要继续维持较高的氧需以补偿欠下的氧债。劳动后恢复期的长短主要取决于氧债的多少及人体呼吸、循环机能的状态。

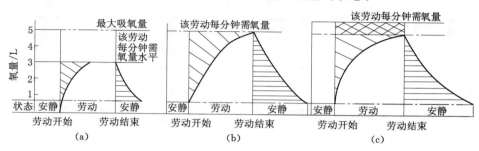

图 2-27 氧债与相应劳动负荷示意图

(3) 总需氧量及氧债能力

① 总需氧量:劳动及劳动结束后恢复期所需氧量之和。总需氧量可按下式计算:

$$V_{O_2z} = V_{O_2l} + V_{O_2h} - V_{O_2j}(t_l + t_h) \tag{2-29}$$

式中 $V_{O_2z}$——劳动时的总需氧量,mL/min;

$V_{O_2l}$——作业期摄氧量,mL/min;

$V_{O_2h}$——恢复期摄氧量,mL/min;

$V_{O_2j}$——安静时平均需氧量,可取 200~300 mL/min,一般为 250 mL/min;

$t_l$——作业时间,min;

$t_h$——恢复时间,min。

② 氧债能力。超量负荷或较大劳动强度作业会导致机体稳定状态的破坏,或造成劳动者劳动能力的衰竭。当心肺功能的惰性通过调节机理逐渐克服后,每分钟需氧量仍高于最大摄氧量,运动强度的持续,局限在氧债能力范围内的状态。据研究表明,体内要透支 1 L 氧,当以 7 g 乳酸作代价,直到氧债能力衰竭为止。一般人的氧债能力约为 10 L,训练有素的运动员可达 15~20 L。氧债能力衰竭,血液中的乳酸量会急剧上升,pH 值迅速下降,这对肌肉、心脏、肾脏以及神经中枢都很不利。因此,作业中应合理安排劳动负荷和劳动强度,若从事劳动强度或劳动负荷较大的工作,应科学安排工作时间和休息时间,避免机体长时间在无氧状态下活动。

2) 最大心率

单位时间内心室跳动的次数称为心率(heart rate, HR)。在安静时,正常男子、女子的心率约为 75 次/min。但作业时随着劳动负荷的增大,心率也会增大。青年人中,当以 50% 的最大摄氧量工作时,男子心率一般比女子低,分别约为 130 次/min 和 140 次/min。当人达到最大负荷时,心脏每分钟的跳动次数称为最大心率(HRmax)。最大心率几乎无性别差异,但两者都随着年龄的增加而下降,并可用下式近似计算:

$$HR_{max} = 209.2 - 0.75A \tag{2-30}$$

式中 $HR_{max}$——最大心率,次/min;

$A$——年龄,岁。

劳动负荷的适宜水平可理解为在该负荷下能够连续劳动 8 h,不至于疲劳,长时间劳动时也不损害健康的卫生限值。一般认为劳动负荷的适宜水平约为最大摄氧量的 1/3,适宜心率可按式(2-31)计算。表 2-17 所例为男性和女性的适宜负荷水平。

$$适宜心率＝(最大心率－安静心率)×40\%＋安静心率 \tag{2-31}$$

表 2-17　　　　　　　　　　　　适宜负荷水平

| 性别 | | 男性 | 女性 |
|---|---|---|---|
| 最大摄氧量(未经锻炼) | | 3.3 L/min | 2.3 L/min |
| 适宜负荷水平 | 耗氧量 | 1.1 L/min | 0.8 L/min |
| | 能量代谢 | 17 kJ/min | 12 kJ/min |
| | 心率 | 不超过基础心率＋40 次/min | |

**3) 搏出量与最大心脏输出**

心脏每次搏动从左心室注入主动脉的血液量称为搏出量。而单位时间内(1 min)从左心室射出的血液量,叫作心脏输出量。由于最大摄氧量与最大心脏输出量具有内在联系,因此可利用最大耗氧量求算最大心脏输出量:

$$Q_{max} = 6.5 + 4.35V_{O_2 max} \tag{2-32}$$

式中　$Q_{max}$——最大心脏输出量,L/min;

　　　$V_{O_2 max}$——最大摄氧量,mL/(kg·min)。

**4) 肌电图**

骨骼肌收缩时要消耗一定数量的氧,若要测量全身肌肉收缩所消耗的能量,可通过测量耗氧量,然后用式(2-28)能计算出全身肌肉收缩所消耗的能量,但要想知道局部肌肉的负荷大小和收缩强度时,做肌电图测试是一种最有效的方法。

大脑中枢运动区发出的运动命令,经传出神经纤维传递到效应器产生动作,传递过程中当神经冲动传到肌纤维结合部位的突触时,引起肌纤维细胞发生极化而收缩,收缩时产生生物电位——动作电位,这就是肌肉的放电现象。肌肉收缩时产生的动作电位可通过电极引导出来,再经放大、记录,即可得到很有价值的波形图,即所谓肌电图(electromyogram,EMG)。肌电图可反映人体局部肌肉的负荷情况,对客观、直接地判定肌肉的神经支配状况以及运动器官的机能状态具有重要意义。

人机工程学中常用肌电图的电压幅值和收缩频率来进行评价。据研究表明,肌肉的放电频率一般为 5~10 次/s,有时可达 50 次/s。放电频率的高低主要决定于运动单位兴奋活动的强弱。例如,肌肉从轻微收缩增加到最大收缩时,放电频率可从 5 次/s 增加到 50 次/s。另外,参加收缩的肌纤维越多,动作电位就越高,即动作电位振幅(mV)的大小反映了参加收缩的肌纤维数量的多少。因此,通过肌电图测量肌电位可以测定肌肉收缩的强度。

肌电图在安全人机工程学上的应用主要是作业设计、作业姿势、机械和工具设计的人性化、合理化和最优化研究。在工业座椅、家用沙发和床等尺度的研究中,肌电图是一个实用的评价指标。一个具有良好人机工程学设计的工业座椅能有效地减少人体不必要的能量消耗,提高工作效率;一个舒适的坐姿或者卧姿可使全身肌肉放松,这种放松程度可通过测量肌电图来评价。

**5) 呼吸量的测定**

人体的活动与正常平静状态相比,其机体新陈代谢率增高,氧气的消耗量与二氧化碳的呼出量也都随着活动量的增大而增多,于是呼吸频率由 12~18 次/min 增加到 40~50 次/min,呼出量也由平静时的 500 mL 上升到 2 000 mL 以上,其肺通气量由平静时的 6~8 L/min 上升到 80~100 L/min。

6)脉搏数的测定

主要是测定与疲劳程度有关的刚结束作业的脉搏数、脉搏积及恢复到安静时脉搏数所用的时间,即:

$$脉搏积＝脉搏数×(最高最低血压差)/100 \qquad (2\text{-}33)$$

7)发汗的测定

通常把汗腺分泌汗液的活动叫作发汗。发汗是一种机体散热维持恒定体温的有效途径,发汗量是在高温环境下进行劳动或重体力劳动下机体丧失水分程度的标志。人在安静状态下,当环境温度达到(28±1)℃时便开始发汗。如果空气湿度高且穿衣较多时,气温达到 25 ℃时即可引起发汗。而当人们进行劳动或运动时,气温虽然在 20 ℃以下,也会发汗其至发出较多的汗量。劳动或运动强度越大,发汗量增加越显著。若发出大量汗水可造成脱水,因此对发汗量及汗液化学成分等应进行测定,并采取相应的劳动保护措施,防止高温中暑,还应及时补充水分,以防脱水而诱发疾病。

8)血液成分变化的测定

一般采用生物化学的测定方法,测量内容主要是与疲劳关系密切的 pH 值、血糖量、血红蛋白量、乳酸含量等。

9)脑电图

脑电图(electroencephalogram,EEG)是人体生物体电现象之一。人无论是处于睡眠还是觉醒状态,都有来自大脑皮层的动作电位(脑电波)。人脑生物电现象是自发和有节律性的。在头部表皮上通过电极和高感度的低频放大器可测得这种生物电现象。利用脑电波的频率和幅值可评价人体大脑的觉醒状态。日本学者桥本邦卫从大脑生理学角度把大脑意识状态划分为 5 个阶段,并建立了人为错误发生的潜在危险性与 EEG 的联系,见表 2-18。

**表 2-18　　　　　　　　大脑意识状态与人为错误的潜在危险性**

| 大脑意识阶段 | 主要脑波成分 | 频率/Hz | 意识状态 | 注意力 | 生理状态 | 事故潜在性 |
|---|---|---|---|---|---|---|
| 0 | δ | 0.5~3.5 | 失去知觉 | 0 | 睡眠,脑发作 | — |
| Ⅰ | θ | 4~7 | 发呆,发愣 | 不注意 | 疲劳,饮酒 | +++ |
| Ⅱ | α | 8~13 | 正常,放松 | 心事 | 休息,习惯性作业 | +~++ |
| Ⅲ | β | 14~25 | 正常,清醒 | 集中 | 积极活动状态 | 最小 |
| Ⅳ | β 及以上频率 | 25 以上 | 过度紧张 | 集中于一点 | 过度兴奋 | 最大 |

阶段 0:无意识,无反应能力(失去知觉,睡眠),主要脑波是 δ 波。

阶段 Ⅰ:过度疲劳、单调作业、饮酒等引起知觉能力的下降,主要脑波为 θ 波。

阶段 Ⅱ:习惯上的作业,不需考虑,无预测能力和创造力,主要脑波为 α 波。

阶段 Ⅲ:大脑清醒,注意力集中,富有主动性,主要脑波为 β 波。

阶段 Ⅳ:过度紧张和兴奋,注意力集中一点,一旦有紧张情况,大脑将马上进入活动停止状态,成为旧皮层优势状态。脑波状态是 β 和更快频率的脑波。

正常人安静闭眼时出现 α 波(8～13 Hz);睁眼并且注意力集中时 α 波减少 β 波(14～25 Hz)增多。以前 25 Hz 以上叫作 γ 波,现在几乎不用 γ 波。α 波和 α 波以上频率的波统称为快波。人在打盹或睡眠中出现 θ 波(4～7 Hz)和 δ(0.5～3.5 Hz)。θ 波和比 θ 波频率低的波统称为慢波。成人如果在觉醒时出现慢波则可诊断为大脑异常。

在人机工程学研究领域内,常利用脑电波研究环境与人的关系,如噪声、室温、床类用具尺度及质地等对睡眠深度的影响。在作业领域,它与事故的发生和防止有密切的关系。

# 2.7　人体测量数据的应用

正确运用人体数据是设计合理与否的关键,一旦数据被误解或使用不当,就可能导致严重的设计错误。另外,各种人体测量数据只是为设计提供了基础参数,不能代替严谨的设计分析。因此,当设计中涉及人体参数时,设计者必须熟悉数据测量定义、适用条件、百分位的选择等方面的知识,才能正确应用有关的数据。

### 2.7.1　人体测量数据的应用准则

在运用人体测量数据进行设计时,应遵循以下几个准则:

1)最大最小准则

该准则要求根据具体设计的目的,选用最小或最大人体参数。例如:人体身高常用于通道和门的最小高度设计,为尽可能使所有人(99％以上)通过时不发生撞头事件,通道和门的最小高度设计应使用高百分位身高数据;而操作力设计则应按最小操纵力准则设计。

2)可调性准则

对与健康安全关系密切或减轻作业疲劳的设计应按可调性准则设计,可调节到使第5百分位和第95百分位之间的所有人使用方便。例如,汽车座椅应在高度、靠背倾角、前后距离等尺度方向上可调。

3)平均准则

门铃、插座、电灯开关的安装高度以及付账柜台高度,应以第50百分位数值为依据。人体尺寸的统计分布一般是呈正态分布的,在不能保证所有的使用者使用方便舒适的情况下,应选取比例最大部分的人体尺寸,即平均尺寸。

4)使用最新人体数据准则

所有国家的人体尺度都会随着年代、社会经济的变化而不同。因此,应使用最新的人体数据进行设计。

5)地域性准则

一个国家的人体参数与地理区域分布、民族等因素有关。设计时,必须考虑实际服务的区域和民族分布等因素。

6)功能修正与最小心理空间相结合准则

(1)功能修正

有关国家标准公布的人体数据是在裸体或穿着单薄内衣的条件下测得的,测量时不穿鞋。而设计中所涉及的人体尺度是在穿衣服、穿鞋甚至戴帽条件下的人体尺寸。因此,考虑有关人体尺寸时,必须给衣服、鞋、帽留下适当的余量,也就是应在人体尺寸上增加适当的着装修正量。所有这些修正量总计为功能修正量,于是产品的最小功能尺寸可由下式确定:

$$S_{\min} = S_a + \Delta f \qquad\qquad (2\text{-}34)$$

式中　$S_{\min}$——最小功能尺寸;

　　　$S_a$——第 $a$ 百分位人体尺寸数据;

　　　$\Delta f$——功能修正量。

功能修正量随产品不同而异,通常为正值,但有时也可能为负值。通常用实验方法去求得功能修正量,但也可以通过统计数据获得。对于着装和穿鞋修正量可参照表 2-19 中的数据确定。对姿势修正量的常用数据是:立姿时的身高、眼高减 10 mm;坐姿时的坐高、眼高减 44 mm。考虑操作功能修正量时,应以上肢前展长为依据,而上肢前展长是后背至中指尖点的距离,因而对操作不同功能的控制器应作不同的修正。如对按钮开关可减 12 mm;对推滑板推钮、搬动搬钮开关则减 25 mm。

**表 2-19**　　　　　　　　**正常人着装身材尺寸和穿鞋修正量值**

| 项目 | 尺寸修正量/mm | 修正原因 |
|---|---|---|
| 站高 | 25～38 | 鞋高 |
| 坐高 | 3 | 裤厚 |
| 站姿眼高 | 36 | 鞋高 |
| 坐姿眼高 | 3 | 裤厚 |
| 肩宽 | 13 | 衣 |
| 胸宽 | 8 | 衣 |
| 胸厚 | 18 | 衣 |
| 腹厚 | 23 | 衣 |
| 立姿臀宽 | 13 | 衣 |
| 坐姿臀宽 | 13 | |
| 肩高 | 10 | 衣(包括坐高因衣修正 3 mm, 肩高因衣修正 7 mm) |
| 两肘间宽 | 20 | |
| 肩—肘 | 8 | 手臂弯曲时,肩肘部衣物压紧 |
| 臂—手 | 5 | |
| 大腿厚 | 13 | |
| 膝宽 | 8 | |
| 膝高 | 33 | |
| 臀—膝 | 5 | |
| 足宽 | 13～20 | |
| 足长 | 30～38 | |
| 足后跟 | 25～28 | |

(2) 心理修正

为了克服人们心理上产生的"空间压抑感"、"高度恐惧感"等心理感受,或者为了满足人们"求美"、"求奇"等心理需求,在产品最小功能尺寸上附加一项增量,称为心理修正量。

心理修正量可用实验方法求得,一般是通过被试者主观评价表的评分结果进行统计分析,求得心理修正量。

考虑了心理修正量的产品功能尺寸称为最佳功能尺寸,即:

$$S_{opm} = S_a + \Delta f + \Delta p \tag{2-35}$$

式中　$S_{opm}$——最佳功能尺寸；

　　　$S_a$——第 $a$ 百分位人体尺寸数据；

　　　$\Delta f$——功能修正量；

　　　$\Delta p$——心理修正量。

7）标准化准则

略。

8）姿势与身材相关联准则

劳动姿势与身材大小要综合考虑、不能分开,如坐姿或蹲姿的宽度设计要比立姿的大。

9）合理选择百分位和适用度准则

设计目标用途不同,选用的百分位和适应度也不同。常见设计和人体数据百分位选择归纳如下：

（1）凡间距类设计,一般取较高百分位数据,常取第 95 百分位的人体数据。

（2）凡净空高度类设计,一般取高百分位数据,常取第 99 百分位的人体数据以尽可能适应 100% 的人。

（3）凡属于可及距离类设计,一般应使用低百分位数据,涉及伸手够物、立姿侧向手握距离、坐姿垂直手握高度等设计皆属此类问题。

（4）座面高度类设计,一般取低百分位数据,常取第 5 百分位的人体数据。因为如果座面太高,大腿会受压使人感到不舒服。

（5）隔断类设计,如果设计目的是为了保证隔断后面人的秘密性,应使用第 95 或更高百分位数据；反之,如果是为了监视隔断后的情况,则应使用低百分位（第 5 百分位或更低百分位）数据。

（6）公共场所工作台面高度类设计,如果没有特别的作业要求,一般以肘部高度数据为依据,百分位常取从女子第 5 百分位（88.9 cm）到男子第 95 百分位（111.8 cm）数据。

### 2.7.2　人体尺寸在工业设计中的应用

1）确定所设计产品的类型

在涉及人体尺寸的产品设计、确定产品功能尺寸的主要依据是人体尺寸百分位数,而人体百分位数的选用又与设计对象的类型密切相关。在 GB/T 12985—91 中,依据使用者人体尺寸的设计上限值（最大值）和下限值（最小值）对产品尺寸设计进行了分类,产品类型名称及其定义见表 2-20。凡涉及人体尺寸的设计,首先应确定所设计的对象是属于哪一类型。

表 2-20　　　　　　　　　　产品尺寸设计类型

| 产品类型 | 产品类型定义 | 说明 | 备注 |
|---|---|---|---|
| Ⅰ 型产品尺寸设计 | 需要两个百分位数作为尺寸上限值和下限值的依据 | 双限制设计 | 行李箱可调节把手高度、可调节高度的电脑椅 |
| Ⅱ 型产品尺寸设计 | 只需要一个百分位数作为尺寸上限值和下限值的依据 | 单限制设计 | — |
| Ⅱ A 型产品尺寸设计 | 只需要一个百分位数作为尺寸上限值的依据 | 大尺寸设计 | 担架的长度 |

| 产品类型 | 产品类型定义 | 说明 | 备注 |
|---|---|---|---|
| ⅡB型产品尺寸设计 | 只需要一个百分位数作为尺寸下限值的依据 | 小尺寸设计 | 固定尺寸的座椅高度 |
| Ⅲ型产品尺寸设计 | 只需第50百分位数作为产品尺寸设计的依据 | 平均尺寸设计 | 柜台高度,电灯开关高度 |

2) 选择人体尺寸百分位数

对表 2-20 中产品尺寸设计类型,按产品的重要程度分为涉及人的安全、健康的产品和一般用途两个等级。在确认所设计的产品类型及其等级之后,选择人体尺寸百分位数的依据是适应度(满意度)。人机工程学设计中的适应度,是指所设计产品在尺寸上能满足多少人使用,通常以适合使用的人数占使用者群体的百分比表示。产品尺寸设计的类型、等级、适应度与人体尺寸百分位数的关系见表 2-21 和人体数据运用准则。

表 2-21 人体尺寸百分位数的选择

| 设计类型 | 产品重要程度 | 百分位数的选择 | 适应度 |
|---|---|---|---|
| Ⅰ型产品 | 涉及人的健康安全 | 选用 $P_{99}$ 和 $P_1$ 作为尺寸上、下限的依据 | 98% |
|  | 一般工业产品 | 选用 $P_{95}$ 和 $P_5$ 作为尺寸上、下限的依据 | 90% |
| ⅡA型产品 | 涉及人的健康安全 | 选用 $P_{99}$ 和 $P_{95}$ 作为尺寸上限的依据 | 99%或95% |
|  | 一般工业产品 | 选用 $P_{90}$ 作为尺寸上限的依据 | 90% |
| ⅡB型产品 | 涉及人的健康安全 | 选用 $P_1$ 和 $P_5$ 作为尺寸下限的依据 | 99%或95% |
|  | 一般工业产品 | 选用 $P_{10}$ 作为尺寸下限的依据 | 90% |
| Ⅲ型产品 | 一般工业产品 | 选用 $P_{50}$ 作为尺寸的依据 | 通用 |
| 成年男女通用产品 | 一般工业产品 | 选用男性 $P_{99}$、$P_{95}$、$P_{90}$ 作为尺寸上限依据 | 通用 |
|  |  | 选用女性 $P_1$、$P_5$、$P_{10}$ 作为尺寸下限依据 |  |

表 2-21 中给出的适应度指标是通常选用的指标,特殊设计其适应度指标可另行确定。设计者总是希望所设计的产品能满足特定使用者总体中所有的人使用,尽管这在技术上是可行的,但在经济上往往是不合算的。因此,适应度的确定应根据所设计产品使用者总体的人体尺寸差异性、制造该类产品技术上的可行性和经济上的合理性等因素进行综合优化。

需要说明的是,设计时虽然确定了某一适应度指标,但用一种尺寸规格的产品却无法达到这一要求。在这种情况下,可考虑采用产品尺寸系列化和产品尺寸可调节性设计解决。

3) 确定功能修正量和心理修正量

根据人体数据运用准则,凡涉及人体尺寸的设计,必须考虑到实际中人的可能姿势、动态操作、着装等需要的设计裕度,所有这些设计裕度总计为功能修正量($\Delta f$)。为了满足人们的心理需求,涉及人的产品和环境空间设计,必须再附加一项必要的心理空间尺寸,即心理修正量($\Delta p$)。

4) 确定产品的功能尺寸

产品功能尺寸是指为确保实现产品某一功能而在设计时规定的产品尺寸。该尺寸通常是以设计界限值确定的人体尺寸为依据,再加上为确保产品某项功能实现所需的修正量。

产品功能尺寸有最小功能尺寸和最佳功能尺寸两种,分别可由式(2-34)和式(2-35)计算得到。

**例 2.4**　试设计适用于中国人使用的车船卧铺上下铺净空高度。

**解**　车船卧铺上下铺净空高度属于一般用途设计。根据人体数据运用准则应选用中国男子坐姿高第 99 百分位数为基本参数 $S_a$,查表 2-5,$S_a = 979$ mm。衣裤厚度(功能)修正量取 25 mm,人头顶无压迫感最小高度(心理修正量)为 115 mm,则卧铺上下铺最小净间距和最佳净间距分别为:

$$S_{min} = S_a + \Delta f = 979 + 25 = 1\ 004\ (mm)$$
$$S_{opm} = S_a + \Delta f + \Delta_p = 979 + 25 + 115 = 1\ 119\ (mm)$$

**例 2.5**　试合理确定适用于中国男人使用的固定座椅座面高度。

**解**　确定座椅座面高度属于一般用途设计。根据人体数据运用准则,座椅座面高度应取第 5 百分位的"小腿加足高"人体数据 $S_a = 38.3$ cm(表 2-5)为基本设计数据,以防大腿下面承受压力引起疲劳和不舒适。功能修正主要应考虑两方面:一方面是鞋跟高度的修正量,一般为 2.5~3.8 cm,取 2.5 cm;另一方面是着装(裤厚)修正量,一般为 0.3 cm。即 $\Delta f = 2.5 + 0.3 = 2.8$ cm。由式(2-34)可知,固定座椅座面高度的合理值应为:

$$H_{opm} = S_a + \Delta f = 38.3 + 2.8 = 41.1 \approx 41.0\ (cm)$$

### 2.7.3　人体身高在设计中的应用方法

为简化设计,并实现人机系统操作方便、舒适宜人,各种工作面的高度、建筑室内通道空间高度、设备及家具高度,如操纵台、仪表盘、操纵件的安装高度以及用具的设置高度等,常根据人的身高来概算确定。以身高为基准确定工作面高度、设备和用具高度的方法,通常是把设计对象视为各种典型的类型,并建立设计对象的高度与人体身高的比例关系,以供设计时选择和查用。图 2-28 是以身高为基准的设备和用具的尺寸概算图;图中各代号的含义见表 2-22。

表 2-22　　　　　　　　　　　设备、用具及通道高度与身高的关系

| 代号 | 定义 | 设备与身高之比 |
| --- | --- | --- |
| 1 | 举手达到的高度 | 4/3 |
| 2 | 可随意取放东西的搁板高度(上限值) | 7/6 |
| 3 | 倾斜地面的顶棚高度(最小值,地面倾斜度为 5~15°) | 8/7 |
| 4 | 楼梯的顶棚高度(最小值,地面倾斜度为 25~35°) | 1/1 |
| 5 | 遮挡住直立姿势视线的隔板高度(下限值) | 33/34 |
| 6 | 直立姿势眼高 | 11/12 |
| 7 | 抽屉高度(上限值) | 10/11 |
| 8 | 使用方便的搁板高度(上限值) | 6/7 |
| 9 | 斜坡大的楼梯的天棚高度(最小值,倾斜度为 50°左右) | 3/4 |
| 10 | 能发挥最大拉力的高度 | 3/5 |
| 11 | 人体重心高度 | 5/9 |
| 12 | 采取直立姿势时工作面的高度 | 6/11 |
| 12 | 坐高(坐姿) | 6/11 |
| 13 | 灶台高度 | 10/19 |

| 代号 | 定义 | 设备与身高之比 |
|---|---|---|
| 14 | 洗脸盆高度 | 4/9 |
| 15 | 办公桌高度(不包括鞋) | 7/17 |
| 16 | 垂直踏棍爬梯的空间尺寸(最小值,倾斜 80~90°) | 2/5 |
| 17 | 手提物的长度(最大值) | 3/8 |
| 17 | 使用方便的搁板高度(下限值) | 3/8 |
| 18 | 桌下空间(高度的最小值) | 1/3 |
| 19 | 工作椅的高度 | 3/13 |
| 20 | 轻度工作的工作椅高度* | 3/14 |
| 21 | 小憩用椅子高度* | 1/6 |
| 22 | 桌椅高差 | 3/17 |
| 23 | 休息用的椅子高度* | 1/6 |
| 24 | 椅子扶手高度 | 2/13 |
| 25 | 工作用椅子的椅面至靠背点的距离 | 3/20 |

注:上述尺寸均未考虑着装和穿鞋袜修正量,若穿鞋袜+2.5 cm;* 为座位基点的高度。

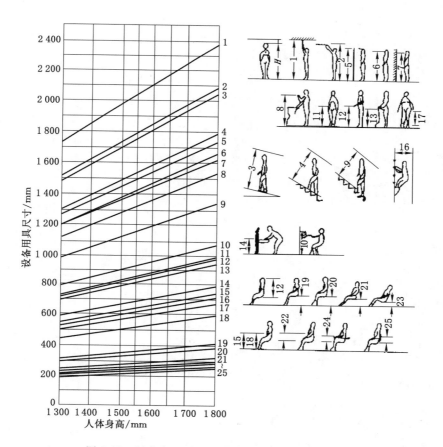

图 2-28　以身高 H 为基准的设备和用具尺寸概算图

## 思考与练习

1. 我国成年人身体尺寸分成西北、东南、华中、华南、西南、东北 6 个区域，这对产品设计制造及安全生产有何影响？

2. 人体动态尺寸与安全生产有何关系？

3. 某地区人体测量的均值 $\overline{x}=1\,650$ mm，标准差 $S=57.1$ mm，求该地区第 95%、90% 及第 80% 的百分位数。

4. 已知某地区人体身高第 95% 的百分位数 $P_a=1\,734.27$ mm，标准差 $S=55.2$ mm，均值 $\overline{x}=1\,686$ mm，求变换系数 $k$。利用此变换系数求适用于该地区人们穿的鞋子长度值。（该地区足长均值 $\overline{x}=264.0$ mm，标准差 $S=4.56$ mm）

5. 为什么说人体测量参数是一切设计的基础？

6. 人体生理学参数测量的内容有哪些？并从中举一例说明与安全生产的关系。

7. 如何选择百分位和适用度？

8. 为什么要进行功能修正量和心理修正量的确定？怎样确定？

9. 从安全的角度出发如何确定产品的功能尺寸？

# 3

## 人的生理特性

　　人体是由各种器官组成的有机整体,各种器官具有各自的功能。机体在生存过程中表现出的功能活动,称之为生命现象。从形态和功能上将机体划分为运动系统、消化系统、呼吸系统、泌尿系统、生殖系统、循环系统、内分泌系统、感觉系统和神经系统,共9个子系统。

　　在人机系统中,人与机的沟通主要是通过感觉系统、神经系统和运动系统,人体的其他6个子系统,起到辅助和支持作用。机的运行状况由显示器显示,经人的眼、耳等感觉器官感知,经过神经系统的分析、加工和处理,将结果由人的手、脚等运动器官传递给机器的控制部件,使机在新的状态下继续工作。机的工作状态再次被显示器显示,再由人的感觉器官感知,如此循环直至中间任何环节中断而停止。人和机的沟通还受外界环境的影响,如图3-1所示。在人机系统中,人与机器及环境相互适应,显示器、控制器的设计符合人的感觉器官、运动器官的生理特性,才能建立安全高效的人机系统。

图 3-1　人—机—环系统

## 3.1　人的感知特性

　　感觉是人脑对直接作用于感觉器官(眼、耳、鼻、舌、身)的客观事物的个别属性的反映。比如,人们从自身周围的客观世界中看到颜色、听到声音、嗅到气味、尝到味道、触之软硬等都是感觉。

知觉则是人脑对直接作用于感觉器官的客观事物的整体属性的反映。例如,对于西瓜大家并不是孤立地感觉到它的各种个别属性,如颜色、大小、光滑程度、形状等,而是在此基础上结合自己过去的有关知识和经验,将各种属性综合成为一个有机的整体——西瓜,从而在头脑中反映出来,这就是知觉。

感觉和知觉都是人脑对当前客观事物的直接反映,但二者又是有区别的。感觉反映的是客观事物的个别属性,知觉反应的是客观事物的整体属性。一般情况下,感觉和知觉又是密不可分的,感觉是知觉的基础,没有感觉,也就不可能有知觉,对事物的个别属性的反映的感觉越丰富,对事物的整体反应的知觉就越完整、越正确。在生产中感觉越敏锐,就为减少事故的发生,确保安全生产奠定了基础。同时,由于客观事物的个别属性和事物的整体总是紧密相连的,因此实际生活中人们很少产生单纯的感觉,而总是以直接的形式反映客观事物。例如,当你走在公路上时,后面来了汽车,汽车的马达声和喇叭声会传入你的耳朵,从而使你感觉到声音,但你一定会做出汽车来了的反应而且立即让路;又如车床上的螺丝松动,会使车工感觉到它在跳动或发出振动的声音,车工就会做出螺丝松动的反应,并立即做出拧紧螺丝的决定。正因为如此,人们通常把感觉和知觉合称为感知。

感觉和知觉是由于客观事物直接刺激人的各种感觉器官的神经末梢,由传入神经传到脑的相应部位而产生的,感觉有视觉、听觉、嗅觉、触觉(包括温度觉、痛觉等)、味觉、运动觉、平衡觉、空间知觉以及时间知觉等。感觉可以说是一切知识源泉,是人们认识世界获得信息的门户,也是各种复杂的高级心理过程(记忆、思维、想象、情感)的基础。在生产过程中,培养和发挥大家的感知能力,对减少和防止事故的发生具有十分重要的意义。

感受器是指分布在体表或各种组织内部的能够感受机体内外变化的一种组织或器官。感觉器官是机体内的感受器,如视觉器官、听觉器官、前庭器官等。传统上把与眼、耳、鼻、舌、肤、平衡有关的器官称为感觉器官。

机体生活在不断变化的外部的条件中,受到各种外界因素的作用,其中能被肌体感受的外界变化叫作刺激。每种感受器官都有其对刺激的最敏感的能量形式,这种刺激称为该感受器的适宜刺激。当适宜刺激作用于该感受器,只需很小的刺激能量就能引起感受器兴奋。对于非适宜刺激则需要较大的刺激能量。人体主要感觉器官的适宜刺激及感觉反应,见表3-1。

表 3-1　　　　　　　　　　刺激及感觉反应

| 感觉种类 | 感觉器官 | 适宜刺激 | 识别特征 | 作用 |
|---|---|---|---|---|
| 视觉 | 眼 | 光 | 形状、大小、位置、远近、色彩、明暗、运动方向等 | 鉴别 |
| 听觉 | 耳 | 声 | 声音的高低、强弱、方向和远近 | 报警、联络 |
| 嗅觉 | 鼻 | 挥发和飞散的物质 | 辣气、香气、臭气 | 报警、鉴别 |
| 味觉 | 舌 | 被唾液溶解的物质 | 甜酸、苦辣、咸等 | 鉴别 |
| 皮肤感觉 | 皮肤及皮下组织 | 物理或化学物质对皮肤的作用 | 触觉、痛觉、温度觉、压觉 | 报警 |
| 深部感觉 | 机体神经及关节 | 物质对机体的作用 | 撞击、重力、姿势等 | |
| 平衡感觉 | 前庭器官 | 运动和位置变化 | 旋转运动、直线运动和摆动等 | 调整 |

刺激包括刺激的强度、作用时间和强度—时间变化率3个要素,将这3个要素做大小不

同组合,可以得到不同的刺激。能引起感觉的一次刺激必须达到一定强度,能被感觉器官感受的刺激强度范围称为感觉阈。刚能引起感觉的最小刺激量称为感觉阈下限,能产生正常感觉的最大刺激量,称为感觉阈上限。刺激强度不能超过刺激阈上限;否则,感觉器官将受到损伤。人体主要感觉阈值见表 3-2。

表 3-2 人体主要感觉阈值

| 感觉 | 感觉阈 | |
|---|---|---|
| | 下限 | 上限 |
| 视觉 | $(2.2 \sim 5.7) \times 10^{-17}$ J | $(2.2 \sim 5.7) \times 10^{-8}$ J |
| 听觉 | $1 \times 10^{-12}$ J/m$^2$ | $1 \times 10^{2}$ J/m$^2$ |
| 嗅觉 | $2 \times 10^{-7}$ kg/m$^3$ | |
| 味觉 | $4 \times 10^{-7}$(硫酸试剂摩尔浓度) | |
| 触觉 | $2.6 \times 10^{-9}$ J | |
| 温度觉 | $6.28 \times 10^{-9}$ kg·J/(m$^2$·s) | $9.13 \times 10^{-6}$ kg·J/(m$^2$·s) |
| 振动觉 | 振幅 $2.5 \times 10^{-4}$ mm | |

对感觉器官持续刺激,假若刺激强度固定,则作用时间的长短将决定该刺激是否能引起反应,时间过短不能引起反应;时间过长,反应会逐渐减小,以致消失。人们把这一特性称为感觉适应性。

一种性质的刺激单纯有足够的强度和作用时间,还不能成为有效刺激,还必须具备适宜的强度时间变化率。强度时间变化率是指作用到人体组织的刺激需要多长时间其强度由零达到阈值而成为有效刺激。变化速度过慢或过快都不能成为有效刺激。

在一定条件下,感觉器官对其适宜刺激的感受能力受到其他刺激干扰而降低。人们把这一特性称为感觉的相互作用。例如,同时输入两个视觉信息,人们往往只倾向于注意其中一种而忽视另一种;当听觉与视觉信息同时输入,听觉信息对视觉信息的干扰较大,而视觉信息对听觉信息干扰相对较小。

## 3.2 人的视觉及其特性

### 3.2.1 人眼的构造

机体从外界获得的信息中 80% 以上来自视觉,因此在感觉器官中视觉占有重要地位。视觉是由眼、视神经和视觉中枢共同完成,眼是视觉的感受器官,如图 3-2 所示。眼球是一个直径大约 23 mm 的球状体,眼球的正前方有玻璃体和一层透明组织叫作角膜。光线从角膜和玻璃体进入眼内,视觉的屈光能力主要是靠角膜的弯曲形状形成的。眼球外层的其余部分是不透明的虹膜。虹膜在角膜的后面,与睫状肌相连接。虹膜中央有一圆孔,叫作瞳孔。瞳孔借助虹膜的扩瞳肌和缩瞳肌的作用能够扩大和缩小。瞳孔后面是晶体。睫状肌控制晶体的薄厚变化,以改变屈光率。视网膜位于眼球后部的内层,是眼睛的感光部分,有视觉感光细胞——锥体细胞与杆体细胞。视网膜中央密集着大量的锥体细胞,呈黄色,叫作黄斑。黄斑中央有一小凹,叫作中央窝,它具有最敏锐的视觉。在视网膜中央窝大约 3 视角范围内只有锥体细胞,几乎没有杆体细胞。在黄斑以外杆体细胞数量增多,而锥体细胞大量减少。视网膜中央锥体细胞的数量决定了视觉的敏锐程度,视网膜边缘的杆体细胞主要在黑暗条件下起作用,同时还负责察觉物体的运动。来自物体的光线通过角膜、玻璃体、瞳孔、晶体,聚焦在视网膜的中央窝。视网膜的锥体细胞及杆体细胞接受光刺激,转换为神经冲动,经由视神经传导到各视觉中枢。

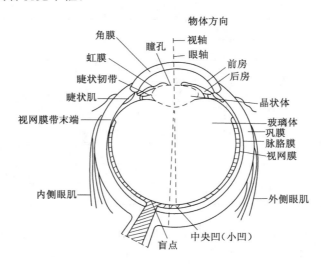

图 3-2　人眼的构造

### 3.2.2　人的视觉功能和特征

人能够产生视觉是由 3 个要素决定的,即视觉对象、可见光和视觉器官。可见光的波长范围在 $(380 \sim 780) \times 10^{-9}$ m。小于 $380 \times 10^{-9}$ m 为紫外线,大于 $780 \times 10^{-9}$ m 为红外线,均不引起视觉。除满足波长要求外,要引起人的视觉,可见光还要具有一定的强度。在安全人机工程设计中经常涉及人的视觉功能和特征有以下方面。

1) 空间辨别

视觉的基本功能是辨别外界物体。根据视觉的工作特点,可以把视觉能力分为察觉和分辨。察觉是看出对象的存在;分辨是区分对象的细节。分辨能力也叫作视敏度,二者要求不同的视觉能力。

察觉不要求区分对象各部分的细节,只要求发现对象的存在。在暗背景上察觉明亮的物体主要决定于物体的亮度,而不完全决定于物体的大小。黑暗中的发光物体,只要有几个光量子射到视网膜上就可以被察觉出来。物体再小,只要它有足够的亮度,就能被看见。因此,为了察觉物体,物体与背景的亮度差大时,刺激物的面积可以小些;刺激物的面积大时,它与背景的亮度差就可以小些,二者呈反比关系。

视角是确定被观察物尺寸范围的两端光线射入眼球的相交角度(图 3-1),视角的大小与观察距离及被观测物体上两端点直线距离有关,可以用下式表示:

$$\alpha = 2\arctan \frac{D}{2L} \qquad (3\text{-}1)$$

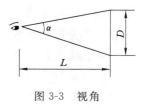

图 3-3　视角

式中　$\alpha$——视角,用 (′) 表示,即 $(1/60)°$,$1/(′)$;

$D$——被观测物体上两端点直线距离,m;

$L$——眼睛到被看物体的距离,m。

视敏度是能够辨出视野中空间距离非常小的两个物体的能力。当能够将两个相距很近的刺激物区分开来时,两个刺激物之间有一个最小的距离,这个距离所形成的视角就是这两个刺激物的最小区分阈限,又称为临界视角,它的倒数就是视敏度。在医学上,把视敏度叫作视力,其单位为 $1/(')$。

$$视力＝1/能够分辨的最小物体的视角 \qquad (3-2)$$

检查视力就是测量视觉的分辨能力。一般将视力为 1.0 称为标准视力。在理想的条件下,大部分人的视力要超出 1.0,有的还可达到 2.0。

2）视野与视距

视野是指当头部和眼球固定不动时所能看到的正前方空间范围,也称静视野,常以角度（°）表示。眼球自由转动时能看到的空间范围称为动视野。视野通常用视野计测量,正常人的视野如图 3-4 所示。

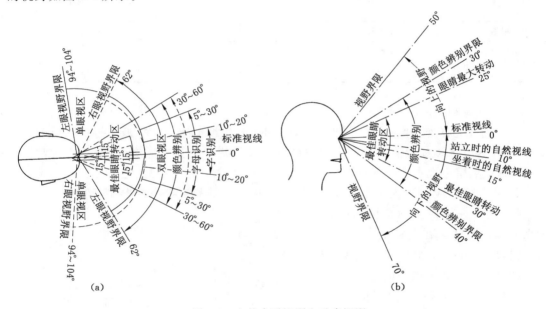

(a)                                    (b)

图 3-4  人的水平视野和垂直视野

在水平面内的视野,双眼视区大约在左右 60°以内,单眼视野界限为标准视线每侧 94°～104°。人的最敏感的视力是在标准视线每侧 1°的范围内,在垂直平面内,最大视区为标准视线以上 50°和标准视线以下 70°。颜色辨别界线为视线以上 30°,视平线以下 40°。实际上,人的自然视线低于标准视线,在一般状态下,站立时自然视线低于水平线 10°,坐着时低于水平线 15°,在很松弛的状态中,站着和坐着的自然视线偏离标准线分别为 30°和 38°。观看展示物的最佳视线在低于标准视线 30°的区域里。

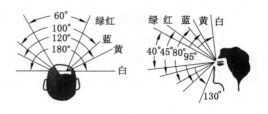

图 3-5  人对不同颜色的视野

55

在同一光照条件下,用不同颜色的光测得的视野范围不同。白色视野最大,黄蓝色次之,再其次为红色,绿色视野最小。这表明不同颜色的光波被不同的感光细胞所感受,而且对不同颜色敏感的感光细胞在视网膜的分布范围不同。人对不同颜色的视野见图3-5。

视距是指人在操作系统中正常的观察距离。一般操作的视距范围为38～76 cm,在58 cm处最为适宜。视距过远或过近都会影响认读的速度和准确性,而且观察距离与工作的精确程度密切相关,因而应根据具体任务的要求来选择最佳的视距。推荐使用的几种工作的视距见表3-3。

**表 3-3　　　　　　　　　　　　几种工作视距的推荐值**

| 任务要求 | 举例 | 视距离/cm | 固定视野直径/cm | 备注 |
|---|---|---|---|---|
| 最精细的工作 | 安装最小部件(表·电子元件) | 12～25 | 20～40 | 完全坐着,部分地依靠视觉辅助手段 |
| 精细工作 | 安装收音机、电视机 | 25～35(多为30～32) | 40～60 | 坐着或站着 |
| 中等粗活 | 印刷机、钻井机、机床旁工作 | <50 | ～80 | 坐着或站着 |
| 粗活 | 包装、粗磨 | 50～150 | 30～250 | 多为站着 |
| 远看 | 黑板、开汽车 | ≥150 | ≥250 | 坐着或站着 |

3）暗适应和亮适应

当人们在光亮处停留一段时间再进入暗室时,开始视觉感受性很低,然后才逐渐提高,经过5～7 min才逐渐看清物体,大约经过30 min眼睛才能基本适应,完全适应大约需要1 h。这种在黑暗中视觉感受性逐渐提高的过程叫作暗适应。当人从黑暗处到光亮处,也有一个对光适应的过程,称为亮适应。亮适应在最初的30 s内进行很快,1～2 min就能基本上完成。暗适应和亮适应曲线见图3-6。

视觉虽然具有亮暗适应特征,但亮暗的频繁变化,需要眼睛频繁调节,不能很快适应。不仅增加了眼睛的疲劳而且观察和判断,还容易失误,从而导致事故的发生。因此,要求工作面的亮

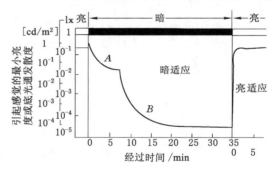

图 3-6　暗适应和亮适应曲线

度均匀,避免阴影;环境和信号的明暗差距变化平缓;工厂车间的局部照明和普通照明不要相差悬殊;从一个车间到另一个车间要经历一个车间到车间外面空旷地带由暗变亮的过程,再到另一个车间即由车间外的较亮处到较暗处,眼睛有由亮到暗的适应期。如果经常出入于两车间的工人应配给墨镜,特别是太阳光线很强的时候更要加强对眼睛的防护。

4）对比感度

当物体与背景有一定的对比度时,人眼才能看清物体形状。这种对比可以用颜色,也可以用亮度。人眼刚刚能辨别到物体时,背景与物体之间的最小亮度差称为临界亮度差。临界亮度差与背景亮度之比称为临界对比。临界对比的倒数称为对比感度。其关系式如下:

$$S_c = 1/C_p \qquad\qquad (3\text{-}3)$$

式中　　$C_p$——临界对比；

$S_c$——对比感度。

对比感度与照度、物体尺寸、视距和眼的适应情况等因素有关。在理想情况,下视力好的人,其临界对比约为 0.01,也就是其对比感度达到 100。

5) 视错觉

视错觉是人观察外界物体形象和图形所得的印象与实际形状和图形不一致的现象,这是视觉的正常现象。人们观察物体和图形时,由于物体或图形受到形、光、色干扰,加上人的生理、心理原因,会产生与实际不符的判断性视觉错误。常见的几种视觉错误见图 3-7。

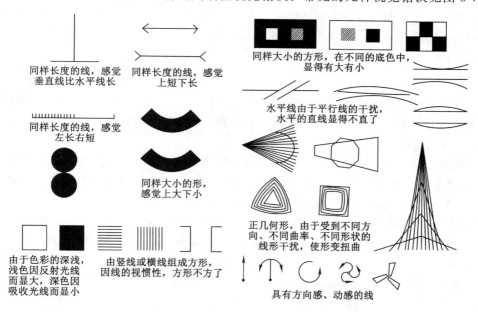

图 3-7　几种常见视觉错误

6) 视觉运动规律

① 眼睛沿水平方向运动比沿垂直方向运动快而且不易疲劳;一般先看到水平方向的物体,后看到垂直方向的物体。

② 视线的变化习惯从左到右、从上到下和顺时针方向运动。

③ 人眼对水平方向尺寸和比例的估计比对垂直方向尺寸和比例的估计要准确得多。

④ 当眼睛偏离视中心时,在偏移距离相等的情况下,人眼对左上限的观察最优,依次为右上限、左下限,而右下限最差。

⑤ 两眼的运动总是协调的、同步的,正常情况下不可能一只眼睛转动而另一只眼睛不动;在操作中一般不需要一只眼睛视物,而另一只眼睛不视物。

⑥ 人眼对直线轮廓比对曲线轮廓更易于接受。

⑦ 颜色对比与人眼辨色能力有一定关系。当人们从远处辨认前方的多种不同颜色时,其易于辨认的顺序是红、绿、黄、白。

当两种颜色相配在一起时,易于辨认的顺序是:黄底黑字、黑底白字、蓝底白字、白底黑字等。

# 3.3 听觉、触觉和嗅觉

在日常生活中,我们都离不开听觉、触觉和嗅觉。比如,听到孩子的哭声或门铃响,感觉到家具的光滑等。信息有直接的和非直接的两种类型。孩子的哭声是直接信息,门铃响是非直接的信息,说明有人站在门口。科技的发展已经愈来愈多地利用人的听觉、触觉和嗅觉,如火灾警报、提醒盲人道路上的障碍物的蜂鸣器等。通常情况下,非直接刺激比直接刺激的影响更大。国外实验表明:熟睡的人对听觉火灾报警的反应要比感觉到热量或烟的气味的反应要快得多,也有效得多。热和烟气唤醒被测者的次数是 75%,而报警器是 100%。

## 3.3.1 听觉

1)声音与测量

声音是由震源振动产生的。振动可以通过不同的媒介进行传递,这里主要考虑通过空气传入人耳的情况。声音的两个主要度量就是频率和强度(或振幅)。

(1)声波的频率

利用音叉做实验可以很方便地理解声波的频率。当敲击音叉时,它就以固有频率开始振动,音叉的振动就会引起空气分子的振动,这样相应的引起了空气压力的增加或降低。

音叉的振动产生的是正弦波。每秒振动的次数就是频率。频率以 Hz 为单位。在音阶中,中音 C 的频率是 256 Hz。任何一个 8 度音阶都是前一音阶频率的 2 倍,因此高于中音 C 的一个音阶的频率就是 512 Hz。一般情况下,人耳对 20~20 000 Hz 频率范围内的声音较敏感,其敏感程度随频率而变,且存在个体差异。

音频影响音调。频率越高,音调也越高,因此人们通常都认为音调和频率是同义的。实际上除了频率以外还有其他的因素影响音调的接收,如音调的强度等。当强度增加时,低频的音调(低于1 000 Hz)会显得更低,高频的音调(高于 3 000 Hz)会显得更高。在1 000~3 000 Hz的音调对强度造成的影响不是很敏感。当然,乐器所演奏出的复杂声音一般是比较稳定的,并不随着演奏的声音大或小而变化。

(2)声音的强度

声强是与人对响度的感觉有关的。在频率和音调的研究中,除了强度以外还有其他的因素影响响度。

声强是根据单位面积上的能量来定义的,单位为 W/m²。一般情况下,能量的数值都很大,所以通常用对数来描述声强。贝尔(B)是测量时使用的基本单位。贝尔值是两个声强比率的对数。实际上,更方便、更普遍的声强测量单位是分贝(dB),1 dB=0.1 B。

多数的声音测量仪器并不能直接测量声音的能量。但是,声音会改变空气的压力,而这些气压的振动是能够直接进行测量的。声音的能量是与声压的平方成正比的。因此,单位是分贝的声压级(SPL)定义如下:

$$SPL(dB) = 10\log \frac{P_1^2}{P_0^2} \qquad (3-4)$$

这里,$P_1^2$ 是指想要测量的声音的声压的平方,$P_0^2$ 是指 0 dB 参考声压的平方。对式(3-4)进行简化得:

$$SPL(dB) = 20\log\frac{P_1}{P_0}$$ (3-5)

显然,$P_0$ 不能等于零。当 $P_1 = P_0$ 时,SPL = 0 dB。最常用的参考值 $P_0$ 是 20 $\mu N/m^2$,或者称为 20 $\mu Pa$。这个声压相当于强度非常低的 1 000 Hz 的纯音阶,正常的成年人在理想状态下几乎听不到这样的声音。

分贝是对数值,增加 10 dB 就意味声压增强 100 倍。使用对数还有一个特点就是两个声音的比率可以用减法来计算。工程中的信噪比实际就是指一个信号与背景噪声的分贝之差。如果信号是 90 dB,噪声是 70 dB,那么信噪比就是 20 dB。

声压是用声压级仪表来测量的。ANSI 和美国标准协会已经为声压级仪表建立了一个标准。标准要求 3 个不同重要性的网络建成这样的仪器。每个网络根据标准频率—反应曲线对不同的频率做出反应。

（3）复合音

很少有声音是纯音。乐器发出的声音也是由一个基本频率结合了其他的频率形成的。复合音可以用两种方式表示:一种是由几个单独的波形叠加成它的波形;另一种是使用音谱来描述复合音,即把声音分成几个频率段,然后测量每一范围内的声强。这就要使用频率段分析方法,范围越窄,音谱就分的越细,音阶也就越多。在把音谱分成 8 度音阶时,有很多不同的分法。ANSI 的规定是把听的、见的范围分成 10 段,每段的中心频率分别是 31.5 Hz、63 Hz、125 Hz、250 Hz、500 Hz、1 000 Hz、2 000 Hz、4 000 Hz、8 000 Hz 和 1 6000 Hz。

2）耳朵解剖图

耳朵由 3 部分构成,如图 3-8 所示。

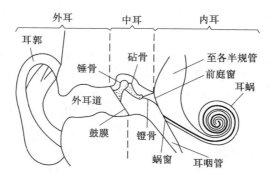

图 3-8　耳朵的构造

（1）外耳

外耳是收集声音能量的,由耳郭、从耳郭延伸进去的外耳道、外耳道末端的鼓膜构成。在增强声压级到 12 dB 时,外耳道能够引起听觉的共振结构的频率段是 2 000~5 000 Hz。

（2）中耳

鼓膜把中耳和外耳隔离开来。中耳包括 3 块听小骨组成的听骨链(锤骨、砧骨、镫骨)。这 3 块小骨通过相互之间的联系把振动从鼓膜传到内耳的蜗窗。镫骨底面积附着在内耳耳蜗的蜗窗上,它把鼓膜的振动传到蜗窗上,引起内耳耳蜗内淋巴液的波动。因为鼓膜的面积比较大以及听骨链的杠杆作用,镫骨作用于蜗窗的压力被放大了近 22 倍。

定音鼓张肌附着在锤骨上,镫骨附着肌与镫骨相连。当噪声过大时,镫骨附着肌就会收缩,减少声音向内耳的传导,以此来保护耳朵。这种反应被称为听觉反射。当声音大约在

80 dB、超出了极限水平时,就会发生听觉反射。对宽频带的反射要比纯音强烈一些,低频要比高频强烈一些。听觉反射大约能够使声音降低 20 dB。在一直是高强度噪声的情况下,肌肉可以保持紧张状态约 15 min。当耳朵充满噪声时,在肌肉收缩以前还会有 35～150 ms 的延迟。在延迟时不能保护耳朵免受冲击,但是冲击后的放松时间又可以有 2～3 s 的延长,多数会在 0.5 s 内发生。因此,当两次冲击的时间间隔少于 1 s 时,这种延长时间又会起到一定的保护作用。

（3）内耳

内耳或称为耳蜗,是一个螺旋的类似蛇形的构造。如果解开的话,可能约有 30 mm 长,最宽的地方大约有 5 mm 或 6 mm 宽。内耳中充满了淋巴液。中耳的镫骨就像一个活塞,随着声压的改变而前后推动卵形窗的膜。淋巴液的波动会引起基底膜的振动,基底膜上的科蒂氏器含有感受声波刺激的毛细胞和神经末梢。神经末梢产生的神经冲动经过听觉神经传至大脑。

（4）声波到感觉的转化

尽管耳朵的结构早已知道,但听觉的过程还没有完全了解。目前,听觉理论通常分为两类。位置理论假设沿基底膜的不同位置的绒毛运动就好像竖琴的琴弦一样。由于这些绒毛长短不一,因此它们对不同频率声波的敏感性也不一样,这样就提高了感觉的程度。另一种时间理论认为,感觉程度与绒毛发出的神经冲动的间隔时间有关,并不是一种理论就能解释所有的听觉现象。高音比较倾向于位置理论,低音则比较倾向于时间理论,在中频范围两种理论都有一定的位置,所有这些理论的一个推论就是耳朵对于不同的声波敏感程度是不同的。通常认为,耳朵对于低频的声波敏感度低,高频的敏感度高一些。也就是说,对于一个给定的声压级,4 000 Hz 的声音就会听上去感觉比 200 Hz 的声音要大一些。

3）屏蔽

屏蔽是指环境中的一种声音使得耳朵对另一种声音的敏感度降低的现象。实际操作中,屏蔽是指由于屏蔽声音的出现使得被屏蔽的声音极限增加的数量。在研究屏蔽的影响时,典型的实验是先测量一个声音的绝对极限,然后加入屏蔽声音再测量它的极限,二者的差异就是屏蔽产生的效果。在选择一个在特定环境中使用的听觉信号时,我们必须要考虑信号接收时噪声的屏蔽影响。

屏蔽的影响随屏蔽声音和被屏蔽声音的类型(纯音、复合音、白噪声、语音)的不同而变化。几个通用原则如下:当屏蔽声音的频率与被屏蔽声音很接近时影响最大;屏蔽声音强度越大,屏蔽的影响范围也就越广;低强度的屏蔽声音主要影响频率接近屏蔽声音的声音,高强度的屏蔽声音却对更高频率的声音都有影响。

在宽波段的噪声屏蔽纯音时,主要的考虑是在被屏蔽声音频率附近的屏蔽噪声的临界波段的强度。临界波段的大小是中心频率的函数,频率越高,临界波段就越宽。

## 3.3.2 皮肤感觉(触觉)

皮肤有三种感觉系统:一是压力感觉;二是痛觉;三是温度变化的感觉。多数情况下,人都是利用手和指头作为信息的主要感受体。工人一直在利用他们的触觉探测工件表面粗糙度。

一般是用两点极限法来测量触觉的敏感程度,即测量感觉到压力是在两个点上时这两点间的最小距离。手的不同部分对触觉的敏感程度是不一样的,从手掌到指尖敏感度逐渐增加,指尖的分辨程度最高。当皮肤温度比较低时,触觉敏感度也会下降。因此,在低温环境中触觉要谨慎使用。然而,在凉爽或温暖的环境中,热量刺激会使温度的感觉被屏蔽。

尽管平常对触觉使用的很多，但是很少用触觉来交流信息。触觉主要用在替代听觉的地方，如作为耳聋的人的辅助工具，还可以替代视觉用作盲人的辅助工具。

### 3.3.3 嗅觉

在日常生活中经常使用嗅觉来表达一些其他器官所不能表达的信息，比如花的香味、热咖啡的气味、酸奶的味道。嗅觉器官的结构很简单，但它的工作过程仍然是个谜。嗅觉上皮细胞尺度较小，为 $4\sim6$ cm$^2$，这些细胞位于每个鼻孔的内上侧。嗅觉细胞包括感觉不同气味的嗅觉绒毛。这些细胞都是直接和大脑中的嗅觉区域相连的。

一般认为，嗅觉是由进入鼻孔中的空气分子中的挥发性物质引起的。但研究人员还不太同意到底是分子的什么特性使得它能够引起嗅觉呢？如果嗅觉是由其固有的主要气味组成的，那它们又是什么呢？

显然，鼻子是探测各种气味的一个敏感的器官，它的敏感程度依靠物质的特点和用力吸的程度。尽管人们的嗅觉是很灵的，但是往往有很高的错误警报率，一般都是把没有气味误认为成有气味了。令人迷惑的是，嗅觉在对具体的气味绝对判断时并不是很灵敏。对不同气味进行区别的能力也要依靠气味的类型和训练的程度而定。比如，Desor 和 Beauchamp 研究发现，没有经过训练的被测者，只能区别出 $15\sim32$ 种气味；经过训练之后，一些人就能够准确无误地辨别出 60 多种气味。这好像比视觉或听觉要高得多，其实不然。因为复合气味是相对于简单的化学气味而言的，而视觉的复杂图像和简单色彩是完全不同的。人们能够从文字上确定上百个不同的图像，但是确定气味的能力却相对少一些，因为描述气味的词汇是比较贫乏的。

当仅从浓度上分辨气味时，能分辨三四种浓度。因此，可能从多种气味中辨认时嗅觉的效果并不是很好，但在感觉一种气味的存在与否还是很有效的。

嗅觉的用途并不是很广。这是因为信息的来源不是很可靠，包括：人们对不同气味的敏感程度差异很大；不新鲜的空气可能降低敏感度；人们对气味适应得很快，片刻之后对这种气味的感觉就会麻木；气味的传播很难控制。

尽管存在着这些问题，嗅觉还是有一些用途的，主要用在报警设备上。比如，煤气公司在天然气中加入一种气体，当天然气泄漏时就会闻到特别的味道。这一点也不亚于灯光报警设备的效果。

### 3.3.4 本体觉

1）平衡觉

平衡觉是人对自己头部位置的各种变化及身体平衡状态的感觉。平衡觉感受器位于内耳的前庭器官——半规管和耳石器中。

半规管是 3 个互相垂直且呈"C"形的骨性管，分别称为水平半规管、前半规管和后半规管。当人直立，头前倾 30° 时，水平半规管的平面与地面平行，前、后半规管则与地面垂直。半规管的膨大端称为壶腹，内有隆起称为壶腹嵴，含有感受性毛细胞，毛细胞周围充满液体——内淋巴。当人的头部开始旋转或停止旋转时，引起淋巴液流动，从而刺激毛细胞发放神经冲动。冲动经前庭神经传入前庭中枢：一方面传至大脑皮质产生旋转感觉；另一方面反射性地改变肌紧张度，以维持身体的平衡。如旋转以等速运动持续下去，毛细胞将不再受到刺激。因此，壶腹嵴感受的刺激是旋转加速和旋转减速运动。

耳石器是两个膜质小囊——椭圆囊和球囊。囊内的囊斑含有感受性细胞。当头部位置改变时,由于重力影响,囊内的耳石膜下垂,使毛细胞被牵拉而兴奋发放神经冲动。冲动经前庭传至前庭中枢;一方面向上传至大脑皮质,产生位置感觉和变速感觉;另一方面向下通过脊髓反射性地改变肌紧张度,以维持身体的平衡。囊斑感受的刺激是直线加速和直线减速运动。

影响平衡觉并导致失去平衡的原因有:酒精(当喝多了的时候可引起头晕或失去平衡);年龄(老年人常有一些内耳神经类型的损伤,因而造成眩晕、迷失方向);恐惧(由于害怕高空,因而在高处时就眩晕);突然的运动(在床上躺几小时后突然跳起来);热压(在夏天的太阳光下工作时间太长可引起头晕);不常有的姿势等。了解上述影响平衡觉的因素,有助于对某些生产现场发生事故的原因做出全面的合理的分析。

2)运动觉

运动觉是人对自己身体各部位的位置及其运动状态的一种内部感觉。运动觉的感受器有3种:一是广泛分布于全身肌肉中的肌梭,它接受肌肉收缩长短的刺激;二是位于肌腱内的腱梭,接受肌肉张力变化的刺激;三是关节内的关节小体,接受关节运动(屈、伸)的刺激。当人体动作时,上述感受器接收来自肌肉、关节的刺激发放神经冲动,经传入神经最后传至大脑皮层的相应区域,使人感受自己在空间的位置、姿势以及身体各部位的运动状况。

运动觉涉及人体的每一个动作是仅次于视、听觉的感觉。人的各种操作技能的形成,更是有赖于动觉信息的反馈调节。例如,技术熟练的打字员,依靠来自其手指、臂、肩等部位的动觉信息的反馈,即可准确而协调地完成一系列动作,在此过程中意识的参与减少到最低程度,使绝对动作的控制也被动觉对动作的控制所代替。由此可见,运动觉在随意运动的精确化和自动化方面有着其他感觉所不能及的作用。

# 3.4 人的反应时间

人从接收外界刺激到做出反应的时间,叫作反应时间。它由知觉时间($t_a$)和动作时间($t_g$)两部分构成,即:

$$T = t_a + t_g \qquad (3-6)$$

研究作业时人的反应时间特点,对安全生产具有重要意义。反应时间长短与很多因素有关,减少反应时间,提高反应速度,可以减少或避免事故的发生。反应时间与下列因素有关:

① 反应时间随感觉通道不同而不同。反应时间随感觉通道的变化见表3-4。

表 3-4　　　　　　　　　　反应时间随感觉通道的变化

| 感觉通道 | 听觉 | 触觉 | 视觉 | 嗅觉 | 味觉 | | | |
| --- | --- | --- | --- | --- | --- | --- | --- | --- |
| | | | | | 咸味 | 甜味 | 酸味 | 苦味 |
| 反应时间/s | 0.115～0.182 | 0.117～0.201 | 0.188～0.206 | 0.200～0.370 | 0.308 | 0.446 | 0.523 | 1.082 |

② 反应时间与运动器官有关。反应时间与运动器官的关系见表 3-5。

表 3-5 　　　　　　　　　　　反应时间与运动器官的关系

| 动作部位 | 动作特点 | | | 最少平均时间/ms |
|---|---|---|---|---|
| 手 | 握取 | | 直线 | 70 |
| | | | 曲线 | 220 |
| | 旋转 | | 克服阻力 | 720 |
| | | | 不克服阻力 | 220 |
| 脚 | 直线的 | | | 360 |
| | 克服阻力的 | | | 720 |
| 腿 | 直线的 | | | 360 |
| | 脚向侧面 | | | 720～1 460 |
| 躯干 | 弯曲 | | | 720～1 620 |
| | 倾斜 | | | 1 260 |

③ 反应时间与刺激性质有关。反应时间与刺激性质的关系见表 3-6。

表 3-6 　　　　　　　　　　　反应时间与刺激性质的关系

| 刺激 | 反应时间/ms | 刺激 | 反应时间/ms |
|---|---|---|---|
| 光 | 176 | 光和声音 | 142 |
| 电击 | 143 | 声音和电击 | 131 |
| 声音 | 142 | 光、声和电击 | 127 |
| 光和电击 | 142 | | |

④ 反应时间随执行器官不同而不同。随执行器官的改变,反应时间的变化见表 3-7。

表 3-7 　　　　　　　　　　　执行器官的反应时间

| 执行器官 | 反应时间/ms | 执行器官 | 反应时间/ms |
|---|---|---|---|
| 右手 | 147 | 右脚 | 174 |
| 左手 | 144 | 左脚 | 179 |

⑤ 反应时间与刺激数目的关系。反应时间与刺激数目的关系见表 3-8。

表 3-8 　　　　　　　　　　　反应时间与刺激数目的关系

| 刺激选择数 | 1 | 2 | 3 | 4 | 5 | 6 | 7 | 8 | 9 | 10 |
|---|---|---|---|---|---|---|---|---|---|---|
| 反应时间/ms | 187 | 316 | 364 | 434 | 485 | 532 | 570 | 603 | 619 | 622 |

⑥ 反应时间与颜色的配合有关。若以两种颜色为刺激物时,当其对比强烈时,反应时间短,色调接近时反应时间长,见表 3-9。

表 3-9　　　　　　　　　　　　　　反应时间与颜色的关系

| 颜色对比 | 白与黑 | 红与绿 | 红与黄 | 红与橙 |
|---|---|---|---|---|
| 平均反应时间/ms | 197 | 208 | 217 | 246 |

⑦ 反应时间与年龄有关年龄增加,反应时间增加,正常情况下,25～45 岁的反应时间较短。若以 20 岁时反应时间为 100,年龄与反应时间的关系见表 3-10。

表 3-10　　　　　　　　　　　　　　年龄与反应时间的关系

| 年龄/岁 | 20 | 30 | 40 | 50 | 60 |
|---|---|---|---|---|---|
| 反应时间相对值 | 100 | 104 | 112 | 116 | 161 |

⑧ 反应时间与训练有关经过训练的人,反应时间可缩短 10%。

# 3.5　人体活动过程的生理变化与适应

## 3.5.1　人体活动时机体的调节与适应

### 1) 神经系统

神经系统分为中枢神经系统(脊髓和脑)和分布全身的外周神经系统(包括连接感受器官与中枢的传入神经,连接中枢与效应器官的传出神经等)。人的神经系统的结构与功能单位叫作神经元(据最新估计,脑的神经元约有 1 000 亿个),和神经元之间的联系是依靠彼此之间的互相接触。神经元的形态与功能是多种多样的。

神经系统的主要作用有两方面:一是反应(兴奋和抑制),当有信息刺激时,神经系统马上做出反应;二是传导,即信息传送出去。神经传导有 4 个特征,即生理完整性、绝缘性、双向性和相对不疲劳性,传导速度与其自身直径成正比。据测定,人的上肢正中神经内的运动神经纤维和感觉神经纤维的传导速度分别为 58 m/s 和 65 m/s。皮肤的触压觉传入神经纤维和皮肤痛、温觉传入神经纤维的传导速度分别为 30～70 m/s 和 12～30 m/s。大脑皮质按其功能可分为各种感觉区、运动区和起联合作用的综合区。大脑皮层是神经系统的最高级中枢。从人体各部及各种传入神经系统传来的神经冲动向大脑皮质集中,并在此会通,整合后产生特定的感觉,或维持觉醒状态,或获得一定情调感受,或以简化的形式储存为记忆,或影响其他的脑部功能状态,或转化为运动性冲动,传向低位中枢,借以控制机器的活动,应答由外部环境带来的冲击。

劳动时的每一有目的的动作,既取决于中枢神经系统的调节作用,特别是大脑皮层内形成的意志活动——主观能动性;又取决于从机体内外感受器所传入的多种神经冲动,在大脑皮层内进行综合分析,形成一时性共济联系,以调节各器官和系统适应作业活动的需要,来维持机体与环境条件的平衡。当长期在同一劳动条件中从事某一作业活动时,通过复合条件反射逐渐形成该项作业的动力定型,使从事该作业时各器官系统相互配合得更加协调、反应更迅速、能耗较节省,作业更轻松。建立动力定型应依照循序渐进、注意节律性和反复的生理规律。动力定型虽是可变的,但要破坏已建立起来的定型,出于需要用新的操作活动来代替已建立的动力定型,对皮层细胞是一种很大的负担,若转变过急,有可能导致高级神经活动的紊乱。体力劳动的性质和强度,在一定程度上也能改变大脑皮层的功能。大强度作业能降低皮层的兴奋性并加深抑制过程;长期脱离某项作业,可使该项动力定型消退而致反应迟钝。此外,体力劳动还能影响感觉器官的功能,重作业能引起视觉和皮肤感觉时值延长,作业后数十分钟才能恢复,而适度的轻作业,时值则反而缩短。

2) 血管系统

作业人员的心率、血压、血液成分和血液再分配等心血管方面指标在作业开始前后会发生适应性变化。

（1）心率

在作业开始前 1 min 常稍有增加,作业开始后 30～40 s 内迅速增加,经 4～5 min 达到与劳动强度相应的稳定水平。作业时心输出量增加,缺乏体育锻炼的人主要靠心跳频率的增加,经常锻炼者则主要靠每搏输出量的增加。有的每搏输出量可达 150～200 mL,输出量可达 35 L/min。对于一般人,当心率增加未超过其安静时的 40 次时,表示能胜任此工作。作业停止后,心率可在几秒至 15 s 后迅速减少,然后再缓慢恢复至原水平。恢复期的长短因劳动强度、工间歇息、环境条件和健康状况而异,此可作为心血管系统能否适应该作业的标志。

（2）血压

作业时收缩压上升,舒张压变化很小,当脉压逐渐增加或维持不变时体力劳动可继续有效进行。当脉压小于其最大值的 1/2 时,表示疲劳。作业停止后,血压迅速下降,一般能在 5 min 内恢复正常,作业强度大时恢复时间加长。

（3）血液再分配

作业时流入脑的血流量基本不变或稍增加,流入肌肉和心肌的血流量增加,流入肾及腹腔等的血流量有所减少。

（4）血液成分

一般作业中血糖变化较少,如劳动强度过大、时间过长,可出现低血糖。当血糖降到正常含量的 1/2 时(正常人安静状态血糖含量 5.6 mmol/L),就不能继续作业。随着劳动强度的增加,血乳酸含量变化很大。正常人安静状态下血乳酸含量为 1 mmol/L,极重体力劳动时可达15 mmol/L。

3) 呼吸系统

静态作业时呼吸浅而慢,疲劳时呼吸变浅且快。作业时呼吸次数随体力劳动强度加大而增加,重劳动可达 30～40 次/min,极大强度劳动可达 60 次/min。肺通气量由安静时的 6～8 L/min 增至极重体力劳动时的 40～80 L/min,或者更高。劳动停止后,呼吸节奏和肺通气量会逐渐减少直至恢复到安静状态。

4) 体温调节

人体的体温并不是恒定不变的,人脑、心脏及腹内器官的温度较为稳定,称为核心温度。稳定的核心温度是正常生理活动的保证。人休息时,直肠温度为 37.5 ℃,体力劳动及其后的一段时间内,体温有所上升,重劳动时直肠温度可达 38～38.5 ℃,极重劳动时可达 39 ℃。体温的升高以利于全身各器官系统活动的进行,但不宜超过 1 ℃;反之,人体不能适应,劳动不能持久。

## 3.5.2　脑力劳动时机体的调节与适应

脑力劳动需要充足的氧,虽然人脑的重量只占体重的 2.5%,但大脑的需氧量占全身需氧量的 20％。像肌肉这样的组织,在短时间缺氧时,可以通过糖的无氧酵解来供应能量,大脑却只能依靠糖的有氧分解来提供能量,但脑细胞中存在的糖原甚微,只够活动几分钟。因而大脑需要更多的血液源源不断地供应氧气。供氧不足会引起严重的后果,缺氧 3～4 min 会引起脑细胞的不可修复的损伤,缺氧 15 min,比较敏感的人可能昏迷。脑力劳动常使心率减慢,但特别紧张时可使心跳加快、血压上升、呼吸稍加快、脑部充血而四肢和腹腔血液则减少;脑电图、心电图也有所变化,但不能用来衡量劳动的性质及其强度。脑力劳动时血糖一般变化不大或略有增高;对尿量没有影响,对其他成分也影响不大,即使在极度紧张的脑力劳动时,尿中磷酸盐的含量才有所增加;对汗液的量与质以及体温均无明显的影响。

### 3.5.3 人体信息处理系统

在人机系统中,人随时随地遇到预先不知道或完全不知道的情况。系统也将源源不断地供给操作者以各种各样的信息。人体正确信息处理就是恰当地判断来自人机结合面的信息,然后通过人的行为准确地操作机器,即给机以正确的信息,通过人机结合面实现正确的信息交换。信息处理的核心在于判断,处理的正确与否不仅取决于知识与经验,而且与本人生理和心理条件的限制或影响也有很大的关系。人从感觉器官接受的信息传导到大脑皮层,在大脑皮质处受着心理和生理活动状况的影响,进行加工和调整等所谓的狭义处理。这个信息加工处理过程可从以下两方面进行分析:

1) 信息处理能力的界限

对于相继接收到的各种信息,大脑皮质并非全部都能进行正确的处理,即处理能力有一定的限度。当然,如果能给以充分的时间,人类就能够处理较多的信息而不发生错误。但是,如果信息在时间上是短暂的,内容是复杂的,则不能完全处理。这时的反应方式包括:未处理;处理错误;处理延误;处理偏倚;降低信息质量;引用规定之外的其他处理方法;放弃处理作业。总之,如果同时给出很多信息时,人机系统将发生怎样的反应,是随着作业的内容、性质和作业者当时的身心活动状况变化的。

2) 影响人的信息处理能力的因素

(1) 人的神经活动规律

人在 24 h 中的神经活动有一定规律,白天是交感神经系统支配,夜间是副交感神经系统支配,昼夜循环交替。大脑皮层活动受到这种交替变化的影响而呈现出所谓日周期节律,使人在一天的不同时间段内信息处理能力有所不同。

(2) 动机与积极性

即使人在清醒状态下处理信息,如果缺乏接受和处理信息的积极性,信息处理的数量、质量都会明显下降。动机和积极性又受到两个主要因素的影响:一是对作业目的的理解和认识程度;二是具备关于作业过程和作业结果的知识的程度。

(3) 学习和训练

若对同一作业操作进行深入学习、反复练习,作业能力和信息处理能力将会增加。

(4) 疲劳将使作业的信息处理能力降低、反应时间增加、判断错误增多。

(5) 人的个体差异也影响信息处理能力,主要是指人的精神意志力、精神机能平衡性、性格适应性和社会适应性等。

(6) 年龄、性别、经验、季节等也都会影响人的作业能力和信息处理能力。

(7) 人体的信息传递效率即平常所说的反应快慢,影响人的信息处理能力。尽管通过教育训练,可以适当地提高人体的信息传递效率,但人的信息传递效率不可能超过 7.5 bit/s。

（8）人的大脑所处的意识水平。日本大学桥本邦卫教授将人的意识水平状态分为5个阶段，见表2-18。因此，人脑所处意识水平不同，对信息的处理能力不同。

### 3.5.4　人体节律周期和昼夜周期

人类是按照统计学证实的周期性变化，即生物节律（biological）而生活的。生物节律已成为生物学的一部分，称为计时生物学，是研究自然界各种生物机体内按照自己的特定时间表和活动规律的理论。旨在对生物时间结构进行客观说明，如规律活动的总量、生物行为的时间特征，以及生物周期发育变化和老化趋势。昼夜节律指的是 24 h 内或 20～28 h 内的平均周期（也可指长于 23.9h 短于 24.1 h 的平均节律），这种周期性的节律与下列有关功能作用有着明显的关系：

（1）昼夜周期的外源性影响，社会事变及光线、电子现象和温度等的影响。

（2）内源性昼夜节律周期，一部分为细胞性的（核糖核酸-脱氧核糖核酸形成有丝分裂），另一部分为神经性内分泌的（促肾上腺皮质激素释放因子，促肾上腺皮质激素 17-羟皮质类固醇）和其他神经性的。几乎所有这些节律都可影响疲劳、瞌睡、活动、效能与休息。人类对自身活动的周期性的认识，自古代就已开始，那时就意识到生物与时间相关的特性；近代认识到生命物质的运动遵循的特定时空规律，提出了生物节律的观念。到 20 世纪初，德国内科医生威赫姆·弗里斯和一位奥地利心理学家赫尔曼·斯瓦波达在长期的临床观察中发现病人的病症、情感及行为的起伏变化，存在一个以 23 d 为周期的体力盛衰和以 28 d 为周期的情绪波动规律。大约过了 20 年，奥地利因斯布鲁大学的阿尔布雷斯·泰尔其尔教授研究数百名高中生和大学生的考试成绩后，又发现了人的智力以 33 d 为周期性的波动变化。后来一些学者经过反复实验，认为每个人从他出生那天起，直到生命终止，都存在的周期为 23 d、28 d 和 33 d 的体力、情绪和智力的周期性变化规律，利用正弦曲线绘制出每个人的周期变化图形，这个图形所示的曲线叫作生物节律曲线（图 3-9）。生物节律曲线上，在横坐标轴以上的这段时间，称为生

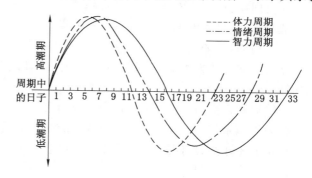

图 3-9　生物节律曲线

物节律曲线的"积极期"，也称为"高潮期"，这期间人们感到体力旺盛，精神愉快，头脑灵敏，记忆力强，富有创造性。在横坐标轴以下的日期称为生物节律的"消极期"，也称为"低潮期"，这期间人们感到体力较差，容易疲劳，注意力不易集中、健忘，思维、判断能力下降。在其线跨越横坐标轴的日子，称为"临界期"，也称为"危险期"，这期间人们的身体处于频繁的变化之中，即体力、情绪和智力极为不稳定，办事粗心，容易出差错，机体各方面协调性差，且容易感染疾病。

人们为什么会产生体力、情绪和智力的周期性变化呢？这是由于生物体（人体）内存在的调节和控制生物（人体）行为和活动的生物钟。那么，人体生物钟在哪里呢？据美国某解剖学家研究发现，在人的脑干中存在的一个管理时间节律的神经核，由它来控制人体的生理和病理过程，这样人体的体温、血压、血糖含量、基础代谢率，会发生昼夜性的周期变化。人体各器官的机能、痛觉、视觉、嗅觉以及人体对各种外界因素的敏感性也有周期性的变化。

临床实践证明,人体中没有哪一种化学变化和物理变化是没有规律的,而人的体力、情绪、智力的盛衰变化仅仅是人体各种节律的一个组成部分。

如何测定人体的生物节律呢?目前计算生物节律的方法较多,简单易行的办法是采用笔算和计算器计算,也可直接运用人体节律计算程序,可计算出你这一天所处的节律等。最普通的计算步骤如下:首先将你出生时间到你想了解的某月某日的总天数计算出来(注意加上闰年多的天数,即用周岁数除以 4 所得正整数,余数舍去);然后将总天数分别除以 23、28 和 33,所得余数分别就是你的体力、情绪和智力 3 个周期在你要了解的那天所处的位置。

计算通式为:

$$X = 365 \times A \pm B + C \tag{3-7}$$

式中　$A$——预测年份与出生年份之差,周岁;

　　　$B$——本年生日到预测日的总天数,如未到生日用"一",已过生日用"十";

　　　$C$——从出生以后到计算日的总闰年数,即 $C = A/4$ 得到的整数(四舍五入);

　　　$X$——从出生到计算日生活的总天数。

例如,某人 1955 年 6 月 1 日出生,要了解他 1986 年 8 月 25 日 3 个周期所处的位置,先求出他的生活总天数 $X$:

$$X = 365 \times (1\,986 - 1\,955) + 30 + 31 + 25 + (1\,986 - 1\,955)/4$$
$$= 11\,315 + 86 + 8$$
$$= 11\,409(d)$$

体力周期:$11\,409/23 = 496 \cdots\cdots 1(d)$

情绪周期:$11\,409/28 = 407 \cdots\cdots 13(d)$

智力周期:$11\,409/33 = 345 \cdots\cdots 24(d)$

体力周期余数为 1,表示到 1986 年 8 月 25 日该人正处于第 497 周期的第 1 天,是高潮期的第一天。

情绪周期余数为 13,表示该日为情绪的第 408 周期的第 13 d,在高潮阶段中。

智力周期余数为 24,表示该日为智力的第 346 周期的第 24 d,在低潮期。

根据上述计算的情况,可绘制出这位同志 1986 年 8 月份的生物节律曲线图,如图 3-10 所示。

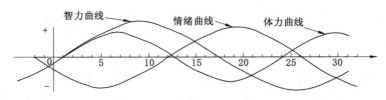

图 3-10　生物节律曲线图

生物节律影响人的行为,也对安全生产有着较大的影响。人在节律转折点的日子体力容易下降、情绪波动和精神恍惚,人的行为波动大,如果正在生产岗位上操作,则有可能出现操作失误,甚至导致工伤事故的发生。有人调查了 700 件事件,发现在生物节律危险日占 60%,又调查了 300 个情绪危险日的人,有 85% 出现了事故。

怎样运用生物节律理论指导安全生产呢?首先应该运用辩证唯物主义的态度来对待,生物节律理论是有科学依据的,但它又不是万能的、包治百病的灵丹妙药,它只能向人们提示在某段时间里,所处的体力、情绪、智力状态,而且这种状态受外界环境的影响。例如,处于高潮期的人,一旦受到意外刺激,也会使情绪一落千丈。相反,一个情绪处于低潮的人,如果受到特殊的强刺激,比如遇上现场火灾等,此时大脑会通过内分泌腺大量分泌肾上腺素等激素,促使人格外兴奋,奔向现场去灭火。现代神经生物学研究表明,人的大脑皮层对于脑干等部位起着调节和支配作用。更何况决定人的行为因素诸多,生物节律只是其中的一个因素,而人的健康状态、精神状态都会对人的行为产生影响。所以,在运用生物节律时,必须注意人的这种特征,以防被控对象产生麻痹心理而导致不应该发生的事故。但是,对于处于高潮期的人,应充分利用自己良好的竞技状态,抓紧工作,提高效率,切忌盲目乐观,忘乎所以;否则,这样会发生意外事故。只要注意休息和营养,调节生活内容和兴趣,使大脑各个区域交替活动,劳逸结合,同样能有效地进行正常的工作和学习。总之,运用生物节律理论不是用来求卜算卦,而是运用它来掌握人的活动规律,以扬长避短,使人更好地工作,达到预防为主,避免人为事故的发生。

# 思考与练习

1. 何谓人的感觉适用性、感觉有效刺激及感觉相互作用?对上述特性的研究对安全工作有什么作用?

2. 人的视觉和听觉各有哪些特征?

3. 视错觉在什么情况下要利用?在什么情况下要避免?

4. 简述反应时间的特点及影响因素。

5. 简述减少反应时间的途径。

6. 体力活动过程中人会发生哪些生理变化?

7. 如何提高人的信息处理能力?

8. 某司机 2002 年 2 月 2 日生物节律的情绪周期处于第 348 周期的第 14 天,请从安全管理角度分析是否需要采取措施。

# 4

## 人的心理特性

## 4.1　心理学概述

　　心理学是研究人的心理活动规律和心理机制的科学。心理规律是指认识、情感、意志、气质、情绪等心理过程和能力、性格、需要、动机等心理特征等规律。马克思主义认为,心理学是辩证唯物主义哲学,特别是他的认识论是主要科学基础之一。所以,列宁把心理学包括在构成辩证法和认识论的知识领域的科学之内。心理学通过它的研究成果,可以促进、改善和控制心理过程和心理特征,从而可为生活实践的许多方面服务,提高这些实践活动的效率。

　　心理学是从人的心理过程和人的个性心理特征两方面来研究人的心理特性,弄清楚人的心理活动的质和量的事实,揭示心理活动规律性。辩证唯物主义肯定心理是客观现实在人的大脑中的反映,从反映的机制学说来看,人是自然实体;从反映的现实内容来说,人又是社会实体。所以,人类心理学是一门既有自然科学性质,又有社会科学性质的科学。

　　心理学在远古时代就已产生,长期在哲学内部发展。我国古代的许多思想都非常重视心理学的研究,像《三国演义》中记载栩栩如生的计谋,就是从心理分析入手,智谋取胜的。在古希腊亚里士多德的著作中,也含有丰富的心理学内容。到了19世纪,随着自然科学进展和试验方法的问世,1879年德国心理学家冯克在莱比锡大学创立第一个心理实验室,广泛研究感觉、知觉、注意、反应时间、情绪等心理现象,起了重大作用。到了19世纪末、20世纪初,俄国生理学家谢切诺夫和巴甫洛夫相继提出反射学说和条件反射学说,肯定人的一切心理活动即由外界影响所引起,都是客观世界的因果关系所制约。它们的这些思想和成果对心理学的发展有着重大的影响。

　　心理学发展到今天,已形成许多分支学科,研究心理的一般形式和一般规律的成为普通心理学,研究不同社会实践领域内的心理活动规律的则称为某领域心理学,如教育心理学、儿童心理学、体育心理学、安全心理学、艺术心理学、医学心理学、创造心理学、管理心理学、犯罪心理学等。

　　自古以来,人类为了满足自己的需要,不断地认识世界和改造世界。随着现代科学技术的飞速发展,工业生产突飞猛进,人类的物质需要逐渐得到了提高,但由此而造成的事故越来越多,对工人的生命威胁也越来越大。于是,人们在渴望得到物质满足的同时,更迫切渴望保障人身安全,不出工伤事故,不患职业病。安全感好,工人就能大胆地工作,有利于提高工作效率,保证产品质量,同时还可以减少生产中由事故而造成的负效益;相反,工人则提心吊胆地工作,其效率和质量都难以保证,而质量不保证,又给下一步的生产带来了不安全因素。可见,生产与安全是不可分割的。

　　人总是与周围世界相互作用,与现实世界发生多种多样联系的。现时世界总是具有一定意义,而人们对这些就抱有一定的态度,甚至会持此态度看待周围其他事物。例如,顺利完成工作任务使人轻松愉快,失去亲人带来痛苦和悲伤,面对敌人的挑衅引起激动和愤怒,遭遇危险可能引起震惊和恐惧,美好的事物使人产生钦佩、爱慕之情,所有这些喜、怒、哀、乐等,都是人的情绪和情感的心理特性。另外,人在反映现实的时候,不仅产生对客观世界的有目的改造,这种最终表现为行动的、积极要求改变现实的心理过程,在心理学上称为意识过程。此外,还有人的气质、性格、技能和能力等心理特性,它们均在进行人机系统的分析、评价、匹配等方面有着广泛的应用范围。人类可望继续得到科学技术的益处,然而又憎恶由此产生的不良后果,即在工业生产中由于意外事故带来的灾害。通过大量的事故统计分析,除由生产设备造成的事故以外,大部分事故是由人的不安全行为造成的。美国工厂的事故统计中,有88%是由人的不安全行为造成的。那么,又是什么原因造成人的不安全行为呢?安全心理学将告诉我们,不安全行为是由不安全心理因素引起的。

人与其他动物的根本区别就在于人有意识,有自觉能动性。人的心理特性结构如图4-1所示。

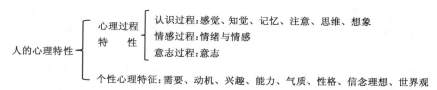

图 4-1　人的心理特性结构图

人的心理是人脑对客观世界的能动的反应。

（1）心理是客观世界的反映。这种反映给人的思维、心理、意识准备条件,人的心理是客观世界的主观对象。

（2）心理是脑的机能。神经系统和人脑是心理产生的器官,心理是人脑的产物,大脑皮质则是心理活动的最主要器官。人作为社会成员,个性心理特征的形成包括:一方面受遗传因素的影响,这是个性心理特性形成的生物前提和自然条件;另一方面受所处的社会历史条件、环境因素,以及所进行的实践活动的因素的相互影响,这是个性心理特征方面形成的社会条件。

心理发展的根本动力,即人在社会活动中不断出现的新的需要和原有的心理发展水平之间的矛盾。每个人都有自己独特的个性心理特性,都具有认识、思维、情绪、意志、气质、性格、需要、动机等心理过程,世界上找不到个性完全一致的两个人。因此,人与人之间的能力、性格、气质、动机等均存在差异。

# 4.2　心理特性与安全

## 4.2.1　情绪与情感

### 1）情绪与情感的区别

情绪、情感是人对客观事物的一种特殊反应形式,任何人都具有喜、怒、哀、欲、爱、恶、惧七情。因此,在现实生活中,各种事物对人的作用不一样,有的使人高兴、快乐,有的使人忧愁、悲伤,有的使人赞叹、喜爱,有的使人惊恐、厌恶。情绪和情感是从不同的角度来标示感情这种心理复杂的现象的,它们是有区别的不同概念:其一,情绪是由机体的生理需要是否得到满足而产生的体验,属于动物共有的;情感则是人的社会性需要是否得到满足而产生的体验,属于人类特有的。其二,情绪带有情景性,由一定情景引起,并随情景改变而消失,情感则既具有情景性,又具有稳定性和长期性。其三,情绪带有冲动性和明显的外部表现,情感则很少有冲动型,其外部表现也能够加以控制。

情绪、情感被环境影响、生理状态和认识过程 3 种因素所制约。其中,认识过程起关键作用。

2) 情绪

(1) 情绪的状态

① 心境是一种使人的一切其他体验和活动都感染情绪色彩的比较持久的情绪状态,它具有弥散性。当一个人处于某种心境中,往往以同样的情绪看待一切事务。心境是由对人的生活和工作具有比较重要意义的各种不同情绪所引起的。例如,工作的顺逆、事业的成败、人们相处的关系、健康状况,甚至自然环境的影响,都可以成为引起某种心境的原因;过去的片断回忆和无意间的浮想,有时也会导致与之相联系的心境的重视。虽然人对引起心境的原因不能清楚地意识到,但它总是由一定原因引起的。

心境对人们生活和工作有很大影响,积极良好的心境有利于积极性的发挥,提高效率,克服困难;消极不良的心境使人厌烦、消沉。因此,克服消极因素是有意义的,尤其对从事安全工作的同志,不仅要克服自己的消极心境,而且要帮助工人克服消极的心境,注意培养积极良好的心境,从而杜绝由于心境不良而引起的行为失误造成的事故。

② 激情是强烈的、暴风雨般的且激动而短促的情绪状态,通常由一个人生活中具有重要意义的事件引起,意向的冲突和过度的抑郁都容易引起其激情。暴怒、恐惧、狂喜、激烈的悲痛、绝望等都是激情的表现。激情有明显的外部表现,它垄断了整个人。人处于激情状态下,其意识和认识活动范围往往会缩小,被引起激情体验的认识对象所局限,理智分析能力受到抑制,控制自己的能力减弱,往往不能约束自己的行为,不能正确评价自己行动的意义及后果。对于不良的情绪,需要自己动员意志力和有意识的控制,转移注意力,以冲淡激情爆发的程度。工人在工作中,大部分激情是造成事故的根源,但有些激情对人是积极的,它可以成为动员人积极投入行动的巨大力量,在这种场合过分地抑制激情是完全不必要的。因此,安全工作人员应将工人积极的激情引向搞好安全工作上来,从而防止事故的发生。

③ 应激是由意外的紧张情况所引起的情绪状态。在突如其来的和十分危险的情况下,必须迅速的、几乎没有选择余地的裁决决定时刻,容易出现应急状态。例如,司机在驾驶过程中出现危险情境的时刻,以及人们在遇到巨大的自然灾害的时刻。此时,需要人们迅速地判断情况,在一瞬间做出决定,利用过去的经验、集中意志力和果断精神。但是,紧急的情景激动了整个有机体,它能很快地改变有机体的激活水平、心率、血压、肌紧度,引起行动高度应激化和行动的应激。在这种情况下,由于认识的狭窄,很难实施出符合目的的行动,甚至容易做出不适当的反应,因此必须对容易发生事故的操作工人加强培训,使其技术熟练。在生活上树立崇高的目的和坚忍的意志,从而在一定程度上克服紧张情绪,即使在极其险恶的环境下,也能在一定程度上克服紧张情绪的不良影响。长期处于应激状态对人的健康是很不利的,有时甚至是很危险的,必须杜绝这种情况的发生。

(2) 实际工作中几种不安全情绪

① 急躁情绪：干活利索但太毛糙，求成心切但不慎重，工作起来不仔细有章不循，手、心不一致，这种情绪易随环境的变化而产生。这种情绪在节日前后、探亲前后、体制变动前后、汛期前后容易产生。我国中医病理指出，人的情绪状况能主宰人的身体及活动状况。人的情绪状况如果发展到引起人体意识范围变狭窄、判断力降低、失去理智力和自制力、心血活动受抑制等情绪水平失调呈病态时，极易导致不安全行为。当人体情绪激动水平处于过高或过低状态时，人体操作行为的准确度都只有 50% 以下，因为情绪过于兴奋或抑制都会引起人体神经和肾上腺系统的功能紊乱，从而导致人体注意力无法集中，甚至无法控制自己。因此，从事不同程度劳动的人们需要有不同程度的劳动情绪与之相适应。

安全操作水平与情绪激动水平曲线(图 4-2)表明：当从事复杂抽象的劳动时，人处于较低的情绪激动水平，有利于人体安全操作和发挥劳动效率；当从事快速紧张性质劳动时，人处于较高的情绪水平，有利于人体安全操作和发挥劳动效率。

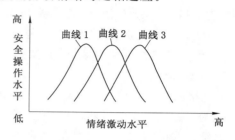

图 4-2　安全操作水平与情绪激动水平曲线

人们在情绪水平失调时，言行上往往会表现出忧虑不安、恐慌、失眠、行为粗犷、眼睛呆滞、心不在焉和言行过分活跃，或出现与本人平时性格不一致的情绪状态等。若能从管理上及人体主观上都注意创造一个稳定的心理环境，并积极引导人们用理智控制不良情绪，则可以大大减少因情绪水平失调而诱发的不安全行为。

② 烦躁情绪：表现沉闷，不愉快，精神不集中，心猿意马，严重时自身器官往往不能很好协调，更谈不上与外界条件协调一致。

3) 情感

情感是在人类社会历史发展过程中形成的高级社会性情感，人类社会性情感可归结为道德感、理智感和美感。

道德感是关于人的举止、行为、思想、意图是否符合社会道德行为标准和客观的社会价值产生的情绪体验，是由那些能满足人的社会道德行为准则的需要而产生的情绪体验。不同的历史时代、不同的阶级以及不同的社会制度，其道德标准、行为准则也有所不同；道德受社会生活条件和经济的制约。社会劳动和公益事务的义务感，对社会、集体的责任感、集体感，对同志的友谊感、同志感等都属于道德感。

美感是对事物的美的体验。美感是在欣赏艺术作品、社会上某些和谐现象和自然景物时产生的。美感与道德感一样，受社会条件制约。

理智感是人在智力活动过程中产生的情感，它是和人的认知活动、求知欲、认知兴趣的满足、对真理的探索相联系的，包括喜悦感、怀疑感、惊讶感、犹豫感等。一切高级情感所固有的特点都是与一定的原则和标准、一定的社会要求相联系的。总之，一切社会情感都是关于评价的体验，社会组织的职责应当对人民进行感情熏陶与教育，尤其是对青少年更应如此。安全工作者的职责是要对工人进行安全感情的熏陶与教育，提高工人对安全生产的认识。

## 4.2.2　性格

性格是人们在对待客观事物的态度和社会行为的方式中，区别于他人所表现出的那些比较稳定的心理特征的总和。

1）性格特征

性格是十分复杂的心理现象，它包含多个侧面，具有各种不同的特征。这些特征在不同的个体上，组成了独具结构的模式。

（1）对现实的态度的特征

人对现实的态度体系是构成一个人的性格的重要组成部分。人对现实的态度体系又可以具体分为：对社会、集体、他人的态度；对劳动、工作、坚习的态度；对自己的态度等。

对社会、集体和他人的态度，其性格特征主要表现为：爱集体，富于同情心，善于交往，热情坦率；或是相反，行为孤僻，欺软怕硬，阿谀奉承等。对劳动、工作、学习的态度，其性格特征主要表现为：认真负责，工作细致，艰苦奋斗等；或者相反，懒惰，缺乏责任心，马虎。对自己的态度，其性格特征主要表现为：谦虚谨慎，不卑不亢，自尊自重等；或者相反，骄傲自满，自卑、自暴自弃等。

（2）性格的意志特征

当人为了达到既定的目的，自觉地调整自己的行为，千方百计地克服困难，就表现出人的意志特征。人的意志主要表现在：表明一个人是否有明确的行为目标；人对行为的自觉控制水平；紧急困难条件下表现出的意志特征；经常地、长期工作中表现出的意志特征。

（3）性格的情绪特征

性格的情绪特征是指人们在情绪活动时，在强度、稳定性、持续性以及稳定心境等方面表现出来的个体差异。有的人的情绪活动一经引起，就比较强烈，很难用意志加以控制，仿佛整个自我被情绪支配；有的人情绪体验比较薄弱，总是冷静对待现实；有的人情绪往往容易起伏；有的人则不易波动，甚至遇到较大事故也表现不出多大情绪上的变化；有的人情绪活动持续时间长，会对他留下深刻印象；有的人情绪活动转瞬即逝，对他没有什么影响；有的人稳定的心境总是振奋；有的人的心境总是抑郁；等等。

（4）性格的理智特征

性格的理智特征是指人们在感知、记忆、想象和思维等认识过程中表现出来的个体差异。在感知方面，分为被动感知型和主动观察型、详细罗列型和概括型、快速性和精确型、记录型和解释型。在想象方面，分为幻想家和冷静的现实主义者、既有现实感的幻想家和想象脱离实际生活的幻想家、主动想象的人和被动想象的人等。在思维活动中，表现出是否独立提出问题、解决问题和极力回避问题，或者借用他人答案、分析和综合等。

性格并不是各种性格特征的机械凑合或堆砌，各种性格特征在每个人身上总是互相联系、相互制约的。在人的各种不同活动中，各种性格特征又会以不同的结合方式表现出来，有时以某种性格特征为主，有时又以另外一种性格特征为主。同时，性格特征又是发展变化的。所有这一切，都表明人的性格特征具有动态的性质。

2）性格的类型

性格的类型是指一类人身上共有的性格特征的独特结合。常见的性格分类有以下几种：

（1）按心理机能分类：依据在性格结构中，理智、情绪和意志何种占优势，而把人的性格分为理智型、情绪型和意志型。

（2）按倾向性分类：依据一个人心理活动时倾向于外部，还是倾向于内部把人的性格分为外倾型和内倾型。

（3）按独立—顺从程度分类：依据人的独立性的程度，把人的性格分为独立型和顺从型。

（4）以竞争性确定性格类型：优越型和自卑型。

（5）以社会形式确定分类：理论型、经济型、审美型、社会型、权利型和宗教型。

还有的学者将性格分为：冷静型、活泼型、急躁型、轻浮型和迟钝型。前两种属于安全型，后三种属于非安全型。

性格在个性心理特征中占核心地位，起主导作用。性格的形成有先天的生物学因素，受家庭、社会、学校的影响很大。性格决定人的行为、思维方式及其社会贡献。因此，性格与安全生产也有着密切的联系，在其他条件相同的情况下，冷静型性格的人比急躁型性格的人安全性强，对工作马虎的人容易出现失误。实践中，不少人因鲁莽、高傲、懒惰、过分自信等不良性格，促成了不安全行为而导致伤亡事故。安全心理学就是要深入挖掘和发展劳动者的一丝不苟、踏实细致、认真负责的创造精神，提倡劳动者养成原则性、纪律性、自觉性、谦虚、克己、自治等良好性格，克服和制止易于肇事的那些不良的性格，良好的性格是安全生产的保障。安全生产管理者要了解和掌握职工的性格特点，针对职工的不同性格特点进行工作安排。将良好性格的人放在重要的、艰巨的、危险性相对大的工作岗位上。而将不良性格的人放在安全性相对大的岗位上时，应对其经常进行教育，使其形成良好的性格。

### 4.2.3　能力

1）定义及其特点

能力是人顺利完成某种活动所必须具备的心理特征之一。这种心理特征不是先天具有的，而是在一定的素质基础上经过教育和实践锻炼逐步形成的。素质为能力的形成奠定了物质基础，要使素质所提供的发展能力的可能性变为现实，必须经过教育和锻炼。

（1）能力总是和人的某种活动相联系，并表现在活动中。人只有从事某种活动，才能表现出他所具有的某种能力。

（2）能力的大小也只有在活动中才能比较。

（3）在活动中表现出的心理特征不全是能力。例如，性格开朗、脾气急躁，这些心理特征有可能影响顺利完成某项任务，但一般来说不是必需的。

（4）能力是保证活动取得成功的基本条件，但不是唯一条件。活动能否成功，除必须具备所需能力外，还受其他条件影响，如知识、技能、物质条件、工作态度等。

2）能力和知识、技能的关系

能力和知识、技能既有区别又紧密联系。知识是人类社会实践经验的总结；技能是人掌握的动作方式；能力则是在掌握知识和技能的过程中形成和发展起来的。掌握知识和技能又以一定的能力为前提，能力不表现为知识和技能本身，而是表现在获得知识和技能的整体上，即条件相同下人掌握知识和技能时所表现出的快慢、深浅、难易及巩固程度上。

3）能力的种类

能力的种类很多，而且各种能力都有自己的结构，各种能力之间存在着一定的联系与区别。

观察能力是智力结构的眼睛；记忆能力是智力结构的中枢；想象能力是智力结构的翅膀；操作能力是智力结构转化为物质力量的转换器。智力是人的各种能力的总和，即人的认识能力和活动能力所达到的水平。在智力结构中最重要的是创造性能力，主要由创造性思维和创造性想象能力组成。

除上述介绍的几种能力以外,还包括:人在实践过程中的劳动能力;人们发明新东西的创造能力;日常生活中人们思想交流的语言表达能力、社交能力、运动能力、欣赏能力;各级领导的组织管理能力;工人和不安全、不卫生因素做斗争而采取安全措施的能力;等等。

4) 能力的个体差异

人与人之间能力是有差异的,主要表现在能力类型的差异、能力表现早晚的差异和能力发展水平的差异。

(1) 能力类型的差异

表现在完成同一种活动采取的途径不同、不同的人,可能会采用不同的能力组合来实现。例如:考虑问题时,有人善于分析,对细节注意,属于分析型;有人富于概括和整体性,属于综合型。

(2) 能力表现早晚差异

由于生理素质、后天条件、接受教育、社会实践等不同,有人在少儿时代就表现出优异能力,属于"人才早熟",有人的优异能力表现较晚,属于"大器晚成"。

(3) 能力发展水平差异

有的人能力超常,有的人能力低下,多数人能力属于中等。如果对未加选择的人进行某项能力的测试,被测的某项能力的分布是形如钟形的模式,此为理论上的能力差异正态分布。造成能力发展水平差异的原因很多,与遗传、疾病、营养、教育、实践等因素密切相关。

5) 优势能力与非优势能力

一个人往往具有多种能力,形成一个能力系统,通常有一种能力占优势,其他能力从属于它。优势能力在一个人的生活实践中占主导地位,其他能力起到增强优势能力的作用。不少人都能顺利完成同样活动,但完成这项活动的组成因素所处的地位也可能不同,有的因素在一些人身上是优势能力,但在另一些人身上是非优势能力。例如,音乐能力的基本成分曲调感、节奏感和听觉表现,对每一个具有音乐才能的人来说,它们所起作用可能不同。所以,优势能力在完成某种活动时可以补偿非优势能力的不足。有些人可以胜任某项工作,有的人胜任不了某项工作,这也是人的优势能力不同所形成的。

6) 能力的个体差异与安全

由于存在能力的个体差异,劳动组织中如何合理安排作业、人尽其才、发挥人的潜力、这些都是管理者应该重视的。

(1) 人的能力与岗位职责要求相匹配

领导者在职工工作安排上应该因人而异,使人尽其才,去发挥和调动每个人的优势能力,避开非优势能力,使职工的能力和体力与岗位要求相匹配,这样可以调动工人的劳动积极性,提高生产率,保证生产中的安全。相反,人具有的能力高于或低于实际工作需要都是不合理的:一方面造成人才浪费,引起职工不安心本职工作,产生不满情绪,影响生产,易出事故;另一方面能力低于实际工作需要,无法胜任工作,心理上造成压力,工作上不顺利必然影响作业安全,这也是事故发生的隐患。因此,任用、选拔人才时不仅要考察其知识和技能,还应考虑其能力及其所长。

(2) 发现和挖掘职工潜能。管理者不但要善于使用人才,还要善于发现人才和挖掘职工的潜能,这样可以充分调动人的积极性和创造性,使工人工作热情高,心情舒畅,心理得到满足,不但可避免人才浪费,而且有利于安全生产。

（3）通过培训提高人的能力。培训和实践可以增强人的能力,企业应对职工开展与岗位要求一致的培训和实践,通过培训和实践提高职工能力。

（4）团队合作时,人事安排应注意人员能力的相互弥补,团队的能力系统应是全面的,对作业效率和作业安全具有重要作用。

### 4.2.4 气质

1）气质的定义及特点

气质是一个人生来就有的心理活动的动力特征。心理活动的动力是指心理过程的程度、心理过程的速度和稳定性以及心理活动的指向性。人的气质受神经系统特点的制约,具有一定的先天性。婴儿一出生,就表现出不同的气质类型。气质具有一定的稳定性,一个人具有某种气质特点。一般情况下,应会经常表现在他的情感活动中,尽管活动内容很不相同,但是显现的气质类型相同。虽然气质特点在后天的教育、影响下会有所改变,但与其他个性特点相比,气质变化缓慢且困难。

2）气质的类型

古希腊医生希波克拉特被公认为是气质学说的创始者,认为人体内有 4 种体液:血液、黏液、黄胆汁和黑胆汁。这 4 种体液的数量在每个人体内各占的比例不是均匀的,其中有一种占优势,这就决定了人的气质特点。在他看来,如果血液占优势,则为多血质的气质类型;如果黏液占优势,则为黏液质的气质类型;如果黄胆汁占优势,则为胆汁质的气质类型;如果黑胆汁占优势,则为抑郁质的气质类型。这 4 种气质类型在心理活动上所表现出来的主要特征如下:

① 胆汁质的人情绪产生速度快,表现明显、急躁,不善于控制自己的情绪和行动;行动精力旺盛,动作迅猛、外倾。

② 多血质的人情绪产生速度快,表现明显,但不稳定,易转变;活泼好动,好与人交往。

③ 黏液质的人情绪产生速度慢,情绪变化;动作平稳、安静、内倾。

④ 抑郁质的人情绪产生速度快,较孤僻,内倾。表现不明显,情绪的转变也较慢,易于控制自己的易敏感,表现抑郁、情绪转变慢,活动精力不强,比较孤僻、内倾。

这种按体液的不同比例来分析人的气质类型的学说是缺乏科学根据的,但比较符合实际,有一定的参考价值。

气质类型没有好坏之分,气质对个人的成就不起决定作用,不管何种气质,只要品德高尚,意志力强,都能为社会做贡献,在事业上有所建树。根据苏联心理学家研究,俄国 4 位著名作家普希金、赫尔岑、克雷洛夫、果戈里就分别属于胆汁质、多血质、黏液质、抑郁质的。相反,品质低劣、意志薄弱,不管什么气质都会一事无成。在现实生活中,有许多得过且过的人,绝对不会全是一种气质类型。

不同气质的人在不同工作上工作效率是有显著差异的。让张飞去杀猪是件轻而易举的事情,若叫林黛玉去卖肉则是强人所难了;反之,若让林黛玉去绣花则恰如其分,要张飞去当刺绣工那是用人不当了。因此,在选择职业人才时,要考虑人的气质,对于飞行员、宇航员、大型系统调度员、大运动量的运动员,将选择大胆、勇敢、坚强、临危不惧、机智灵敏、坚忍不拔的人,而对于精密计算、医疗、气象、财会、打字员等职业,则不能挑选鲁莽急躁的人。

3）气质学说与安全工作

为达到安全生产的目的,在劳动组织管理中,要充分考虑人的气质特征的作用。进行安全教育时,必须注意从人的气质出发,施用不同的教育手段。例如,强烈批评对于多血质、黏液质人可能生效,但对胆汁质和抑郁质的人往往产生副作用,因而只能采用轻声细语商量的形式。

由此可见,这4种类型的人都具有积极和消极的两方面,不能简单评价哪个好、哪个不好。在安全教育和安全检查中,并非一定要将某人划归为某类型,而主要是测定、观察每个人的气质特征,以便有针对性地采用不同方式进行有效的教育,从而真正减少生产过程中的不安全行为,避免造成安全事故,从而实现安全生产的目的。

### 4.2.5 意志

意志就是人们自觉地确定目的并调节自己的行动去克服困难,以实现预定目的的心理过程,它是意识能动作用的表现。人们在日常生活、工作中,尤其是在恶劣的环境中工作,就必须有意志活动的参与,才能顺利地完成任务。

意志品质有积极的,也有消极的。积极的品质表现为自觉性、果断性、自制力和坚定性;消极的品质表现为盲目性、冲动性、脆弱性和盲目性。

自觉性表现一个人自觉的、有目的地去实现自己的崇高理想。例如,一个人主动地去干一些最艰苦的工作,而不计个人得失,排除各种干扰和诱惑地去完成各项工作任务。

果断性表现为在紧急关头,能够当机立断迅速做出决定。例如,一名好的司炉工,当锅炉出现不正常现象且很快就要造成事故时,他一定会毫不犹豫地去排除故障;如果是一名脆弱性的司炉工,当即将发生事故时,他就会毫不犹豫地逃离现场。在现实生活中,两种情况的实例均有。

自制力表现为在行动过程中控制自己的情感,约束自己的言论,节制自己的行动。在遇到挫折与失败的时候,一般人容易急躁、灰心、精神不振,在胜利面前容易骄傲自大、洋洋得意,而自制力强的人,则会冷静地去思考自己成功与失败的经验,绝不会牢骚满腹、怪话连篇。

自制力是克服内心的障碍而产生的,坚韧性则是针对外部的障碍而发生,在困难面前是否锲而不舍,就是有没有韧性的表现。

意志和认知、情感有密切联系。认知过程是意志产生的前提,因为意志行动是深思熟虑的行动,同时意志调节认知过程。特别是在一些艰苦、复杂、精密的工作中,更需要有顽强的意志。在安全管理工作中,应不计个人得失、排除各种干扰和诱惑力,从而完成和不断推进安全管理的各项工作任务。

### 4.2.6 其他因素

除了以上提到的心理因素外,还有一些其他的心理因素会对人机系统的安全性产生一定的影响。

1) 注意力

注意力是心理活动对一定对象的指向性和集中,对象可以是外部世界的事物和现象,也可以是内向体验。注意是心理活动的一种特性,也是伴随一切心理活动而存在的一种心理状态。心理活动离不开注意,注意也离不开心理活动。注意可以分为无意注意和有意注意两种。无意注意是指由客体自己的特点而产生的注意,这种由于刺激物的新颖性引起的意识集中,只能在短时间内形成对客体的注意,而长时间会把注意力集中到别的客体上去。相对于注意对象而言是不注意,即无意注意,这种现象与主体的需要、兴趣、意志有关。有意注意是指由活动条件引起的主体意识控制下的注意,这种注意是有目的的,需要主体意识上的努力才实现的一种对客体的意识集中。因此,明确的目的性非常有助于维持这种注意。注意的特性表现在注意范围、持续性和选择性。注意范围的大小随知觉对象呈现的特点不同而不同,呈现时间越长注意的范围越大,时间一定注意范围受到限值;视觉对面积刺激不如对直线刺激的注意范围大;当注意对象具有相似性、规律性、合理性等特点时,将会扩大注意范围。同一注意对象的组合形式不同,其附加信息量也不相同,注意范围也会变化。注意的范围还与后天的学习、训练有关。知识和实践经验越丰富,注意的范围越广泛。注意的持续性是指主体对客体的不变化的刺激能够清晰明了的意识集中的时间。尽管主观上想要长时间注意某一对象,但实际上总是存在没有被意识到的瞬间,即注意不能持续,所以又称为注意的不稳定性。注意的不稳定性是大脑皮层的一种保护性抑制,防止精神疲劳。注意的选择性是指主体对客体的注意,会因客体的刺激不同,而选择不同的客体和不同的感觉器官,表现出的注意与不注意的变化过程。注意的选择性包含两层含义:即选择性体现为对不同客体、不同感觉通道有不同的偏好;选择性体现为注意与不注意的同时相互排斥性,即一旦建立了对某一客体的注意,则对其他客体表现为不注意。

在生产过程中发生的事故中,由人的失误引起的事故占较大比例,而不注意又是其中的重要原因。据研究引起不注意的原因有以下方面:

(1)强烈的无关刺激的干扰

当外界的无关刺激达到一定强度,会引起作业者的无意注意,使注意对象转移而造成事故。当外界没有刺激或刺激陈旧时,大脑又会难以维持较高的意识水平,反而降低意识水平和转移注意对象。

(2)注意对象设计欠佳

长期的工作,使作业者对控制器、显示器以及被控制系统的操作、运动关系形成了习惯定型,若改变习惯定型,需要通过培训和锻炼建立新的习惯定型。但遇到紧急情况时,仍然会反应缓慢,出现操作错误。

(3)注意的起伏

注意的起伏是指人对注意客体不可能长时间保持高意识状态,而按照间歇地加强或减弱规律变化。因此,越是高度紧张需要意识集中的作业,其持续时间也不宜长,因为低意识期间容易导致事故。

(4)意识水平下降导致注意分散

注意力分散是指作业者的意识没有有效地集中在应注意的对象上,这是一种低意识水平的现象。环境条件不良,引起机体不适;机械设备与人的心理不相符,引起人的反感;身体条件欠佳、疲劳;过于专心于某一事物,以致对周围发生的事情不作反应。上述原因均可引起意识水平下降,导致注意分散。

2)态度

态度是个人对他人、对事物较持久的肯定或否定的内在反应倾向的心理活动。人们在认识客观事物或在掌握知识的过程中,不是被动地去观察、想象和思维,也不是无区别地去学习一切,而是对人对事物都有某种积极、肯定的或消极、否定的反应倾向。这种反应倾向也是一种内在的心理准备状态,他一旦变得比较持久和稳定,就成为态度。态度影响一个人对事物、对他人及对各种活动做出定向选择。态度是一种内隐的反应倾向,但他或早或晚总要从外部行为中表现出来。

态度的形成主要受 3 种因素的影响:知识或信息,主要来自父母、同事和社会生活环境;需要,持欢迎态度,反之则不然;团体的规定或期望,一般个人的态度要与他所属的集体的期望和要求相符合。属于同一集体的人,他们的态度较类似。团体的规定是一种无形的压力,影响同一团体的成员。

社会心理学家凯尔曼认为,态度的形成和改变要经过 3 个层次:

(1)顺从

表面上接受别人的意见和建议,表面行为上与他人相一致,而在认识与情感上与他人并不一致。这是一种危险现象。这是在外在压力作用下形成的,若外在情境发生变化,态度也会发生变化。

(2)认同

认同是在思想上、情感上和态度上主动接受他人影响,比顺从深入一些。认同不受外在压力的影响,而是主动接受他人影响。

(3)内化

在思想观念上与他人相一致,将自己认同的新思想和原有观点结合起来构成统一的态度体系。这种态度是持久的,且成为自己个性的一部分。

态度的改变一般要通过以下途径:以团体的力量影响个人,比规章制度更为有效;人际关系影响,个人的态度可以随所属的团体活动和担任的角色变化而变化;信息沟通是双方在思想情感上互相沟通,信息来源要可靠,对信息的宣传和组织上要合适。认识和行为从一致变为不一致,就需要改变认识或改变行为,需要提供新概念,引导其做出新行为。

人们对安全工作的态度对搞好安全工作具有重大影响。在安全管理中,应通过宣传、教育、团体作用,使工人对安全工作不仅态度是正确的,而且要达到内化的程度,避免工作不深、不透。在对工人的教育过程中,要紧紧抓住其态度转变的方法和途径,做到事半功倍。

3)需要与动机

动机是由需要产生的,需要是个体在生活中感到某种欠缺而力求获得满足的一种内心状态,它是机体自身或外部生产条件的要求在大脑中的反映。有什么样的需要,就决定着有什么样的动机。需要可分为生理性需要和社会性需要。前者是与生俱有的,是人类共有的为了维持生命进行新陈代谢所需一切生理要求在头脑中的反映,如衣、食、住、行、休息、生育等;后者是人在群体生活和社会发展所提出的要求在头脑中的反映,如劳动、社交、学习等。

由于人的需要是受社会历史条件制约的,因此人的一切需要都带有社会性。需要是人的一种主观状态,它具有对象性、紧张性和起伏性等特点。正是由于这些特点,需要成为人们从事各种活动的基本动力。

由于人的需要大致可分为 5 类,即生理需要、安全需要、社交需要、自尊需要和自我实现需要。生理需要是最基本的需要,当生理需要得到一定程度的满足之后,对安全的需要逐渐产生和加强。安全需要基本满足之后,社交需要逐渐产生和加强。人的需要是较低一级的需要基本满足后,较高级的需要会逐渐产生和加强。

人对安全的需要随着社会的进步已上升为第一位。安全需要得不到满足,会对其较高级需要的产生和发展产生影响,也会影响人们的社会交往、对社会的贡献及社会的安定和发展。因此,安全管理者应从安全对社会发展的较高层次上看到安全工作的重要性,努力搞好安全工作、满足劳动者的基本需求。

动机是一种内部的、驱使人们活动行为的原因。动机可以是需求、兴趣、意向、情感或思想等。如果将人比作一台机器,动机则是动力源。

动机是人们行为领域里最复杂的问题,它作为活动的一种动力,具有3种功能:第一,引起和发动个体的活动,即活动性;第二,指引活动向某个方向进行,即选择性;第三,维持、增强或抑制、减弱活动的力量,即决策性。由于需要的多样性,这就决定了人们动机的多样性。从需要的种类分,可以把动机分,可分为生理性动机和社会性动机;根据动机内容的性质分为正确的动机与错误的动机,高尚的动机与低级、庸俗的动机;根据各种动机在复杂活动中的作用大小,可分为主导性和辅助性动机;从动机造成的后果分,可分为安全性动机和危险性动机。

有时人们做完某件事后往往后悔,这是由于冲动动机作用的结果。冲动动机往往使人们对问题不深思熟虑,而是凭一时的感情用事,等到冷静下来,后悔已晚。当人们不具备客观事物中某些方面的知识时,便不能产生这方面的兴趣、爱好和动机,也很难从事这方面的活动,更不会对这方面活动产生浓厚的兴趣,无这方面的动机,自然也就没有这方面的行动。因此,在安全管理中,首先应调动每个职工搞好安全的积极性,强化安全行为,预防不安全的消极行为。

安全积极性是一种内在的变量,是内部心理活动过程,通过人的行为表现出来。从行为追溯到动机,从动机追溯到需要。安全需要是调动安全积极性的原动力,安全需要满足了,调动安全积极性的过程也就完成了。

4)非理智行为的心理因素

明知故犯而违章作业的情况是普遍存在的。通过分析发现,由非理智行为而发生违章操作的心理因素经常表现在以下方面:

(1)侥幸心理

由侥幸心理导致的事故是很常见的。人们产生侥幸的原因如下:一是错误的经验。例如,某种事故从未发生过或多年未发生过,人们心理上的危险感觉便会减弱,因而易产生麻痹心理导致违章行为甚至酿成事故。二是在思想方法上错误的运用小概论容错思想。的确,事物的出现是存在小概率随机规律的,根据不完全统计,每300次生产事故中包含一次人身事故,每59次人身事故包含一次重大事故,每169次人身事故包含一次死亡事故,这说明事故是存在于小概率之中的。对于处理生产预测和决策之类的问题,视小概率为零的容错思想是科学的,但对安全问题,小概率容错的思想是绝对不容许的,因为安全工作本身就是要消除小概率规律发生的事故。如果认为概率小,不可能发生,而存侥幸心理,也许当次幸免于难,但随之养成的不安全动作和习惯,势必在今后工作中暴露在小概率之中而导致事故发生。因此,决不能忽略按小概率规律发生的事故,坚决杜绝侥幸心理,严格执行安全操作规程,进行安全生产。

(2)省能心理

省能心理使人们在长期生活中养成了一种习惯性地干任何事总是要以较少的能量获得最大效果,这种心理对于技术改革之类工作是有积极意义的,但在安全操作方面,这种心理常导致不良后果,许多事故是在诸如抄近路、图方便、嫌麻烦、怕啰嗦等省能心理状态下发生的。例如,某爆破工在加工起爆炸药包时,因一时手边找不到钳子,竟用牙齿去咬雷管接口,终导致重伤事故。

（3）逆反心理

在某种特定情况下，某些人的言行在好奇心、好胜心、求知欲、思想偏见、对抗情绪之类的一时作用下，产生一种与常态行为相反的对抗性心理反应，即所谓逆反心理。例如，要工人按操作规程进行操作，他自恃技术颇佳，偏不按操作规程去做；要他在不了解机械性能情况下不要动手摸，他在好奇心的驱使下偏要东摸摸、西触触，往往事故就发生在这种情况下。因此，要克服生产中的不良的逆反心理，严格遵守规程，减少事故发生。

（4）凑兴心理

凑兴心理是人在社会群体生活中产生的一种人际关系反映，从凑兴中获得满足和温暖，从凑兴中给予同伴友爱和力量，以致通过凑兴行为发泄剩余精力。它有增进人们团结的积极作用，但也常导致一些无节制的不理智行为。诸如上班凑热闹、开飞车兜风、跳车、乱摸设备信号、工作时间嬉笑等凑兴行为，都是发生违章事故的隐患。由凑兴而违章的情况大多数发生在青年职工身上。他们往往精力旺盛，能量剩余而惹是生非，加之缺乏安全知识和安全经验而发生一些料想不到的违章行为。因此，应经常以生动方式加强对青年职工的安全知识教育，以控制无节制凑兴行为发生。

（5）从众心理

这也是人们在适应群体生活中产生的一种反映，不从众则感到一种社会精神压力。由于人们具有从众心理，因此不安全的行为和动作很容易被仿效。如果有几个工人不遵守安全操作规程而未发生事故，那么同班的其他工人也就跟着不按操作规程做，因为他们怕别人说技术不行、太怕死等，这种从众心里严重地威胁着安全生产。因此，要大力提倡、广泛发动工人严格执行安全规章制度，防止从众违章行为的发生。

（6）精神文明

人的品德、责任感、修养、法制观念等心理是影响安全生产的一个极重要因素，许多违章作业事故都是在群众精神文明差的条件下发生的。例如，某一矿工人偷走挂在溜井旁的安全照明灯，致使另一工人掉进溜井内死亡。据统计，在精神文明差的"文化大革命"时期，其事故概率较其他时期高 $18\%\sim20\%$，所以对职工进行道德、理想等精神文明教育是搞好安全、保障安全的重要途径。

总之，在运用心理学预防伤亡事故的工作中，要针对不同的心理特征，"一把钥匙开一把锁"，还要结合个人的家庭情况、经济地位、健康情况、年龄、爱好、嗜好、习惯、性情、气质、心境以及不同事物的心理反应等，做深入细致的思想工作。

心理学非常重视心理相容在人才合作中的重要作用。心理相容是合作成员的特点协调一致地结合，这种结合保证了共同心愿与安全健康的共同要求，这样就使大家有心理相容的重要因素。心理相容可以密切个人之间的关系，有助于形成和谐的人际关系，可以促进安全生产。心里不容造成关系不和与人事紧张，妨碍安全制度的落实，事故常常发生。心理学认为，友谊是人与人之间的一种情谊，是一种高尚的道德情操。友谊在安全生产中常常是一种鼓舞前进的心理力量。作为一个集体，提倡互相关心，互相体贴，心理相容，团结友爱精神，建立和谐的人际关系，这对于落实"安全第一、预防为主、综合治理"安全生产方针具有积极的推动作用。

# 4.3 颜色对心理作用

## 4.3.1 颜色现象

### 1) 明度、色调和饱和度

颜色视觉有 3 种特性,即明度、色调和饱和度。颜色视觉是光的物理属性和视觉属性的综合反应。它既可以从客观刺激方面来定量,也可以从观察者的感觉方面来描述。描述客观刺激的概念属于物理学概念;描述观察者感觉的概念属于心理学概念。

表示光的强度的心理物理学概念是亮度。所有的光,不管是什么颜色,都可以用亮度来定量。与亮度相对应的心理学概念叫作明度。

表示颜色视觉第二个特性的心理物理学概念是主波长,与主波长相对应的心理学概念是色调。光谱是由不同波长的光组成的,用三棱镜可以把日光分解成光谱上不同波长的光,不同波长所引起的不同感觉就是色调。比如,700 nm 光的色调是红色,510 nm 光的色调是绿色,若将几种主波长不同的光按适当的比例加以混合,则能产生不具有任何色调的感觉,也就是白色。主导波长与颜色的关系见表 4-1。

表 4-1 光谱波长与颜色

| 波长/nm | 颜 色 | 波长/nm | 颜 色 |
|---|---|---|---|
| 620～780 | 红 | 500～530 | 绿 |
| 590～620 | 橙 | 470～500 | 青 |
| 560～590 | 黄 | 430～470 | 蓝 |
| 530～560 | 黄绿 | 380～430 | 紫 |

颜色视觉的第三种特性的心理物理学概念是颜色纯度,其对应的心理学概念是饱和度。纯色是指没有混入白色的窄带单色刺激,在视觉上就是高饱和度的颜色。由三棱镜分光产生的光谱色,如主波长为 650 nm 的颜色光是非常纯的红光。假如把一定数量的白光加在这个红光上,混合的结果便产生粉色,加入的白光越多,混合后的颜色光就越不纯,看起来也就越不饱和。

上述特性可以用图 4-3 所示的空间纺锤体表示。3 种特性中的任何一种发生变化,颜色将发生变化。对于非彩色,人们只能根据明度的差别辨别。

### 2) 颜色的混合

按照光的三原色原理,任何光的颜色都是由红、绿、蓝 3 种光混合而成,即颜色可以相互混合。这种混合可以是光线的混合,也可以是颜料的混合。

色光混合是一种加色法。它是两种以上颜色辐射直射到视网膜的同一区域,引起同时兴奋。加色法的三原色是

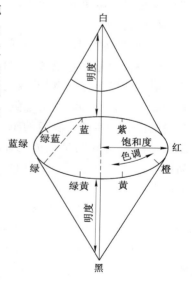

图 4-3 空间纺锤体

红、绿、蓝,色光相加可以通过以下两种方式进行。

（1）同时加色法

将3种基色光同时投射在一个全反射表面上,可以合成不同色调的光。一种波长产生一种色调,但不是一种色调只和一种特定的波长相联系。光谱相同的光能引起同样的色彩感觉,光谱不同的光线在某种条件下也能引起相同的色彩感觉,即同色异谱。

（2）继时加色法

将3种基色光按一定顺序轮流投射到同一表面上,只要轮换速度足够快,由于视觉惰性,人眼产生的色彩感觉与同时加色的效果相同。

色光在混合过程中遵循混合规律：

① 补色律。凡两种色光以适当比例混合后得到的白光或灰色光,则这两个色光成为互补色。图4-4中的红色和青色、黄色和蓝色等均为互补色。

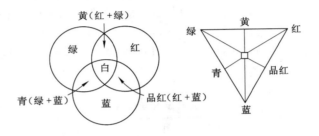

图4-4　相加混合

② 中间色律。任何两个非互补色光相混合均产生中间色,而色调介于两混合色的色调之间。例如,红色光与黄色光混合得到橙色光。

③ 替代律。相似的色光混合后仍然相似。例如,蓝色光＋黄色光＝白色光,由于红色光＋绿色光＝黄色光。所以,可用红色光和绿色光混合代替黄色光,再与蓝色光混合,同样可以得白色光。

④ 明度增加律。混合色光的明度等于组成混合色光的各色光明度的总和。

颜料混合遵循减色法。颜料、油漆等的色彩是颜料吸收了一定波长的光线以后所余下的反射光线的色彩。例如,黄色颜料是从入射的白色光中吸收蓝色光而反射红光及绿光,红光和绿光混合引起绿色的感觉。青色颜料从照射的白光中吸收红光而反射蓝光和绿光,蓝和绿的混合产生的了青色的感觉。颜料混合所得到的色彩的明度较低。颜料三基色是黄、品红、青,它们分别是色光三基色红、绿、蓝的补色。由图4-5可知,黄色＝白色－蓝色,品红＝白色－绿色,青色＝白色－红色。

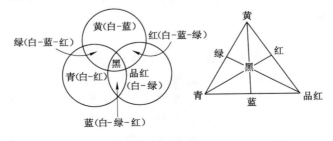

图4-5　相减混合

### 4.3.2 颜色的心理作用

人们处于不同颜色环境中,除了视觉辨别力受到影响、视野发生变化外,人的心理感觉也会有所变化,不同的颜色会产生不同的感觉(表 4-2)和不同抽象概念(表 4-3)。

**表 4-2　　　　　　　　　各种颜色表示的抽象概念**

| 颜色 | 抽象概念 | 颜色 | 抽象概念 |
|---|---|---|---|
| 红 | 革命、热烈、牺牲、豪迈、危险、激动 | 绿 | 和蔼、悠闲、和平、娴雅、安慰、健康、冷感 |
| 蓝 | 沉静、深远、冷淡、和平、善良 | 白 | 洁白、纯净、清洁、轻松、真挚 |
| 黑 | 恐怖、绝望、寂静、沉重、悲哀、神秘 | 黄 | 温暖、高贵、显赫、豪华、希望、光明、向上 |
| 赤黄 | 快乐、光明 | 紫 | 优雅、温厚 |

**表 4-3　　　　　　　　　各种颜色的心理作用**

| 颜色 | 引起心理作用和感觉的联想 | | | | | | | | | | | | | | | | | |
|---|---|---|---|---|---|---|---|---|---|---|---|---|---|---|---|---|---|---|
| | 兴奋 | 忧郁 | 安慰 | 热情 | 爽快 | 轻松 | 沉重 | 遥远 | 接近 | 温暖 | 寒冷 | 安静 | 愤怒 | 力量 | 柔和 | 希望 | 警觉 | 安详 |
| 红 | 0 | | 0 | | | | 0 | | 0 | 0 | | | 0 | | | | | |
| 橙 | 0 | | | | | | | | | 0 | | | | 0 | | | 0 | |
| 橙黄 | 0 | | 0 | | | | | | 0 | | | | | | | | | |
| 黄 | 0 | | 0 | | 0 | | | | 0 | 0 | | | | | | | | |
| 黄绿 | | | | | | 0 | | | | 0 | | 0 | | | | | | |
| 绿 | | | 0 | | 0 | | 0 | | | | 0 | 0 | | | 0 | 0 | | 0 |
| 绿蓝 | | | | | | 0 | | | | | 0 | 0 | | | | | | |
| 天蓝 | | | | | | 0 | | | | | 0 | 0 | | | | | | |
| 浅蓝 | | | | 0 | 0 | | | | | | 0 | 0 | | | | | | |
| 蓝 | | 0 | | | 0 | 0 | 0 | | | | 0 | | | 0 | | | | |
| 紫 | | 0 | | | 0 | | 0 | | | 0 | | | | | | | | |
| 紫红 | 0 | | | | | | | | 0 | | | | | | | | | |
| 白 | | | | | 0 | 0 | | | | | | | | | | | | |
| 浅灰 | | | | | | 0 | | | | | | | | | | | | |
| 深灰 | | 0 | | | | | 0 | | | | | | | | | | | |
| 黑 | | 0 | | | | | 0 | | | | | | | | | | | |

注:表中有"零"的表示有该种心理作用或感觉联想。

**1)冷暖感**

通常人们把红色、黄色和橙色称为暖色调。例如,看到红色、黄色和橙色就联想到火,在充满红色的房间里,人们会有温暖感。这些颜色给人以暖的心理感觉。通常把蓝、青、绿色称为冷色调,冷色给人以清凉、寒冷的感觉,如蓝色的衣服使人看上去凉爽。黄绿色和紫色为中间色。彩度越高的暖色,暖的感觉越强;彩度越高的冷色,寒冷感越强。在无色彩系中也存在冷暖感。相比较而言,白色与灰色给人以寒冷感,暗灰和黑色给人以暖的感觉。不论是冷色还是暖色,并不会使人有物理性温度变化,引起的只是心理上的感觉。

**2)兴奋和抑制感**

暖色调给人以兴奋感,使人情绪高涨、精神振奋、易于激动。冷色系使人冷静,抑制人的情绪。这种感觉与色彩的彩度相关,彩度越高,兴奋和抑制作用越明显。

3)前进和后退感

在同一位置上的不同颜色,看上去有的比较近,有的就比较远,因为不同色调的颜色会引起人们对距离感觉上的差异。一般而言,暖色系及明度大的颜色看上去生动突出,比较近,叫作前进色;冷色系和低明度颜色看上去比较冷静,有后退感,叫作后退色。同一种颜色纯度高的有前进感,纯度低的有后退感。

4)轻重感

色彩的轻重感主要是由明度决定的。一般来说,明度高的感觉轻,明度低的感觉重。明度相同时,彩度高的比彩度低的感到轻,而暖色系又比冷色系感觉重。

5)轻松和压抑感

明度高的颜色会使人产生轻松、自在、舒畅的感觉;明度低的颜色会使人产生压抑和不安的感觉。非彩色的白色和其他纯色组合使人感到活泼,而黑色使人感到抑郁。

6)软硬感

色彩的软硬感与明度和彩度有关,明度高的颜色感觉软,明度低的颜色感觉硬。彩度高和彩度低的色彩都有硬的感觉,而彩度中等的有软的感觉。非彩色的白色和黑色是给人以坚硬感,而灰色给人以柔软感。

7)膨胀色与收缩色

面积相同、颜色不同的物体看起来不一样大,有的感觉比实际大,有的感觉比实际小。这是颜色给人感觉上的膨胀与收缩感。一般情况下,暖色系的颜色感觉比实际大,称为膨胀色;冷色系的颜色感觉比实际小,称为收缩色。高明度的颜色看起来大,低明度的颜色看起来小一些。

不同的色调、不同的明度或彩度给人不同的心理感觉。在工业生产中,根据这一特性合理选择环境和设备颜色,使之更加符合人的心理特征。

在视觉狭窄的建筑物内,适当装饰既可以活跃建筑气氛,又可以增加视觉层次,和谐建筑物有限空间的约束,通过叠层透景,构成画中有画、景中有景、趣味无穷。例如,我国园林艺术中利用透花窗装饰的空间,使建筑物内部虚中有实,实中有虚,改善了视觉效果,亦可增添层次,使墙面有画、室内有景、房内有天,构成了一片诗情画意的空间和舒适环境。人们在此环境中既可以提高工作效率,又能够促进安全生产。

建筑物内的色彩,一般以柔和、温暖、宁静、悦目的中性浅色调为主,即以光谱基本颜色之间的复合浅色为主。例如,黄、红之间的橘黄色、浅蓝色、红色等(暖色),或者黄、绿之间的草绿色、苹果绿色等(冷色),令人久看不厌,心旷神怡。若再利用各种陈设点缀、烘托、反衬,采用从上到下逐步加重的色彩方案,便可以使整个室内层次明显,显得协调。

采用暖色中性浅色调装饰时,要注意层次变化,必要时加重浅色以示区别,通常天棚采用大白、乳白、乳黄色等明亮、反射能力强的色彩,或点缀一些棕色,与各种灯具组成各种图案。墙面的色彩最为丰富,如粉红色、浅蓝色、砂绿色、浅黄色、浅褐色等给人一种清晰、美观、温暖、柔和的感觉,相对于天棚以次亮的色彩出现,若再饰以各种颜色、各种造型的花卉图案,更显得惟妙惟肖、趣味横生。地面的色彩有铁红色、黄绿色、黑灰色、铁黄色,还可以用其他色调隔出多种图案,或集中和分散,或放射,犹如天上繁星,又似锦上添花。这种布置上轻下重、上明下暗、对比鲜明、内容丰富、既稳重又文雅,既协调又美观。人们在这种环境中工作、学习和生活会更加舒适、愉快,对于提高工作效率和保证人们身心安全健康具有促进作用。

此外,还可以利用色别对比创造出新颖的色彩环境。若在几个色彩基本一致的房间里容易使人产生单调的感觉,这时应注意有意识地在这几个房间附近选用与此有强烈对比的色彩方案,便可使人厌倦的心情烟消云散,好似雨过天晴一般。

为了丰富室内空间气氛,柔和、明亮度相近的色彩结合布置,也可以取得较好的效果。在一些人防工事中,两种色彩连接处常用各种图案保持和谐。在国外,特别是美、英等国,人们都喜欢在浅淡色层面上无规律地贴挂各种碎小图案,或几何图形,或艺术模型,以作为墙面与棚顶的区别标志。例如,某方案采用天棚、墙面皆为浅蓝色,而在墙上却粘贴了几支洁白的贝壳,挂上几支鱼骨、虾头,别有风趣。又如,某方案天棚四壁皆为浅黄色,作者在墙面上挂上一顶橙黄色草帽,又无规律地粘上几个大红几何图案,使人感到新颖别致。这种装饰方案利用墙面天棚周边,缩小天棚面积,调整了不适当的空间比,又以新颖的色彩对比,活跃了空间气氛。

建筑物内色彩的选择还要重视天然材料颜色的合理应用,如大理石、花岗岩等有色石料,皆可借助本身的色彩来表现其坚实、清秀、文雅、美观的素质,也可利用颜料人工涂制天然石料的色彩获取天然美的效果。

## 4.4 声音对心理的作用

声音来源于物体的振动,是动物世界传递信息的重要手段之一。然而能感觉到的声音频率范围为 20~20 000 Hz,感觉最好的范围为 1 000~4 000 Hz。音调随振幅频率增大而增大。

声波对听觉器官的作用,决定于声能的高低,声能越大,造成的声压越高,感觉到的声响越强。根据声音对心理作用的不同,可分为乐声和噪声。

乐声:声源按一定的乐理有节奏、有规律地振动而产生的声音叫作乐声。如各种乐器和歌唱者嗓子,依照一定的调式发出的声音。乐声的特点是给人以轻松愉快、优雅舒适之感,并能激发人们勇于向上的生活热情。

噪声:声源无规律的振动而产生的声音,叫作噪声。例如,工厂里的金工车间,由于各种原因造成的机器发出的不正常的声音;公路上汽车产生的声音;又如,各种声波无规律交织在一起都是噪声。噪声的特点是使人厌倦、疲劳、困倦、心绪不宁。

声音对人的生活、工作都有很大作用,从工厂里的实际情况来看,主要是噪声的影响。据报道,全国有 1/3 的工人处于超过国家规定的噪声标准干扰的环境中。

### 4.4.1 乐声的作用

各种运动场所,嘹亮的运动员进行曲可以激发运动员们的运动热情,这是由于运动员们受到音乐感染的结果,乐声还可以减少运动员的紧张情绪。母亲用催眠曲使孩子入睡也是同样的道理,乐声还可以帮助消化,减少人们各种各样的痛苦。在现实生活中,乐声的妙用更多。如创造生机勃勃的工作情绪,减少工作中的疲劳等,近年来还用于手术前的镇静麻醉。宇航员柯瓦列诺克说过:"音乐不光是消遣,而且是我们工作的重要部分,它帮助消除心理上的紧张感。"

为提高生产效率,创造一个舒适的工作环境,减少事故的发生,应当尽可能地借助乐声的帮助。

### 4.4.2 噪声的危害

与乐声相反的就是噪声,它会对人们造成危害。表 4-4 所列为测量所得的各种环境的平均声压级。噪声有低强度和高强度之分,低强度噪声不仅对人体无害,而且会在不同程度上对人体产生一定的有利影响。高强度噪声会使人的大脑皮层兴奋和抑制调节失调,脑血管功能紊乱,对心理产生一种压制致使血压改变、烦躁不安、产生幻觉等。

**表 4-4**                                         **不同环境的声压级**

| 环境 | 声压级/dB | 环境 | 声压级/dB | 环境 | 声压级/dB |
|---|---|---|---|---|---|
| 刚刚听到的声音 | 0 | 微型电动机附近 | 50 | 纺织车间 | 100 |
| 农村静夜 | 10 | 普通说话 | 60 | 8-18 型风机附近 | 110 |
| 树叶落下的沙沙声 | 20 | 繁华街道 | 70 | 大型球磨机 | 120 |
| 轻声耳语 | 30 | 公共汽车上 | 80 | 开坯锻锤铆钉枪 | 130 |
| 安静房间 | 40 | 4-72 型风机附近 | 90 | 喷气式飞机 | 140 |

研究表明,在严重噪声环境中的工人比安静环境中工作的人,更具有侵犯性、多疑性、易怒性,由于噪声的作用,往往使人们不容易察觉一些危险信号,如报警信号、行车信号等,从而造成工伤事故和交通事故。

科学家发现,100 dB 以上的高强度噪声,可以使建筑物的玻璃被震碎、墙壁震裂、屋瓦震掉,严重的倒塌;165 dB 生物死亡;达到 175 dB 人就会丧命。

因此,在现代化生产中,人们必须防治噪声影响,从而减少事故发生率。排除噪声方法很多,这里不再介绍。

## 思考与练习

1. 试说明情感、性格、能力、气质与意志对人行为的影响。
2. 何谓注意?它有哪些特征?
3. 情绪激动水平与安全生产水平有什么关系?
4. 如何应用能力的个性差异搞好安全工作?
5. 由非理智行为而发生违章操作的心理因素有哪些表现?
6. 人在作业中有哪些不安全的心理状态?

# 5

## 人体运动和能量代谢系统及疲劳损伤特性

## 5.1 人体运动系统

人在工作的过程中,无论从事体力或脑力劳动,都会伴随身体的运动。工作对人体造成的损害包括:工具的设计没有考虑人的因素,使工作人员长期采取不科学的姿势从事工作;或操作者的作业姿势不正确等。所以,在预防人体的累积损伤疾病和设计操作工具时,要了解人体的运动系统及特点,以及各部分活动的上限,使作业姿势符合人体的运动规律。

人体的运动系统是由骨、骨连接(关节)和肌肉3部分组成。骨和骨连接构成人体的杠杆系统——骨架。肌肉附着在骨架上,并受神经系统的支配,能牵引着骨绕骨连接转动,人体便产生各种各样的运动。

### 5.1.1 骨骼

成人全身共有206块骨,其中只有177块直接参与人体的运动,分为躯干骨、颅骨和四肢骨3部分,如图5-1所示。其中躯干骨又包括椎骨、肋骨、胸骨,各椎骨借骨连接构成为脊柱。脊柱胸段与肋相接,肋前端又连胸骨,形成骨性胸廓。脊柱骶尾段与下肢带骨连接构成骨盆。

脊柱位于背部中央,构成人体的中轴。脊柱除支持身体、保护骨髓,增加弹性,吸收震荡以外,还要进行运动。相邻两椎骨之间的运动有限,但整个脊柱的活动范围很大,它可沿矢状面做俯仰运动;沿冠状面做侧屈运动;沿垂轴上做回旋运动,也可做环转运动。人的大部分活动都要有脊椎运动的支持,所以背部损伤的机会就会很多,在工具设计的时候,应保证在脊柱的活动范围内,避免扭曲和超范围活动。

### 5.1.2 关节

骨与骨以结缔组织相连接,构成关节,如图5-2所示。

1)关节的分类

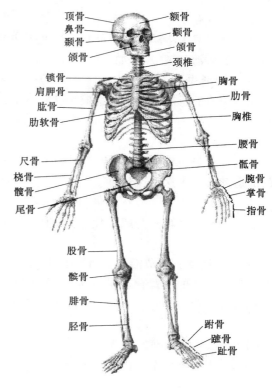

图 5-1　人体骨骼

根据连接组织的性质和活动情况,关节可分为不动关节、半动关节和动关节 3 类。

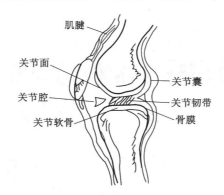

图 5-2　关节的构造
1—关节腔;2—滑磨层;3—纤维层;4—关节囊;
5—关节内韧带;6—关节内软骨;7—关节软骨

(1)不动关节

两骨之间以结缔组织相连接,中间没有任何间断和裂缝。这种连接又叫作无腔缝的骨连接。根据骨连接组织的不同,又可分为韧带连接、软骨结合和骨性结合 3 种。

(2)动关节(关节)

骨与骨之间的连接组织中有腔隙,失去连续性。人体中绝大部分的骨连接属于此种类型。

(3)半动关节

介于动关节和不动关节之间的过渡的连接形式,其特点是两骨间以软骨组织相连接。半动关节的活动范围很小,如耻骨联合。

2)运动形式

人体关节的所有运动可归纳成 4 种基本形式,即滑动运动、角度运动、旋转运动和环转运动。

(1)滑动运动

这是一种最简单的运动,相对关节面的形态基本一致,活动量微小。例如,腕骨或跗骨之间的运动就属于这种运动。

(2)角度运动

邻近的两骨绕轴离开或收拢,可产生角度的增大或减小。通常有两种形式,即屈伸和收展。

① 屈伸运动。关节沿矢状面运动,使相邻关节的两骨互相接近,角度减小时为屈;反之为伸。如肘关节的前臂骨与肱骨接近,角度减小为屈肘;反之为伸肘。但屈伸运动的运动轴,也有偏离冠状轴的,如大拇指指间关节的屈伸运动就并非发生在矢状面,而是近似在冠状面。

② 内收、外展运动。关节沿冠状面运动,骨向正中面移动者称为"内收";反之称为"外展"。例如,手在腕关节的内收与外展运动。

(3)旋转运动

骨环绕垂直轴运动时称为旋转运动。骨由前向内侧旋转时称为"旋内";相反,向外侧旋转时则称为"旋外"。例如,肩关节的肱骨可沿本骨的垂直轴进行旋内、旋外运动。

（4）环转运动

骨的上端在原位转动,下端则作圆周运动,全骨活动的结果犹如描绘一个圆锥体的图形,这样的运动称为"环转运动"。凡具有进行冠状和矢状两轴活动能力的关节,都能做环转运动。

### 5.1.3　肌肉

肌肉在人体上分布很广,根据其形态、功能和位置等不同的特点,可分为 3 种类型:骨骼肌、平滑肌和心肌。附着在骨骼上的肌肉称骨骼肌,骨骼肌有横纹,其收缩受人的意志支配。平滑肌大都构成脏器的壁,又称为内脏肌。心肌分布在心脏的壁上,其运动不受意志支配。人体的运动必然会引起骨骼肌的收缩或伸展。

骨骼肌有 4 种物理特性:收缩性、伸展性、弹性和黏滞性。

1）收缩性

肌肉的收缩性表现为肌肉纤维长度的缩短和张力的变化。

肌肉有静止状态和运动状态。处于静止状态的肌肉并不是完全休息放松的,其中少数运动部位的肌肉保持轻微的收缩,即保持一定的紧张度,用以维持人体的一定姿势;处于运动状态的肌肉,肌纤维明显缩短,肌肉周径增大,肌肉收缩时肌纤维长度比静止时缩短 $1/3 \sim 1/2$。

2）伸展性

骨骼肌与弹性橡皮相似,不但在可以收缩,在受外力作用时还可被拉长,这种特性叫作伸展性。当外力解除后,被拉长的肌肉纤维又可复原。

3）弹性

肌肉有受压变形、外力解除即可复原的特性。

4）黏滞性

黏滞性是原生质的普遍特性,主要是由于其内部含有胶状物质的缘故。

肌纤维的这种特性,在肌肉收缩时产生阻力,为此需要消耗一定的能量。天气寒冷时,肌肉的黏滞性增加;气温升高后,可减小肌肉的黏滞阻力。这可保证人动作的灵活性,避免肌肉拉伤。

### 5.1.4　操作动作与作业姿势

1）作业姿势的基本类型

人在日常生活和生产中,一般有 4 大基本姿势,即立姿、端坐姿、靠椅坐姿和卧姿。根据支持躯体的方式,又可将上述 4 种基本姿势划分为 34 种姿势,其中立姿 7 种,端坐姿 14 种,靠椅坐姿 10 种,卧姿 3 种。

随着宇航技术的迅速发展,失重姿态也将作为一种作业姿势而成为研究、分类的对象。影响作业姿势的因素很多,主要有以下几个方面:

① 作业空间的大小及照明条件,变换姿势的可能性。

② 体力负荷的大小及用力方向,作业所要求的准确度和速度。

③ 工作场所的布置,工具设备与材料的位置以及取用、操作的方法。

④ 作业的方式、方法以及操作时的起坐频率。

⑤ 工作台面与座椅的高度,有无足够的容膝空间。

⑥ 操作者随意采取的体位。

2）确定作业姿势的一般原则

（1）人体姿势对肌肉及心血管系统的影响

不同的人体姿势所造成的肌肉负荷一般可用伴随肌肉收缩所产生的生物电位的变化——肌电图（EMD）来显示。人机工程学者曾选择了人体的13种姿势、具有代表性的21处肌肉群，通过肌电图得出如图5-3所示的结果。图中以立姿的肌肉活动量为100％，按不同姿势所造成的相对于立姿的肌肉活动量的大小，依次由左向右排列，从而反映了为维持不同姿势人体有关部位的肌肉进行等长收缩的紧张程度。不同姿势下的肌肉负荷是利用肌电位测试数据进行折算得到的。

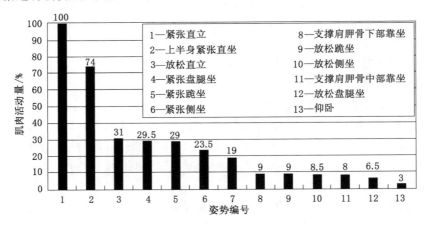

图 5-3　姿势对肌肉的影响

（2）确定作业姿势的一般原则

为保障操作者的身体健康，提高作业效率，在确定作业姿势时，一般应遵循如下原则：

① 操作者的作业姿势一般以坐姿为好，其次是坐—立姿。当工作过程非立姿不可时，才选择立姿。

② 应尽可能的使操作者采取平衡姿势，避免因作业姿势不当而给肌肉、关节和心血管系统造成不必要的负担。

③ 作业过程中，应使操作者能自由地变换多种体位，尽可能的使操作者身体处于舒适状态。当强制保持的姿势无法避免时，应设置适当的支撑物。

④ 确定作业姿势应与肌力的使用以及作业动作相联系，三者应相互协调。

3）立姿

正确的立姿是身体各个部分，如头、颈、胸、腹等均垂直于水平面且身体保持平衡和稳定时，人体的重量主要由骨骼承担，肌肉和韧带的负荷最小，人体内各系统如呼吸、消化、血液循环等活动的机械阻力最小，但舒适的立姿是身体自然直立或躯干稍向前倾15°左右。在下列情况下宜采取立姿作业：

① 常用的控制器分布在较大区域，远远超出坐姿的最大可及范围时。

② 需要用较大肌力的作业，而坐姿不可能达到时。

③ 没有容膝空间的机器作业，坐着反而不如站着舒适时。

④ 需要频繁坐、立的作业，因为频繁起坐所消耗的能量比立姿的耗能量还大。

⑤ 单调的易引起心理性疲劳的作业。

持续较长时间的立姿作业,会引起下肢肌肉酸痛、下肢肿胀。因此,对于一些不得不采用立姿进行的作业,应使操作者可以自由变换体位,避免长时间站立于一个位置;同时脚下应铺垫木板、橡胶板或有弹性的垫子,也可穿有软垫的鞋子,并应安排操作者定时坐下来适当休息或安排做一些轻度的体育活动,以改善血液循环状况,减少肌肉疲劳。

4) 坐姿

作业时正确的坐姿应是身躯上部伸直稍向前倾 10°~15°,保持眼睛到工作面的距离在 300 mm 以上,大腿放平,小腿自然垂直着地或稍向前伸展着地,使整个身体处于自然舒适状态。研究表明,当直腰坐(身躯上部挺直坐)时,脊柱的变形较大,肌肉的负荷也大;当放松坐(身躯上部稍弯曲)时,背部肌肉负荷小,有利于整个身体的平衡,感觉比较舒适,但此时椎间盘的内压力增大。由此可见,肌肉与椎间盘对坐姿的要求是矛盾的。若在作业过程中适当变换直腰坐与放松坐两种坐姿,既可通过改变椎间盘的内压力来改善椎间盘的营养供应状况,又可以使肌肉得以放松。下列情况应采用坐姿作业:

① 持续时间长的静态作业。

② 精密度较高而又要求细致的作业。

③ 需要手足并用的作业。

④ 要求操作准确性高的作业。

由于坐姿心脏负担的静压力较立姿有所降低,肌肉承受的体重负荷也较立姿小,故坐姿作业可以减轻劳动强度,提高作业效率,优于立姿作业。但坐姿作业不易改变体位,施力受限制,工作范围也受限制,且久坐可导致脊柱变形。

5) 坐—立姿

坐—立姿是指在作业过程中既可以坐也可以站立,坐、立交替,但以坐姿为主。坐着可以解除站立所引起的下肢肌肉酸痛感,而站立又可放松坐着引起的腰部肌肉紧张,所以坐、立交替可以消除不同部位的肌肉负荷。

# 5.2 能量代谢系统

## 5.2.1 能量供应

人在作业过程中所需要的能量,是分别由 3 种不同的能源系统——ATP-CP(三磷酸腺苷-磷酸肌酸)系统、乳酸能系统和有氧氧化系统提供的。这 3 种系统的供能状况与体力劳动的关系见表 5-1。

表 5-1　　　　　　　　　　　　　供能状况与体力劳动的关系

| 名称 | 代谢需氧状况 | 供能速度 | 能源物质 | 产生 ATP 的量 | 体力劳动类型 |
|---|---|---|---|---|---|
| ATP-CP 系统 | 无氧代谢 | 非常迅速 | CP | 很少 | 劳动之初和极短时间内的极强体力劳动的供能 |
| 乳酸能系统 | 无氧代谢 | 迅速 | 糖原 | 有限 | 短时间内强度大体力劳动的供能 |
| 有氧氧化系统 | 有氧代谢 | 较慢 | 糖原、脂肪、蛋白质 | 不受限制 | 持续时间长、强度小的各种劳动供能 |

### 5.2.2 能量代谢的测定方法

人体能量的产生和消耗称为能量代谢。能量代谢的测定方法有直接法和间接发两种。一般采用间接法的基本原理为:能量代谢可通过人体的氧耗量反映出来。因此,首先测得单位时间内糖、脂肪等能源物质在体内氧化时的氧耗量和二氧化碳的排出量,求得二者之比(呼吸商),由此在推算某一时间或某项作业所消耗的能量。

通常能耗量以千卡(kcal)表示。氧耗量有两种表示方法:一种是以每分钟所消耗的氧气的容积表示,即每分钟耗氧多少升(L/min);另一种是以人单位体重在单位时间内消耗多少立方厘米氧气表示[$cm^3/(kg \cdot min)$]。这两种表示方法可以通过公式换算:

$$1 \text{ L/min} = W \times 10^{-3} \text{cm}^3/(\text{kg} \cdot \text{min}) \tag{5-1}$$

式中　$W$——体重,kg。

从事劳动所需要的能量,最终来源于糖、脂肪、蛋白质的氧化分解。在能源物质的氧化分解过程中,人体必须不断地吸入氧,并不断地排出二氧化碳。不同的能源物质在体内氧化时,其呼吸商是不同的;同时,各种能源物质在体内氧化时,每消耗 1 L 氧所产生的热量(氧热价)也是不同的。

### 5.2.3 能量代谢与能量代谢率

人体代谢所产生的能量等于消耗于体外做功的能量和在体内直接、间接转化为热的能量的总和。在不对外做功的条件下,体内所产生的能量等于有身体发散出的能量,从而使体温维持在相对恒定的水平上。

能量代谢分为 3 种,即基础代谢、安静代谢和活动代谢。

1) 基础代谢

人体代谢的速率,随人所处的条件不同而已。生理学将人清醒、静卧、空腹(食后 10 h 以上)、室温在 20 ℃左右这一条件定为基础条件。人体在基础条件下的能量代谢称为基础代谢。单位时间内的基础代谢量称为基础代谢量。它反映单位时间内人体维持最基本的生命活动所消耗的最低限度的能量。通常以每小时每平方米体表面积消耗的热量来表示,单位为 kcal[①]/(h·m²)。

2) 安静代谢

安静代谢是作业或劳动开始之前,仅为了保持身体各部位的平衡及某种姿势条件下的能量代谢。安静代谢量包括基础代谢量。测定安静代谢量,一般是在作业前或作业后,被测者坐在椅子上并保持安静状态,通过呼气取样采用呼气分析法进行的。安静状态可通过呼吸次数或脉搏数判断。通常情况下,也可以将常温下基础代谢量的 120% 作为安静代谢量。

3) 活动代谢

活动代谢又称为劳动代谢、作业代谢或工作代谢,它是人在从事特定活动过程中所进行的能量代谢。体力劳动是使能量代谢亢进的最主要的原因。在实际活动中,由于所测得的能量代谢率不仅包括活动代谢,还包括基础代谢与安静代谢,所以活动代谢应为:

活动代谢率＝实际代谢率－安静代谢率

活动代谢率用每分钟内每平方米体表面积所消耗的能量表示,单位为 kcal/(min·m²)。活动代谢与体力劳动强度有直接对应关系,它对于劳动管理、劳动卫生具有极为重要

---

① 1 kcal＝4.2 kJ,下同。

的意义,是计算劳动者一天中所消耗的能量以及计算需要营养补给的热量的依据,也是评价劳动负荷合理性的重要指标。

4) 相对能量代谢率 RMR

体力劳动强度不同,所消耗的能量不同。由于劳动者性别、年龄、体力与体质方面存在差异,从事同等强度的体力劳动,消耗的能量也不同。为了消除劳动者个体之间的差异因素,常用活动代谢率与基础代谢率之比,即相对能量代谢率来衡量劳动强度的大小。相对能量代谢率 RMR 为:

$$RMR = 活动代谢率/基础代谢率$$
$$= (作业时实际代谢率 - 安静代谢率)/基础代谢率$$

用 RMR 衡量劳动强度比较准确,目前在日本已被广泛使用。

除利用实测方法之外,还可用简易方法近似计算人在一个工作日(8 h)中的能量消耗,其计算公式如下:

$$总代谢率 = 安静代谢率 + 活动代谢率$$
$$= 1.2 \times 基础代谢率 + RMR \times 基础代谢率$$
$$= 基础代谢率 \times (1.2 + RMR)$$

$$总能耗 = (1.2 + RMR) \times 基础代谢率 \times 体表面积 \times 活动时间$$

5) 影响能量代谢的因素

影响人体作业时能量代谢的因素很多,如作业类型、作业方法、作业姿势、作业速度等。

## 5.2.4 劳动强度

劳动强度是以作业过程中人体的能耗量、氧耗量、心率、直肠温度、排汗率或相对代谢率等作为指标分级的。由于最紧张的脑力劳动的能量消耗一般不超过基础代谢的 10%,而体力劳动的能量消耗可高达基础代谢的 10~25 倍,因此以能量消耗或相对代谢率作为指标制订的劳动强度分级,只适用于以体力劳动为主的作业。

1) 国外的劳动强度分级

国外常用的克里斯坦森(Christensen)标准是以能耗量和氧耗量作为分级标准来划分不同劳动强度的如表 5-2 所列。该标准所依据的为欧美人的平均值,即体重 70 kg、体表面积 1.84 m²。所分等级为轻、中等、强、极强、过强,共 5 级。在我国,该标准显得过高。因此,有人建议将该标准按我国人体表面积减去 5%~20% 作为标准。

**表 5-2** 　　　　　　　　　　　　按能耗和氧耗分级的劳动强度指标

| 劳动强度级 | 轻 | 中等 | 强 | 极强 | 过强 |
|---|---|---|---|---|---|
| 能耗下限 /(kcal·min⁻¹) | 2.5(10.5) | 5.0(20.9) | 7.5(31.4) | 10.0(41.9) | 12.5(52.3) |
| 氧耗量下限 /(L·min⁻¹) | 0.5 | 1.0 | 1.5 | 2.0 | 2.5 |

除此之外,国际劳工局、日本劳动科学研究所也各有标准。其中,由于我国人体素质与日本比较接近,故有较大的参考价值,具体请参考相关书籍。日本通常是以能量代谢率 RMR 作为评价劳动强度标准的。

2) 我国的劳动强度分级

我国制定了按劳动强度指数划分的国家标准《体力劳动强度分级》(GB 3869—1997)，该标准是以劳动时间率和工作日平均能量代谢率为标准制定的，能比较全面地反映作业时人体负荷的大小。劳动强度指数的计算公式如下：

$$I = 3T + 7M \tag{5-2}$$

式中　$I$——劳动强度指数；

　　　$T$——劳动时间率；

　　　$M$——8 h 工作日能量代谢率；

　　　3——劳动时间率计算系数；

　　　7——能量代谢率计算系数。

表 5-3 中各级别的 8 h 工作日平均能耗值分别为：Ⅰ级——850 kcal/人，相当于轻劳动；Ⅱ级——1 328 kcal/人，相当于中等强度劳动；Ⅲ级——1 746 kcal/人，相当于重强度劳动；Ⅳ级——2 700 kcal/人，相当于很重强度劳动。

表 5-3　　　　　　　　　　　　　　　　　体力劳动强度分级

| 劳动强度级别 | 劳动强度指数 | 劳动强度级别 | 劳动强度指数 |
|---|---|---|---|
| Ⅰ | ≤15 | Ⅱ | ～20 |
| Ⅲ | ～25 | Ⅳ | ＞25 |

劳动时间率为一个工作日内净劳动时间(即除休息和工作时间持续 1 min 以上的暂停时间外的全部活动时间)与工作日总时间的比，以百分比表示，即工作日内净劳动时间/工作日总工时(%)。可通过抽样测定，取其平均值。

能量代谢率($M$)的计算方法是：将某工种一个工作日内各种活动和休息加以归类，求出各项活动与休息时的能量代谢率，分别乘以相应的累计时间，最后得出一个工作日各种活动和休息时的合计能量消耗总值，再除以工作日总工时，即得出工作日平均能量代谢率。各项活动与休息时的能量代谢率应用下列公式计算

$$\log Y_e = 0.094\ 5X - 0.537\ 94 \tag{5-3}$$
$$\log(13.26 - Y_e) = 1.164\ 8 - 0.012\ 5X \tag{5-4}$$

式中　$Y_e$——能量代谢率，kcal/(min·m²)；

　　　$X$——体表单位面积、单位时间的呼气量，L/(min·m²)。

当肺通气量 3.0～7.3 L/min 时，采用式(5-3)；当肺通气量 8.0～30.9 L/min 时，采用式(5-4)；当肺通气量 7.3～8.0 L/min 时，则采用式(5-3)和式(5-4)的平均值。

### 5.2.5　最大能量消耗界限

单位时间内人体承受的体力活动工作量(体力工作负荷)必须处在一定的范围之内。负荷过小时，不利于劳动者工作潜能的发挥和作业效率的提高，将造成人力的浪费；负荷过大时，超过了人的生理负荷能力和供能能力的限度，又会损害劳动者的健康，导致不安全事故的发生。

一般情况下，人体的最佳工作负荷是指在正常情景中，人体工作 8 h 不产生过度疲劳的最大工作负荷值。最大工作负荷值通常是以能量消耗界限、心率界限以及最大摄氧量的百分数表示。国外一般认为，能量消耗 5 kcal/min、心率 110～115 次/min、吸氧量为最大摄氧量的 33%左右时的工作负荷为最佳工作负荷。中国医学科学院卫生研究所也曾对我国具

有代表性行业中的 262 个工种的劳动时间和能量代谢进行了调查研究,提出了如下能量消耗界限:一个工作日(8 h)的总能量消耗应在 1 400~1 600 kcal,最多不超过 2 000 kcal。若在不良劳动环境中进行作业,上述能耗量还应降低 20%。根据我国工人目前食物摄入水平,这一能耗界限是比较合理的。日本学者斋藤一和入江俊二对作业中的最佳能耗范围也进行了研究,认为 8 h 工作适宜能耗应为 1 400~1 500 kcal,不宜超过 1 800 kcal。

对于重强度劳动和极重(很重)强度劳动,只有增加工间休息时间即通过劳动时间率来调整工作日中的总能耗,使 8 h 的能耗量不超过最佳能耗界限。

对于在一个工作日中,劳动时间与休息时间各为多少以及两者如何合理配置,德国学者 E. A. 米勒研究后认为,人一般连续劳动 480 min 而中间不休息的最大能量消耗界限为 4 kcal/min,这一能量消耗水率也被称为耐力水平。如果作业时的能耗超过这一界限,劳动者就必须使用体内的能量储备。为了补充体内的能量储备,就必须在作业过程中插入必要的休息时间。米勒假定标准能量储备为 24 kcal,要避免疲劳积累,则工作时间加上休息时间的平均能量消耗不能超过 4 kcal/min。据此,可将能量消耗水平与劳动持续时间以及休息时间的关系通过下式表达。

设作业时增加的能耗量为 $M$、工作日总工时为 $T$,其中实际劳动时间为 $T_劳$、休息时间为 $T_休$,则:

$$T = T_劳 + T_休 \tag{5-5}$$
$$T_r = T_休/T_劳 \tag{5-6}$$
$$T_w = T_劳/T \tag{5-7}$$

式中　$T_r$——休息率,%;

$T_w$——劳动时间率,%。

由于实际劳动时间为 24 kcal 能量储备被耗尽的时间,所以:

$$T_劳 = 24/(M-4) \tag{5-8}$$

由于要求总的能量消耗满足平均能量消耗不超过 4 kcal/min,所以:

$$T_劳 M = (T_劳 + T_休) \times 4 \tag{5-9}$$
$$T_休 = (M/4 - 1)T_劳 \tag{5-10}$$
$$T_r = T_休/T_劳 = M/4 - 1 \tag{5-11}$$
$$T_w = T_劳/T = T_劳/(T_劳 + T_休) = 1/(1 + T_r) \tag{5-12}$$

**例 5-1**　已知作业时能量消耗量为 8.5 kcal/min,安静时能量消耗量为 1.5 kcal/min,求作业与休息时间及劳动时间率。

作业时增加的能耗量:

$$M = 8.5 - 1.5 = 7 \text{ (kcal/min)}$$

劳动时间:

$$T_劳 = 24/(7-4) = 8 \text{ (min)}$$

休息时间:

$$T_休 = (7/4 - 1) \times 8 = 6 \text{ (min)}$$

休息率:

$$T_r = (7/4 - 1) \times 100\% = 75\%$$

劳动时间率:

$$T_w = [1/(1+0.75)] \times 100\% = 57\%$$

由以上计算可知,从事该项作业的过程中,每劳动 8 min 应安排 6 min 的工间休息时间,即休息时间为实际劳动时间的 75%,即劳动时间率为 57%。

目前,许多重体力作业的能量消耗均已超过最大能耗界限,如铲煤作业,能量消耗为 10 kcal/min;拉钢锭工,能量消耗为 8.7 kcal/min。对于此类作业,必须根据作业时的能量代谢率,合理安排工间休息,以保证 8 h 的总能耗不超过最佳能耗界限。工间休息时间的长短、次数和时刻,应根据劳动强度、作业性质、紧张程度、作业环境等因素确定。如在高温或强热辐射环境中劳动的钢铁冶炼工人、锻工等,不仅需要较多的休息次数,而且每次工间休息时间也应长些(20~30 min),其劳动时间率一般为 40%。一般情况下,工作日开始阶段的休息时间应比前半日的中间阶段多一些,以消除开始积累的轻度疲劳,保证后一段时间作业能力的发挥。工作日的后半日,特别是结束阶段休息次数应多一些。

# 5.3 肌肉疲劳与精神疲劳

## 5.3.1 疲劳的概念

疲劳是指在劳动生产过程中,作业能力出现明显下降,或由于厌倦而不愿意继续工作的一种状态。这种状态是相当复杂的,并非由一种明确的单一的因素构成。

通常把疲劳分为两种,即肌肉疲劳(或称体力疲劳)和精神疲劳(或称全身疲劳、脑力疲劳)。肌肉疲劳是指过度紧张的肌肉局部出现酸痛现象,一般只涉及大脑皮层的局部区域;精神疲劳则与中枢神经活动有关,它是一种弥散的、不愿意再做任何活动和懒惰的感觉,意味着机体迫切需要休息。出现这两种疲劳的生理过程完全不同,有必要分别加以讨论。

## 5.3.2 肌肉疲劳

1) 生理学实验

用电流刺激一块离体的蛙腿肌肉,肌肉受电流刺激后,发生收缩而肌肉上抬,这种现象称之为肌肉做功。肌肉受电流刺激,几分钟后将出现下述现象:

① 肌肉上抬的高度降低。

② 肌肉的收缩和松弛均变慢。

③ 潜伏期(电流刺激和肌肉开始收缩的时间间隔)变长,随着肌肉处于紧张状态,肌肉做功减少,最后,即使继续给予刺激,肌肉亦不再引起反应,如图 5-4 所示。

人类的神经或肌肉,(随意肌或非随意肌)在受到电刺激后,也会出现同样的现象。在生理学上,把肌肉应激(即处于紧张状态)后做功减少的现象称为肌肉疲劳。肌肉出现疲劳,不但做功减少,而且运动速度也减慢,肌肉运动不协调,易出差错。

2) 肌肉疲劳的生化改变

肌肉活动所需的能量是由肌细胞中的三磷酸腺苷(ATP)分解提供的。ATP 在酶的作用下迅速分解为二磷酸腺苷(ADP)和磷酸,同时放出能量供肌肉完成机械活动。但肌肉的 ATP 储备量很少,必须边分解边合成才能使肌肉活动持续下去,所以实际上 ATP 一旦被分解,就会立即同其他物质再合成。当 ATP 消耗过多,以致 ADP 增多时肌肉中的另一种高能磷酸化合物——磷酸肌酸(CP)立即分解为磷酸和肌酸,放出能量供 ADP 再合成为 ATP,但肌肉中的磷酸肌酸的含量也很有限,只能供肌肉收缩活动短时间之用。体内真正

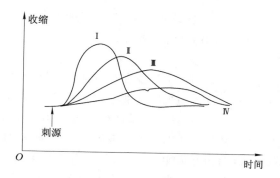

图 5-4 离体蛙腿肌肉的疲劳表现

Ⅰ—新鲜肌肉的收缩和松弛；Ⅱ—同一块肌肉，中等刺激后；

Ⅲ—同一块肌肉，强刺激后；Ⅳ—同一块肌肉很强刺激后

的储能分子是糖原、脂肪和蛋白质，它们不断分解，放出能量供 ATP 的再合成，以维持肌肉继续活动。糖原、脂肪和蛋白质的分解代谢取决于劳动时机体的供氧情况。当供氧充足时（中等强度肌肉活动时），糖原和脂肪是通过氧化、磷酸化过程提供能量来合成 ATP 的；当供氧不足时（大强度活动时），则主要通过糖原的无氧酵解提供的能量来合成 ATP，同时生成大量乳酸。肌肉活动时能量的来源示意图如图 5-5 所示。这样，在工作的肌肉内便存在着一个能量释放消耗和储存的动态平衡的过程。如果对能量的需求大大超过合成能力，这个动态平衡便会受到破坏，使糖原大量迅速消耗，乳酸积聚过多，从而引起肌肉疲劳，甚至不能继续工作。

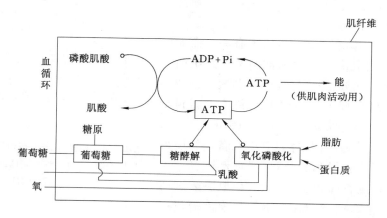

图 5-5 肌肉活动时能量来源模式图

3）肌肉疲劳的电生理现象

许多研究资料指出，反复收缩的随意肌在衰竭后，仍可能对通过皮肤的电刺激做出应答，表明肌肉疲劳是中枢神经系统的一种现象，而不单是肌肉本身的现象。

4）肌肉疲劳的肌电图

一些生理学家推测，在疲劳早期阶段，中枢神经系统的活动可有代偿地增加。当肌肉被反复刺激处于疲劳时，若肌肉收缩仍维持在同样水平，则必须有更多的肌肉纤维被刺激而进入活动状态，故在肌肉收缩不变的情况下，随着疲劳程度的增加，肌电图所见的电活动也必然增加。正如依罗（Yllo）所观察到的，在卡片上打孔 60～80 min 后，所有受试者前臂及肩

膀肌肉的肌电图电活动均有所增加。这说明,在工业生产过程中出现肌肉疲劳时,若需要维持原有的工作效能,中枢神经系统的活动势必要加强。

5）肌肉疲劳学说

肌肉疲劳学说目前大体有两种,即化学学说和中枢神经系统学说。前者认为,肌肉疲劳首先是化学过程(产生能量的物质过度消耗和代谢废物过度积聚)的结果,其次才是神经及肌肉之电现象;后者认为,化学过程本身只不过是产生刺激而引起感觉神经冲动而已,冲动沿神经传递至大脑和大脑皮层。因此,肌肉疲劳本身即可引起全身的疲倦感觉,加之向心的冲动抑制了运动中枢,所以沿运动神经传递的冲动,其数量和频率势必随之减少,因而便依次出现了肌肉疲劳的外在信号(即肌力减少和肌肉有节律运动时其位移缩短和受阻)。

目前,这两种学说对肌肉疲劳的本质都不能做完满的解释。可以认为,中枢神经系统现象和肌肉的化学过程必然和肌肉疲劳有一定关系,而且中枢神经系统对与疲劳有关的各种化学过程必将起主导作用。

### 5.3.3 精神疲劳

精神疲劳主要是指第二信号系统活动能力减退,表现为全身乏力、头晕、思睡或失眠、心情压抑、思维能力减弱及活动减少。若精神得不到休息,会感到非常苦恼,这种感觉和口渴、饥饿一样,都是人类的一种保护性反应。

机体在任何时刻都处于一种特定的机能状态,即处于从熟睡状态到警戒状态中的某一种状态。从熟睡状态到警戒状态,依大脑皮层活动水平不同,大约可分为熟睡、浅睡、思睡、疲倦、发呆、懈怠、静止、新鲜、机敏、机灵、兴奋和警戒等不同的状态,而精神疲劳一般认为是处于从懈怠到睡眠间的一种状态。

精神现象和大脑皮层的活动状态有关。而大脑皮层的活动状态则取决于活动和抑制两种系统的均衡。若活动系统占优势,则机体处于对刺激准备应答增高状态,其生理表现为对周围事物和工作感到新鲜、兴趣浓厚和非常清醒;若抑制系统的影响占优势,则大脑皮层活动大为减少,机体对刺激准备应答能力减弱,其生理表现为疲倦和思睡,思维活动减少。因此,一个人任何特定瞬间的功能状态,均取决于这两种系统的活动水平。疲劳的神经生理学模型恰似一台天平,如图 5-6 所示。

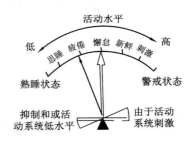

图 5-6　机体功能状态理论模型图
(大脑皮层活动水平、活动的敏捷程度和警戒水平从左到右增加)

### 5.3.4 疲劳的特点

疲劳是体力和脑力效能暂时的减弱。作业者在作业过程中,作业机能衰退,作业能力下降,并伴有疲倦感等主要症状。疲劳也可理解为一种状态:原来可轻松完成的工作,现在却要花费较大精力,且取得的效果不佳。疲劳具有以下特征:

(1)疲劳可能是将身体的一部分过度使用之后发生的,但并不是只发生在身体的这一部分,可能出现在整个身体上。通常情况下,不仅局部有疲劳、倦累的感觉,而且会带来全身筋疲力尽和不愉快,之后出现疲劳自觉症状。由于疲劳引起全身症状,因而也表现出大脑疲劳,这种大脑与疲劳有关的现象,乃是人身疲劳的最大特征。

（2）疲劳不但使作业能力降低,同时也有作业意志减弱的迹象,这种现象主要是人体自动无意识限值和对休息的需要而产生的。这种限制过渡的劳动以减少疲劳的发生,可以说具有防护身体安全的作用。

（3）人体疲劳后,具有恢复原状的能力,而不会留下损伤痕迹。这种现象与机械不同,当机械疲劳达到破坏程度时,并不能再自动恢复原状,而身体疲劳后,却能够自动恢复原状。而人体与机械的疲劳形态是有相同之处的,即都是一种累积的形态。越是过度作业,疲劳出现得越早越严重;反之越是轻松而短暂的工作,越不易发生疲劳,或疲劳现象发生得越晚。

（4）有一种疲劳状态是由作业内容和环境变化太小引起的,当作业内容和环境改变时,疲劳可以减弱或消失。

（5）从有疲倦感到精疲力竭,感觉和疲劳有时并不一定同步发生,当人们对作业不感兴趣、缺乏动力时,已有疲劳感觉,但机体并未到达疲劳状态。当人们过于关注自己的工作、责任心很强、积极性很高时,会发生机体已过度疲劳,但主观并未感觉疲劳。

### 5.3.5　疲劳的测定方法

测量疲劳的目的是研究疲劳—劳动产值之间的关系,测定人体对不同紧张水平的反应,以满足发展生产和改善劳动条件的需要。

迄今,尚无法直接对疲劳进行测量,所有的实验工作都是测定某些与疲劳有关的指标。间接地对疲劳进行定量测量的评价指标是对一个受试者在工前、工中、工后多次进行测量,然后将前后测得的值进行比较的结果。因此,研究疲劳的测定方法,尤其是研究疲劳定量测量的方法,这是人机工程学中亟待解决的一个问题。

测定疲劳的方法,除测量劳动者身体状况(如脉搏、血压、能量代谢、尿中肾上腺素、17-羟皮质类固醇等)的变化以外,在人机工程中常用的方法有下列几种:

1）观察产品的质量和数量

劳动生产率和疲劳有一定关系,但不能直接作为疲劳指标,因为劳动生产率和许多因素(如生产目的、社会因素、对工作的态度等)有关。但对于产品的质量下降或操作的错误额度增加,也必须考虑到疲劳这个因素。

2）记录受试者的感觉

采用主观感觉询问表,记录受试者工作前后的感觉。主观感觉询问表有许多种,如Haider(1961)及Croll(1965)使用的"双极询问表",表内列出了两种截然相反的状态(如对工作感兴趣—对工作感到厌烦,想打瞌睡—十分清醒,精力充沛—感到使疲倦,等等),让受试者做出记号,以表明在特定瞬间他们的主观感觉;此外,还有Peason等人(1965)使用的比较程序表、苏尔特等人(1975)提出的统计表及日本产业卫生学会和产业疲劳研究会(1970)提出的疲劳自我感觉调查表等。

3）分析脑电图

利用脑电图仪可把机体处于不同机能状态时,大脑部位脑电波的变化记录下来,观察脑电波的周期(波率)、振幅(波幅)和相位以及波形、分布、对称性、节律性等。常见的脑电波有 $\alpha$、$\beta$、$\gamma$、$\delta$ 和 $\theta$ 五种波形。$\alpha$ 波主要与皮层的枕叶、额叶活动有关。正常成年人的脑电图应以 $\alpha$ 波为主,尤以枕叶、额叶明显,其波率为 $8 \sim 13$ 周/s,电位较高,波幅在 $25 \sim 100\ \mu V$,平均为 $50 \sim 70\ \mu V$。$\beta$ 波波率较快,为 $18 \sim 30$ 周/s,波幅一般为 $20 \sim 50\ \mu V$,主要分布在额颞区。正常人清醒状态下可见此波,但较 $\alpha$ 波为少。$\gamma$ 波波率更快,为 $35 \sim 45$ 周/s,波幅 $10 \sim 15\ \mu V$,主要在额区和中央前区出现,意义现尚不明。$\delta$ 波波率最低,波率为 $0.5 \sim 3$ 周/s,波幅不超过 20 μV（10～20 μV），此波在深睡时出现。θ 波波率 4～7 周/s，波幅为 25～50 μV，正常人在颞顶部可见到。通常，人们把 α 波和 θ 波增加、β 波减少作为疲倦和思睡的指标。

4）测定闪频值（CFF）

对于工作期间精神一直处于高度紧张状态的工种（如电话员、机场调度员）、视力高度紧张的工种及枯燥无味重复单调的工种，其工作前后的闪频值（可分辨最快光闪的频率）可有不同程度的变化（0.5～6 Hz）；而体力劳动、精神不太紧张或可以自由走动的工作，工作前后该指标的变化就很小。

5）智能测验

智能测验包括理解能力、判断能力和运动反应等功能测验。通常使用下列测验：

（1）反应时

反应时是一种时间测量值，又称反应潜伏期，指刺激和反应之间的时间距离。它包含以下几个时相：第一相，刺激使感受器产生兴奋，其冲动传递到感觉神经元的时间；第二相，神经冲动经感觉神经传到大脑皮层的感觉中枢和运动中枢，经运动神经、执行器官的时间；第三相，执行器官接受冲动后引起操作活动的时间。这 3 个时间的总和即为反应时。

反应时可分为简单反应时和复杂（选择分化）反应时。简单反应时的测量是给予受试者以单一的刺激，要求受试者做出反应。如给被试者一个红色灯光信号（刺激），要求受试者当灯光一亮即按下电键，经记时装置读出该受试者的反应时。最初测得的反应时可能长达 0.5 s，多次练习后反应时会降到 0.2～0.25 s，再后可能会降到 0.2 s 以下，但无论怎样练习，都不能减至 0.15 s 以下。为防止出现受试者的"假反应"，可在实验中插入"侦察实验"，例如，实验的程序是每名受试者做 20 次，在 20 次刺激中插入 1 次或 2 次干扰信号（给绿色灯光刺激），若受试者上了当，就说明受试者"抢步"，这 20 次实验都要作废重做。

复杂反应时的测量是给予受试者以不同的刺激，要求做出不同的反应。例如，作为刺激的光有两种，即红光和绿光，主试者规定受试者看见红光就按电键，看见绿光不按，红光与绿光随机出现，但出现概率相等；也可使用声光复合刺激，规定看见指定的灯光信号或听到声音后，才开始按键等。复杂反应时的测量比简单反应时测量所需的时间长，但可以克服简单反应时测量中的"假反应"或"抢步"，因此复杂反应时作为疲劳的测试指标更为合适。疲劳时，反应时间（尤其是复杂反应）明显延长。

（2）轻敲测验和在方格内打点的测验

在规定时间内，让受试者用铅笔尽快地在纸上打点子（或在有格子的纸上将点子打在格内），计算单位时间打点子数。这种试验又称为手动频率试验，目的是测定运动的反应功能。疲劳时，运动反应功能有所下降。

（3）握力和肌耐力

这是测定运动反应功能的一种方法，若全身乏力、疲倦，握力和肌耐力则有所下降。

（4）技能测验

例如，观察车工单位时间内产品的产量和质量，这些可反映受试者的判断能力和运动反应等功能。

（5）模拟条件下驾车试验

在实验室内模拟行车情况驾车，可反映受试者精神集中程度、判断和综合能力、思维活动情况及运动反应等功能。

（6）快速智力测验

　　例如,要求受试者说出两样东西有什么相似之处,以检查一般智力和言语概念联想能力(相似性测验);要求受试者顺背和倒背数字,以检查其对数字记忆的广度(数字广度测验);要求受试者根据每个数字配有的不同符号,在 90 s 内尽快地将符号填在相应的数字下面,用以测验眼手协调、视觉感知和学习能力(数字符号测验);用 4 块或 9 块全红全白或半红半白的方积木,按主试者的要求在规定时间内摆成图案,测验视觉和分析空间关系的能力(木块图测验)等。疲劳时,这些测验中的相应功能均有所下降。智能测验不足之处在于这种试验本身常常对受试者要求很高,因而增加了受试者大脑活动的水平。可见,这种试验至少在理论上可能掩盖一部分疲劳时将会出现的某些信号。

　　6) 精神测验

　　精神测验主要是测定受试者精神集中程度(大脑皮层所处的机能状态)、视觉感知的准确性和运动反应的速度等。通常可用下列方法测验:

　　(1) 简单的算术加法

　　观察完成时间和正确率。对有一定文化程度的受试者,可给予一定难度的数学试题(工前、工后应使用难易程度相当的不同试题)。

　　(2) 勾消试验

　　例如,勾消字母表测验,要求在排列无规律的英文字母表中划去某个字母,计算完成时间和正确率;划字测验,要求在排列无规律的数字表上划去某一数字或接连出现的相同数字等。

　　(3) 跟踪试验

　　测定对运动物体的反应,如光螺旋跟踪试验。

　　(4) 估计试验

　　常用的是时间估计,即主试者呈现一定时距的时间信号,让受试者估计这一时距的长短。例如,先发出一个声音,经过一段时间再发出第二个声音,让受试者估计两个声音相隔多少时间(空白时间估计);让受试者听一段优美的音乐,当音乐停止时,让受试者估计听音乐的时间(情绪状态时间估计);让受试者听到第一个声音时就尽快地出声背诵乘法口诀,当听到第二个声音时就停止背诵,让受试者估计背了多少时间(智力活动时间估计);让受试者听到第一个声音时即用铅笔尽快地在纸上打点子,当听到第二个声音时就停止动作,让受试者估计打点子的时间(运动状态时间估计)。实验程序可定为:每种时间估计有两种时距,每种时距测量 3 次,全部试验需要做 24 次。测验完毕,可将实际时间与受试者估计的时间加以核对,算出误差时间及误差的百分比。疲劳时,误差时间及误差百分比均有所增加。

　　(5) 记忆测验

　　常用短时记忆(对信息保持到几秒直至一分钟左右的记忆)测验。大多数人的短时记忆广度是 7±2 个不相连的项目,但人的记忆广度还依赖于对材料的组织。例如,假定有一个电话号码是 9034293311,其数字项目已超过 9 个,若让受试者按顺序阅读一遍后即要正确地回忆出这个号码,这是比较困难的;但如果受试者懂得电话号码的编排,把这个电话号码分为 903(地区代号)、429(电话分局代号)和 3311(用户编号)3 个部分,就比较容易掌握了。短时记忆测验目的是测定短时记忆的广度,测验的方法有多种,如给受试者呈现 5 组 5 位数字,每组数字呈现时间为 5 s,要求被试者将呈现过的数字按原来顺序背诵出来,每个数字 4分,据此统计被试者的正确率。

　　(6) 联想测验

联想测验主要测定人们的思维能力。当疲劳时,思维能力亦随之降低。联想测验有多种方法,如 50 个联想刺激词表法就是其中常用的一种。这种方法是先在短时间内向受试者呈现 50 个词,其中有 28 个具体的物体名词、14 个抽象词和 8 个概括词,每词一卡,混合排列;然后再逐一呈现卡片,每当呈现一个词后,即让受试者自由联想刚才看过的一个词,记录时间和内容。回答内容可归纳为 13 种联想形式,它们又可划分成以下 3 种质量等级:

① 高质量回答:

因果联想:如成功—有恒、容易—很快等。

概括或象征性联想:如青草—植物、鸽子—和平等。

接近联想:如火柴—香烟、香草—牛等。

类似联想:如鸭蛋—鸡蛋、文具—工具等。

对比联想:如战争—和平、成功—失败等。

② 一般性回答:

具体化联想:如文具—钢笔、颜色—红等。

形容的联想:如月亮—圆的、铅笔—红的等。

用途联想:如青草—喂牛、狗—看家等。

用义联想:如火柴—洋火、轮船—洋船等。

③ 低质量回答:

对刺激词解释:容易—不难、和平—不打仗等。

对刺激词表态:香烟—讨厌、颜色—爱大红等。

特殊或不适当联想:青草—战争、和平—青草等。

重复或模仿刺激词:和平—和平等。

疲劳时,联想时间延长,回答内容多为一般性或低质量回答。

需要强调的是,精神测验本身可使受试者兴奋,因而可抵消某些疲劳信号。此外,精神测验和智能测验一样,测验结果将受受试者的文化程度及练习的熟练程度等因素的影响,并且当测验时间拖得太长时,测验本身就会带来疲劳。

7) 研究人体动作的变化

将一个发光物体固定在人的肢体上,连续拍摄人在劳动时的影像,随着疲劳增长,可看出人的多余动作增多,动作速度减慢,动作幅度增大,动作周期性的准确程度降低。可见,采用这种方法能够对各种不同疲劳程度进行准确的测定。

### 5.3.6　疲劳的影响因素

人的疲劳往往与各种形式的劳动(体力和脑力)速度、强度和持续时间等因素有关。劳动速度快、强度大,疲劳出现就早;持续时间越长,疲劳越容易发生。

生理性疲劳除与劳动方式、速度、强度和执行时间、身心活动简单的因素有关外,还与照明、气候、温度、湿度等工作环境因素有关。因为这些环境条件都能对大脑皮层产生刺激作用,一旦超限,就出现疲劳。例如:在昏暗灯光下看书学习,视觉易疲劳;在较高分贝(>60 dB)的噪声环境中,身心易感到疲劳;在温度高、湿度大的生产环境中,肌体易疲劳;因家务事多,子女淘气,与同事口角,受领导批评等易精神疲劳。此外,疲劳的产生还与年龄、健康状况有关,如青年易感疲劳,身体有病易疲劳。

人的大脑皮层有一种保护自己的能力,当一个区域经过太久的兴奋过程后,兴奋区就会进入抑制状态引起整个机体失调,在血液和肌肉及其他许多器官中,产生一系列复杂的生理变化而达到保护大脑的作用。所以,疲劳是人所共有的现象,它是提醒人们应该休息,告诫人们不可过于劳累而影响身体健康。

心理性疲劳受环境的影响很大,周围环境稍有改变就会产生不同的效果。精神面貌和工作动机对心理性疲劳的影响更为明显。竞争中(或战争和体育比赛)胜负双方的疲劳感觉截然不同就是明显的例子。

劳动内容单调极易引起心理性疲劳,而所做工作的效率如何,对疲劳的出现也有一定的影响。有人研究工人在8 h内工作效率的变化规律,发现随着工作时间的推移,工人的工作效率逐渐下降;但在工作日结束前的短时间内,工人的工作效率又一次出现回升,这一现象证明人具有短时间掩盖疲劳的能力。造成下班前工作效率短时间回升的原因,或者是工人想赶着完成当天的任务,或者是受到即将回家的鼓舞,提高劳动积极性,这同样说明了心理因素在疲劳问题上的重要地位。

国外心理学家还发现,性格差异和智能水平的高低使人们在工作中产生厌倦和疲劳的程度是不同的。比如,智商高于140的人,就不宜分派去做单调、重复的工作,像流水线的作业等。因为智商水平越高的人,对单调重复的事容易感到不满足而产生厌倦疲劳之感;智商水平低的人则不易有那样的情绪。生性好动的人在工作中易感疲劳;性格沉静安分的人在工作中不易感疲劳。

### 5.3.7 疲劳的改善与消除

由于疲劳不仅会降低工作效率,甚至会酿成事故,因此研究减轻疲劳的问题是非常必要的。对实际工作的研究表明,劳动生产率、工伤事故与疲劳密切相关。当人感到疲劳时,就意味着生产效率即将下降和工伤事故的潜伏存在。

疲劳对一切工作在数量上、质量上和伤害程度上有相当影响。要完全消除疲劳是困难的,但减轻疲劳程度和减轻由疲劳引起的伤害是可能的,也是大有潜力可挖的。

病态疲劳出现,首先要查明原因对症治疗。而心理性疲劳,则应树立正确人生观,眼光放远,不拘于个人圈子之中,注意个人情绪的陶冶,特别是那些健康向上的美妙音乐,多能促进良好情绪的发展,减少疲劳的发生。

自己感觉疲劳和客观行为之间并无直接联系。一个工人可能觉得已经疲劳,但其工作表现并没有改变;相反,有时工人的工作表现已经弱化,但本人却还是干劲十足,不觉疲劳。这和工人的劳动态度、精神境界有密切关系;不同性格的人对疲劳反应也不一样,有的人变得格外兴奋以致晚上难以入睡,另一些人则表现为精神不振、懒于行动。

体力劳动以不快不慢的速度进行,维持时间最长久,不易疲劳。重体力劳动因节律太快,消耗体力太多,无法维持高速度的工作,为了减轻疲劳,只能以较低的速度工作。这种情况与马拉松比赛相似,运动员必须把力量均匀地使用,这样才能有效地跑完全程。

工间休息是减轻体力劳动者疲劳的行之有效的方法。经验表明,工间休息应该在劳动者感到疲劳前开始,并且劳动者越感劳累,工间休息时间就应相应长一些。合理的膳食也可以减少疲劳,过重的体力活动要消耗大量的蛋白质和糖原,饮食中应该注意加以补充,再配以保健按摩、欣赏音乐和其他形式的文艺活动,疲劳会消除得更快。

坚持正常的作息时间,安排好合理的休息时间,既是人体生物节律的要求,也能减轻人体的生理紧张。例如,长期在噪声环境下工作,让工人在工作中有适当的短期休息时间和做工间操,设立安静的休息室为工间休息场所和午休等,都可以防治听觉疲劳,积极预防职业性耳聋。又如,操作风动工具等强振动环境中的工人进行工间休息,可减少事故发生率。振动的频率越高,休息次数和时间应增加或延长。若风动工具振动频率 12.0 次/min,工作 1 h 应休息 10 min,若振动频率达 5 000 次/min 工作 1 h,则应休息 30 min。有人对化铁炉操作工人进行的研究结果表明,用工作 1 h 的方法来安排工作,把全班分成 4 段,中间穿插 4 次休息时间,实行这种"一小时休息制"以后,平均心律恢复曲线在上午有所降低,但下午曲线的水平就显著降低。若工作 30 min,休息 30 min,把整个班分为 8 个,中间穿插 8 次休息,实现这种"半小时定期休息制"以后,能够得到满意的心血管反应。

脑力劳动要注意合理用脑,一旦发生脑力疲劳现象,就应立即设法消除。最积极的是体育锻炼,尤以放松式运动项目最佳,如太极拳、气功、散步、健身跑、冷水浴等,这些活动能促进大脑营养状况改善,调节其功能,有助于大脑的镇静与放松。

改进工作环境条件是减轻疲劳的有效方法之一。目前,国外有的地方为提高工作效率和产品质量以及防止工作人员疲劳带来的工伤事故,已开始模拟某种自然环境。例如,苏联的一些工厂车间里布置了一种"人造天空":早晨在车间的天棚上呈现蓝色;随着时间的推移,天棚慢慢变成白天的颜色;下班时,天空上出现一片夕阳西下的景象,这对减轻工人的疲劳很有效。又如,在美国的一些工作车间,当劳动者感到疲劳的时候,便开动阴离子发生器,向车间输送类似瀑布、山林和海滨空气的"人工电气候",因为这些地方的空气中含有较多的阴离子,而这种离子不仅能净化空气、除尘,也能消除人的生理性疲劳。经长期的观察证明,阴离子对人体生理的作用是多方面的:调节中枢神经系统的兴奋和抑制;改善大脑皮层的功能状态;可刺激造血系统功能,使异常血液成分趋于正常;改善肺的换气功能,促进机体的新陈代谢,增强机体的免疫能力。人的健康水平显著提高,专心工作程度加强,操作错误减少。

注意休息能改善人的疲劳。在工作过程中,连续工作时间最好不要太长,太长会使工作效率降低,导致伤害事故发生的可能性大大增加。例如,在英国有一个兵工厂,当每周工作由 58 h 减至 50 h 后,每小时产量增加 39%,每周总产量增加 21%,为什么 58 h 工作竟然比不上 50 h 的工作,其余 8 h 效率哪里去了?答案很简单,被疲劳"吞食"了。

意大利人马慈拉研究发现,在工作间隙中,多次短期积极休息比一次长休息的好处更多。工作时间适度或适当减少,能使工人聚精会神,努力工作,产量反而提高。所以,在工作过程中,感到疲劳时应考虑适当的休息,以减轻和消除疲劳,从而提高劳动效率和减少工伤事故。

## 思考与练习

1. 人体骨骼有哪些功能?它与关节和肌肉怎样联合作用才能使人体产生动作?

2. 人体活动范围有哪些?它对操纵器的布置有何要求才有利于安全作业?

3. 手与脚的操纵力有哪些特点?对操纵器的布置有何影响?

4. 人体作业姿势与操纵力有何关联?对安全生产有何影响?

5. 简述疲劳的类型。

6. 疲劳有何特点?其形成机理有哪些?从保证安全生产的角度出发,论述如何减轻疲劳、防止过劳。

7. 疲劳对人来讲有何积极和消极的作用?对安全生产有何影响?

8. 如何缓解和改善作业人员的疲劳?

# 6

## 安全人机功能匹配

任何一个人机系统都必须做到机宜人、人适机，使人机之间达到最佳匹配。为达到这一目的，就必须研究人机系统中人的传递函数；研究人的功能与机的功能；研究人机系统中人与机如何合理分工，密切配合；研究机器系统的操作特性如何与人的操作特性相互协调，使它们"配套成龙"，达到人机系统工作效率最优化、人身最安全。

## 6.1 人机系统中人的传递函数

"人的传递函数"是人机工程中的一个技术概念，用来表示一个自动调整系统输出与输入之间的函数关系，用一定的数学形式表示出来。人在特定操作活动中的功能可与一个自动调整系统类比，用一个传递函数来描述它的输出与输入之间的关系，这种传递函数就是"人的传递函数"。在生产活动中，人的输入一般是指他的感觉信息，如仪表的指示量值、目标的运动速度和距离等；人的输出一般是指人的操作及反应，如摇把的操作速度和幅度、油门推移量的大小等。

### 6.1.1 人机系统建模

为了确定人机系统中人的传递函数，必须研究人机系统的数学模型，通过数学表达式描述人机系统动态特性，并从中解析人作为人机系统中的控制器所具有的特性，为更好地设计最佳人机控制系统提供依据。

从图 6-1 可以清楚地看出，系统中基本上有两种人—机关系：首先是控制对象通过显示系统同人的联系，然后是人通过控制系统与被控对象的联系。这两种相互作用关系都是通过人的活动联系在一起的。为了便于说明，下面以飞机驾驶工作中典型的人机关系为例加以分析。

图 6-1 所示的系统模型结构由人的动态特性模型和机的动态特性模型两部分组成，而机的动态特性模型又可分为机械动力学模型和显示动力学模型两个分支。其中，机械动力学模型是一种把控制杆的运动与飞机俯仰轴转角联系起来的模型，可以用刚体动力学方法进行分析；显示动力学模型则是通过各种感受器（如雷达、高度指示器、无线电信标等）收集、综合处理信息，然后在显示器上以数字或图像形式向驾驶员显示。这种显示器能显示出由于信息处理的延时所造成的不可避免的滞后等动态特性和诸如用微分环节来获得"超前作用"等的人为影响。因此，显示系统的动态特性也可以用显示动力学方法来分析。

从图 6-1 可知，人的动态特性模型为表示驾驶员在通常情况下的驾驶行为，必须具有多个输入通道，以便能估计各种感觉（如视觉、听觉、触觉等）的作用，以及使一种感觉（如视觉

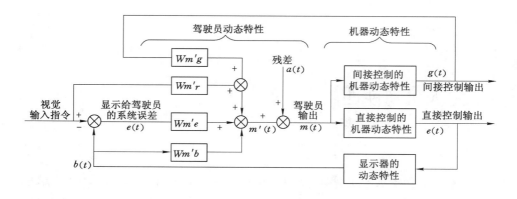

图 6-1　人机系统模型结构

等)能同时从若干不同的角度去分辨同一个刺激信号的能力。如果对象为线性模型,则可以把这些不同的信号处理流程表示成独立的传递函数方框。在图 6-1 中,$Wm'r$ 为视觉输入指令信号 $r(t)$ 的处理流程传递函数,$Wm'e$ 为系统误差信号 $e(t)$ 的处理流程传递函数,$Wm'g$ 为间接控制输出反馈信号 $g(t)$ 的处理流程传递函数,$Wm'b$ 为直接控制输出反馈信号的处理流程传递函数。此外,该线性模型还考虑了模型预计值与实际驾驶员输出之间的差值 $n(t)$ 的影响,把上列各项信号相加,即构成一个驾驶员的总输出优 $m(t)$,这个总输出通常通过手或脚的运动作用在飞机控制装置上。

由人的动态特性模型和机的动态特性模型构成的人机系统,其输出是一个单一的直接控制量和一个单一的间接控制量。其中,直接控制输出量是机的动态变化,比如飞机的俯仰和偏航等;间接控制输出量是伴随直接控制输出量变化的物理量,它不是控制行为的直接对象。然而,当人感受到机器的动态变化并根据这些变化决定如何操纵控制器时,还必须考虑间接控制输出量。例如,飞机驾驶员控制飞行速度时,驾驶员并不能直接控制发动机的噪声,但这也是要考虑的许多与速度有关的输入信号之一。

由于各个信号处理通道之间的交互作用比较复杂,所以图 6-1 所示的人机系统模型的基本结构在很大程度上与特性实验并不完全吻合。然而,对整个结构中的一部分建立模型则近似程度较高,它们是在一定的实验条件下、有意使某些通道失去作用而得到简化的,也是与真实系统中某些情况相吻合的模型结构,这种模型具有实用价值。

为建立人机系统传递函数模型,需要将人机系统结构模型进行简化。将图 6-1 简化成如图 6-2(a)所示的补偿跟踪结构。在该结构中,假设人只能感受到"误差"信号 $e(t)$,而感受不到任何间接控制的输出,并把机器与显示器二者的动力学模型合并成一体。在实验建模中,用一根与电位器相联系的控制杆、一台仿真 $Wem$ 的模拟计算机,一台输出 $r(t)$ 的信号发生器和一台示波器就能组成一套简化结构的实验装置,见图 6-2(b)。图中示波器上水平虚线表示 $e(t)$,它采用高扫描速率。$e(t)$ 虚线以固定水平基准线($e=0$)上、下移动。

### 6.1.2　人的传递函数的试验建模

1) 建模采用的试验信号

对于无生命系统,基本上可以用任何类型的动态输入信号进行试验,其结果都相同,而用图 6-2(b)所示的装置进行人机系统试验时,对使用输入信号的类型却很敏感。这是因为人具有适应能力,即人具有改变自己的行为去适应机(含环境)的能力,这种特性具有非线性

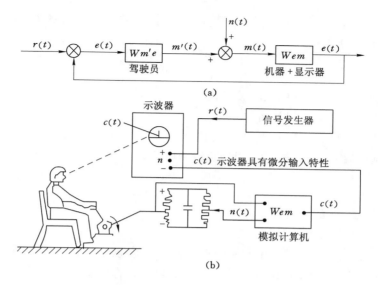

图 6-2  人机系统模型简化结构

性质。人的这种非线性性质正是人超过机械的主要优点之一。

由于人的自适应能力强，一般不采用正弦信号进行试验，而采用随机信号进行建模试验。这是因为人会很快认识到特定正弦波的重复性质并适应它，而且能以近似频率和窄带随机信号所具有的较高精度进行动作，影响试验的正确性。而采用随机信号则符合大多数实际使用情况，因而通常采用随机信号进行建模试验。

2）人的最佳线性传递函数的确定

图 6-2(a)所示的模型简化结构图中，人的自适应能力将扩展到机器与显示器的动力学模型上，因而对同一类型的输入信号 $r(t)$，将根据机的传递函数 $Wcm$ 而使用不同形式和数值的人的传递函数。由于机的动态特性所具有的实际约束和人体自身的限制而限定了的范围，对这个范围进行研究，可得到相当简单的普遍性模型，并能获得为适应具体的 $r(t)$ 和所需的 $Wcm$ 而改变系统参数的调节规律。

因为建立的线性模型是人行为的良好预测器，所以模型的预测值与人的实际输出值之间的差值 $n(t)$ 为一个很小的量。因此，根据人所感受的误差信号 $e(t)$ 和人的总输出 $m(t)$ 的测量值来求人的最佳线性传递函数 $Wm'e$ 的问题，可归结为寻找一个使 $Wm'e$ 的输出 $m'(t)$ 与人的总输出 $m(t)$ 之间的均方误差为最小的传递函数。

当输入 $e(t)$ 作用于传递函数为 $Wm'e$ 的系统上时，积分可得：

$$m'(t) = \int_0^\infty h(\tau)e(t-\tau)\mathrm{d}\tau \tag{6-1}$$

式中　$h(r)$——$Wm'e$ 的冲激响应；

　　　$\tau$——虚变量。

$Wm'e$ 的输出 $m'(t)$ 与总输出 $m(t)$ 之间的误差为：

$$E(t) = m(t) - m'(t) = m(t) - \int_0^\infty h(\tau)e(t-\tau)\mathrm{d}\tau \tag{6-2}$$

其均方差为：

$$\overline{E^2(t)} = \overline{[m(t)-m'(t)]^2} = \overline{\left[m(t) - \int_0^\infty h(\tau)e(t-\tau)\mathrm{d}\tau\right]^2} \tag{6-3}$$

必须选择系统的冲激响应 $h(\tau)$ 使 $E^2(t)$ 为最小,而满足此条件的 $h(\tau)$ 为维纳—霍普夫(Weiner-Hopf)积分方程的解:

$$Rem(\tau) = \int_0^\infty h(u)Ree(\tau - u)\mathrm{d}u \tag{6-4}$$

式中　$Rem(\tau)$——$\Delta e$ 与 $m$ 的互相关函数;

　　　$Ree(\tau)$——$\Delta e$ 的自相关函数。

可以把式(6-4)的相关函数分析变换到功率谱密度函数。当 $e(t)$ 为该线性系统 $Wm'e(\mathrm{i}\omega)$ 的输入,而 $m'(t)$ 输出时,根据互谱密度的意义可得:

$$Wm'e(\mathrm{i}\omega) = \frac{\phi_{em}(\mathrm{i}\omega)}{\phi_{ee}(\mathrm{i}\omega)} \tag{6-5}$$

式中　$\phi_{em}$——$e$ 与 $m$ 的互谱密度;

　　　$\phi_{ee}$——$e$ 的自功率谱密度。

式(6-5)表示从一个互谱密度和一个自谱密度计算得到 $Wm'e$。此方法没有涉及残差和最小均方误差,但该式给出的结果与随机信号试验方法的结果相同,因而可利用随机信号试验方法所得的结果,从均方误差最小化的观点得到一种附加的有用解释。为了使误差降低到最小,通常用两个互谱密度来求 $Wm'e$,即:

$$Wm'e(\mathrm{i}\omega) = \frac{\phi_{rm}(\mathrm{i}\omega)}{\phi_{re}(\mathrm{i}\omega)} \tag{6-6}$$

式中　$\phi_{rm}$——$r$ 与 $m$ 的互谱密度;

　　　$\phi_{re}$——$r$ 与 $e$ 的互谱密度。

用式(6-6)求解比用式(6-5)更为精确。因为 $Wm'e$ 的形式取决于机械的动态特性,所以不能把 $e$ 和 $m$ 之间的那一部分独立划出来进行"开环"测量,否则残差信号 $n(t)$ 的影响将会通过 $Wcm$ 进行传播,并出现于系统输出 $c(t)$ 中,这就使 $e$ 与 $n$ 之间的相关函数不为零。为了尽可能减小输入信号 $e(t)$ 中存在残差影响所引起的误差,必须在图 6-2(a)的"闭环"结构图中测量 $Wm'e$,即采用式(6-6)来计算 $Wm'e$。

应该说明的是,当采用从实际工作过程中记录的数据来求人的传递函数,而不是从实验室的试验中求 $Wm'e$ 时,输入量 $r$ 可能很小,或许难以测量。例如,当飞机迎着大气紊流飞行时,在紊流对飞机运动存在干扰的情况下试图保持稳定的航向,其 $r(t)=0$,此时的人机系统不再具有图 6-2(a)所示的形式,因而式(6-6)已不适用,而只能用式(6-5)计算 $Wm'e$,同时可采用根据式(6-5)建立的各种改善精度的数据处理方法来降低误差。

3) 实验结果的有效性评价

为了评价实验结果的有效性,还可以利用分析仪器测量相干函数 $r^2$ 在传递函数的实验建模中,相干函数 $r^2$ 对判别所测得的人的传递函数 $Wm'e$ 的质量也很有用处。在图 6-2(a)所示的系统,对于信号 $m$ 可将相干函数表示为:

$$r^2 = \frac{|\phi_{rm}(\mathrm{i}\omega)|^2}{\phi_{rr}(\omega) \cdot \phi_{mm}(\omega)} \tag{6-7}$$

式中　$\phi_{rm}(\mathrm{i}\omega)$——$r$ 与 $m$ 的互功率谱密度函数;

　　　$\phi_{rr}(\omega)$——$r$ 的自功率谱密度函数;

　　　$\phi_{mm}(\omega)$——$m$ 的自功率谱密度函数。

理想情况下,假设残差 $n(t)$ 为零,则 $Wm'e$ 将预计 $m$ 的全部谱密度,可得 $r^2 \equiv 1.0$。所以,根据式(6-7)所测得的 $r^2$ 越接近于 1.0,即表示模型越理想。实验表明,对于频率分量不超过 0.7 Hz 的随机发生的信号而言,可以用一个线性模型来描述大多数驾驶员的输出,其 $r^2$ 在 0.9 以上;当频率分量扩大到 1.6 Hz 时,$r^2$ 下降到 0.75 左右;当频率分量达到 2.4 Hz 时,$r^2$ 仅为 0.6。随着输入频率的提高,系统中的人进入到无法很好动作的区域。这种现象会导致人的动作混乱和出现难以预测的非线性行为,并使 $r^2$ 下降到很低的数值。所以,当实测值 $r^2$ 较小时,说明具有非线性因素,此时线性模型传递函数 $Wm'e$ 的正确性值得怀疑。因此,一般希望相干函数值 $Wm'e$ 不小于 0.9。但是,如果可以采用近似模型的话,则较小的相干函数也是可以接受的。

4) 人的传递函数模型解析式

根据式(6-5)与式(6-6)进行的测量,能得到 $Wm'e$ 的幅值比与相位角的频率响应图。另外,实验所获得的测量曲线,必须用解析式进行拟合。在各种不同形式的数学模型中,能对所测数据较好拟合的最常用解析式为:

$$Wm'e = \frac{K(1 + T_A S)e^{-D^2}}{(1 + T_L S)(1 + T_N S)} \tag{6-8}$$

式中　$K$——人工控制环节的增益,代表性数值为 1~100;

　　　$T_A$——操作手的导前时间常数,代表性数值为 0~2.5 s;

　　　$D$——操作手的传递滞后,代表性数值为 $0.2(1 \pm 20\%)$s;

　　　$T_L$——操作手的误差平滑滞后时间常数,代表数值为 0~20 s;

　　　$T_N$——操作手的收缩神经肌肉延迟,代表性数值为 $0.1(1 \pm 20\%)$s;

　　　$S$——拉普拉斯变换的算子。

在 $K$、$T_A$、$T_L$、$T_N$、$D$ 五个参数中,$K$、$T_A$、$T_L$ 是经人的大脑综合后得出来的,并能根据输入量 $r(t)$ 的性质与受控系统的动态特性 $Wcm$ 进行适当的调节。$D$、$T_N$ 两个参数与人的神经肌肉系统的动态特性有关。对于每一位操作者,一般假定其 $D$ 和 $T_N$ 是固定值,但在不同的操作者之间,它们可以在一定范围内变动。对上述各参数的代表性数值的分析表明,人的传递函数是在一个很大的范围内变化的,这充分显示了人机系统的自适应性。

在对人的传递函数模型的研究中,式(6-8)给出的传递函数形式已取得了一定成功,它被广泛用于描述人的动态特性。当一个受过很好训练的操作者完成的任务较简单、跟踪的是低频信息时,该传递函数的线性、连续性模型给出的结果则与实际情况十分吻合。另外,该表达式也考虑到人的传递函数的其他主要特性:式中的 $K$、$T_A$ 和 $T_L$ 是人的自适应的函数,人能够用增加时间常数 $T_A$ 的方法对系统中的滞后进行补偿。同理,人用增加时间常数 $T_L$ 的方法就能够把系统的高频噪声滤掉;通过调节 $K$ 值的大小,就能改变系统的带宽或稳定性。以上分析表明:式(6-8)在描述人的模型时,能够通过改变人本身的动态特性,以补偿受控系统在动态特性方面的变化,这就是人机系统的最佳化特征。

## 6.1.3　人的传递函数的求解方法

1) 计算法

图 6-3 所示为人机系统传递函数模型。图中 $r(t)$ 为系统输入,$e(t)$ 为误差信号,$Wm'e$ $(s)$ 为人的传递函数的线性部分,$n(t)$ 表示与人的传递函数的非线性部分有关的残差,$m(t)$ 为人的总输出,$Wcm(s)$ 为机的传递函数,$c(t)$ 为系统输出,$H(s)$ 为反馈回路的传递函数,$G$ $(s)$ 为人机系统传递函数。

在讨论 $Wm'e$ 时,假设 $n(t)$ 很小,且以 $\overline{E^2(t)}$ 为最小的条件下求解 $Wm'e$,认为该模型中的人的非线性特征已线性化了,即可以用 $Wme$ 表示 $Wm'e$。把人理解为该系统中的一个控

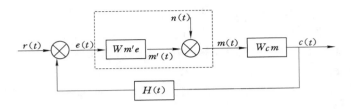

图 6-3　人机系统传递函数模型

制环节,则根据控制理论可知,人机系统的实际输出与输入关系由拉普拉斯变换的定义可得:

$$G(s) = \frac{系统输出}{系统输入} = \frac{C(s)}{R(s)} = \frac{Wme(s) \cdot Wcm(s)}{1 + Wme(s) \cdot Wcm(s) \cdot H(s)} \qquad (6\text{-}9)$$

又根据闭环控制系统理论,在 $H(s)=0$ 的情况下,式(6-9)可简化为:

$$G(s) = Wme(s) \cdot Wcm(s) \qquad (6\text{-}10)$$

应用式(6-9)和式(6-10),可求得在 $H(s) \neq 0$ 及 $H(s)=0$ 两种情况下人机系统的传递函数 $G(s)$。通常情况下,机的传递函数 $Wcm(s)$ 和反馈回路的传递函数 $H(s)$ 是已知的,或者是可以测定的。例如,已知机的时间函数关系式 $w(t)$,便可通过拉普拉斯变换后获得相应的 $W(s)$。

2) 实测法

一般来说,对于比较复杂的操纵,是根据人在操纵活动中的某些特点,如预计、时迟、时滞、决策等,结合实测参数,按上述推导法来确定人的传递函数;而对于比较简单的操纵,则可采用实测法予以确定,即通过简单输入和简单输出之间实际表现出来的函数关系来确定人的传递函数。

### 6.1.4　人的传递函数的应用

把"人的传递函数"的研究成果应用于人机系统设计中,使人机匹配更合理,系统工效更高,更加安全可靠。

把"人的传递函数"和"机的传递函数"配合,以便选择最合理的参数,使整个"人机系统"工作效率达到最优。比如,飞机总有一个时迟(即做出一个操作时,机器不能马上做出反应,而是总要滞后一个很短的时间,这个时间称为"时迟")和阻尼(即机器的波动衰减特性),那么时迟常数多大,阻尼系数多大,对人的操作效率来说最为合适呢?这些参数的选择必须将人的传递函数与机的传递函数配合起来加以考虑,这样才能达到最优。根据这个原则,选择最优的参数而设计出的飞机,其操纵性能可比一般飞机优越,尽管它的仪表、操纵器的外观和布置未必有多大的特色。可是,飞行员操纵起来会觉得得心应手,效率既高且安全系数大。

对"人的传递函数"的研究表明:人在操纵活动中,一般只能完成"二阶微分"以下的运算,而且操纵活动中的微分运算阶次越低,操纵的效率就越高。"二阶微分"以上的"高阶运算",不仅操纵的效率低,而且精度很差,易出事故。比如,汽车油门(加速器)的控制一般要比舵轮(方向舵)的控制难于掌握些,因为油门控制的是汽车的加速度,而加速度是二阶微分的运算。舵轮控制的是轮船的行驶方向,舵轮扳转多大角度,船头偏转相应的角度,二者成比例关系,也就是 0 级微分运算,自然控制舵轮操纵容易得多。在生产活动中,对机器惯性的掌握很不容易。比如,车轮必须在到站之前开始减速和刹车,但是究竟提前多少时间合适？这是一个颇难掌握的问题,其原因在于惯性的掌握要求高阶运算。利用"人的传递函数",将高阶运算由机器替代,把机器(车辆、飞机等)在一定时间之后将要出现的状态,在显示器(仪表等)上提前显示出来,这样操纵者只需要根据这种"提前显示的仪表"的指示,直接进行操作。

当把"人的传递函数"与"机的传递函数"合成为整个"人机系统的传递函数"之后,可以用自动化技术中常用的一些方法,来判别整个人机系统操作性能上的优劣。对于不稳定的系统,可以发现其不稳定的原因,采取合理的措施,改善机器系统,使它更好地与"人的传递函数"相配合,而使整个人机系统的操作达到稳定。对于操作特性不良和调整品质不良的人机系统,可以找出特性不良的原因,采取适当补偿的办法,来加以改善和弥补。例如,分析一个人机系统的不稳定因素,发现不稳定的原因在于人,人在操作时存在手抖动等生理性的干扰因素。后来采取了一个措施,按照人在操纵活动中这些生理干扰因素(比如手抖等)的频率特征,设计出一种滤波器,把这种滤波器安装在操纵器的输出端,使人体的那些生理干扰因素在操纵中所造成的干扰"滤掉",于是整个人机系统的操作更趋于稳定,操纵效率获得了明显的改善,安全保障更大。

## 6.2　人机功能匹配

在人机系统中,人和机器各自担负着不同的功能,在某些人机系统中还通过控制器和显示器联系起来,共同完成系统所担负的任务。为了使整个人机系统高效、可靠、安全以及操纵方便,就必须了解人和机的功能特点、长处和短处,使系统中的人与机之间达到最佳配合,即达到最佳人机匹配。

### 6.2.1　人的主要功能

人在人机系统的操纵过程中所起的作用,可通过心理学提出的带有普通意义的公式:刺激(S)—意识(O)—反应(R)来加以描述,即在信息输入、信息处理和行为输出3个过程中体现出人在操作活动中的基本功能(图 6-4)。从图 6-4 可知,人在人机系统中主要有 3 种功能:

1) 人的第一种功能——传感器

人在人机系统中首先是感觉功能,又称为信息发现器。

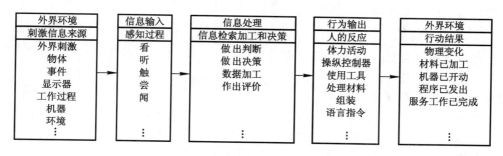

图 6-4　人在操作活动中的基本功能示意图

通过感觉器官接受信息,即用感觉器官作为联系渠道,感知工作情况和机的使用情况,这时感觉器官便成了联系人机之间的枢纽和信息接受者。

2）人的第二种功能——信息处理器

关于人作为信息处理器，现正在进行大量的研究工作。

人的判断可分为相对判断和绝对判断。相对判断即有条件的判断，是在已有的两种或两种以上事物进行比较后做出的。绝对判断是在没有任何标准或比较对象的情况下做出的。据估计，在相对判断的基础上，大多数人可以分辨出 1 万～30 万种不同的颜色，而绝对判断仅能有 11～15 种。因此，一个系统总是利用相对判断。

3）人的第三种功能——操纵器

人的第三种功能是操纵器，即通过机器的控制器进行操纵，控制器的设计就像显示器的设计一样，让使用它的人使用方便和少出差错。

在人机系统中，控制器的作用被认为是对能得到的刺激的一种反应。任何显示反应，如果要求违反原有的习惯，很可能出现差错。不论在什么特殊情况下，设计人员总要求操作者改变其已成为习惯的行为方式，都是错误的。

## 6.2.2 机的主要功能

本书所指的"机"是广义上的，但为了说明问题，此处的"机"侧重于"机器"。机器是按人的某种目的和要求而设计的，机器虽然与人相比有其不同的特征，但在人机系统工作中所表现的功能都是类似的，尤其是自动化的机器更是如此，具有接受信息、储存信息、处理信息和执行等主要功能。

1）接受信息

对于机器来说，信息的接受是通过机器的感觉装置，如电子、光学或机械的传感装置来完成。当某种信息从外界输入系统时，系统内部对信息进行加工处理，这些加工处理的信息可能被储存或被输出，也可能反馈回到输入端而被重新输入，使人或机器接受新的反馈信息。接受的信息也可不经处理，而直接存储起来。

2）储存信息

机器一般要靠磁盘、磁带、磁鼓、打孔卡、凸轮、模板等储存系统来储存信息。

3）处理信息

对接受的信息或储存信息，通过某种过程进行处理。

4）执行功能

一是机器本身产生控制作用，如车床自动加深或减少铣削深度；二是借助声、光等信号把指令从这个环节输送到另一个环节。

## 6.2.3 人机特性比较

随着科学技术的发展，机器设备逐渐代替了手工劳动，然而机器设备终究不能全部承担人的劳动。大多数机器仍需由人来操纵，即使是完全自动化的机器设备，其输入信号、调整和维修也是由人来进行的，因此是"人机共存（同工）"的。对于人机共存的人机系统来说，设计的主要困难已不在于产品本身，而在于是否能找出人与技术之间最适宜的相互联系的途径与手段，在于是否能全面考虑到操作者在人机系统中的功能作用特点和机器与人的特性相吻合的程度。因此，设计者对人机特性比较的重视是至关重要的。

从科学的观点来看，人与机的不同性质应从相当多的方面加以区别（表 6-1）。

表 6-1 **人与机的优缺点比较**

| 项目 | 机 器 | 人 |
|---|---|---|
| 速度 | 占优势 | 时间延时为 1 s |
| 逻辑推理 | 擅长于演绎而不易改变其演绎程序 | 擅长于归纳,容易改变其推理程序 |
| 计算 | 快、精确,但不善于修正误差 | 慢、易产生误差,但善于修正误差 |
| 可靠性 | 按照恰当设计制造的机器,在完成规定的作业中可靠性很高,而且保持恒定,不能处理意外的事态。在超负荷条件下可靠性突降 | 就人脑而言,其可靠性远远超过机械,但在极度疲劳与紧急事态下,很可能变得极不可靠,人的技术水平、经验以及生理和心理状况对可靠性有较大影响,可处理意外紧急事态 |
| 连续性 | 能长期连续工作,适应单调作业,需要适当维护 | 容易疲劳,不能长时间连续工作,且受性别、年龄和健康状态等影响,不适应单调作业 |
| 灵活性 | 如果是专用机械,不经调整则不能改作其他用途 | 通过教育训练,可具有多方面的适应能力 |
| 输入灵敏度 | 具有某些超人的感觉,如有感觉电离辐射的能力 | 在较宽的能量范围内承受刺激因素,支配感受器适应刺激因素的变化,如眼睛能感受各种位置、运动和颜色,善于鉴别图像,能够从高噪声中分辨信号,易受(超过规定限度的)热、冷、噪声和振动的影响 |
| 智力 | 无(智能机例外) | 能应付意外事件和不可能预测事件,并能采取预防措施 |
| 操作处理能力 | 操纵力、速度、精密度、操作量、操作范围等均优于人的能力。在处理液体、气体、固体方面比人强,但对柔软物体的处理能力比人差 | 可进行各种控制,手具有非常大的自由度,能极巧妙地进行各种操作。从视觉、听觉、变位和重量感觉上得到的信息可以完全反馈给控制器 |
| 功率输出 | 恒定——不论大的、固定的或标准的 | 1 471 kW 的功率输出只能维持 10 s,367.75 kW 的功率输出可维持几分钟,150 kW 以下的功率输出能持续 1 d |
| 记忆 | 最适用于文字的再现和长期存储 | 可存储大量信息,并进行多种途径的存取,擅长于对原则和策略的记忆 |

由此可见,人和机各有自己的能力、特长。人具有智能、感觉、综合判断能力,随机应变能力,对各种情况的决策和处理能力等,而人的功能限度是准确性、体力、速度和知觉能力;机是作用力大、速度快、连续作业能力和耐久性能好等,而机的功能限度是性能维持能力、正常动作、判断能力、造价及运营费用。

## 6.2.4 人机功能匹配

1) 人机匹配的含义

从人机特性机能比较中可以知道,人与机相差甚远。这就需要合理地分配人与机器的功能,使人体特性与机器特性做到合理匹配和互补,并纠正单纯追求机械化、自动化的倾向,充分发挥人的功能。

对人和机的特性进行权衡分析,将系统的不同功能恰当地分配给人或机,称为人机的功能分配。人机功能分配就是通过合理地分配功能,将人与机器的优点结合起来,取长补短,从而构成高效与安全的人机系统。从人机特性比较可以看出,人机各有所长,根据二者特性利弊进行分析,将系统的不同功能合理地分配给人或机器,是提高人机系统效率的关键,同时也是确保安全的有效途径之一。

人与机器的结合形式,依复杂程度不同可分为:劳动者——工具,操作者——机器,监控者——自动化机器,监督者——智能机器。机器的自动化与智能化使操纵复杂程度提高,因而对操纵者提出了严格要求;同时操纵者的功能限制也对机器设计提出特殊要求。人机结合的原则改变了传统的只考虑机器设计的思想,提出了同时考虑人与机器两方面因素,即在机器设计的同时把人看成是有知觉有技术的控制机、能量转换机、信息处理机。凡需要由感官指导的间歇操作,要留出足够间歇时间;机器设计中,要使操纵要求低于人的反应速度,这便是获得最佳效果的设计思想。在这种思想指导下,机器设计(应为广义机器)就与工作设计(含人员培训、岗位设计、动作设计等)结合起来了。

人机匹配除合理进行人机功能分配外,实现人和机的相互配合也是很重要的。一方面,需要人监控机器,即使是完全自动化的人机系统也必须有人监视,如高速火车的中央控制系统,在异常情况出现时必须由人做出判断,下达指令,使系统恢复正常;另一方面,需要机器监督人,以防止人为失误时导致整个系统发生故障,人易产生失误,在系统中设置相应的安全装置非常必要,如火车的自动停车装置等。

人机匹配的具体内容很多,还包括显示器与人的信息感觉通道特性的匹配;控制器与人体运动反应特性的匹配;显示器与控制器之间的匹配;环境条件与人的生理、心理及生物力学特性的匹配等。随着电子计算机和自动化的不断发展,可设计制造出具有特殊功能的智能机,这种机所具备的功能成为人的功能的延伸。尤其是随着生物工程与生命科学的发展,人本身也会发生较大改变,从而将形成新的人机关系,使人机匹配进入新阶段,人也将在新形式的人机系统中处于新的地位。

2) 人机功能匹配的一般原则

人机功能匹配是一个复杂问题,要在功能分析的基础上依据人机特性进行分配,其一般原则为:笨重的、快速的、精细的、规律性的、单调的、高阶运算的、支付大功率的、操作复杂的、环境条件恶劣的作业以及检测人不能识别的物理信号的作业,应分配给机器承担;而指令和程序的安排,图形的辨认或多种信息输入时,机器系统的监控、维修、设计、制造、故障处理及应付突然事件等工作,则由人承担。

3) 人机功能匹配对人机系统的影响

过去由于不明人与机的匹配关系特性,使机的设计与人的功能不适应而造成的失误很多,如作战飞机的高度计等仪表的设计与人的视觉不适应是造成飞机失事的主要原因,这给人们的教训很深刻。过去的设计总是把人和机器分开,当作彼此毫不相关的个体。事实上,机器给人以很大的影响,而人又操纵机器,相互之间是一个紧密联系的整体,不能把它们分割开来考虑。因此,我们首先必须掌握人体的各种特性,同时也应明了机的特性,然后才能设计出与此适应的机器。否则,人机作为一个整体(系统)就不可能安全、高效、持续而又协调地进行运转。

随着现代化的发展,操作者的工作负荷已成为一个突出的问题。在工作负荷过高的情况下,人往往出现应激反应(即生理紧张),导致重大事故的发生。芬兰有一锯木厂,虽然机械化程度较高,但有些工序(如裁边)还须靠手工劳动。工人对每个木块做出选择和判断的时间仅为 4 s,不仅要考虑木板的尺寸、形状,而且要考虑加工质量。对工人来说,这种工作不论是体力还是精神负担都较重,每个工作班到了最后一个阶段,不仅时常出现废品,而且易诱发人身事故。后来把选择和判断的时间从 4 s 又缩短到 2 s,问题就更加突出了。1971年,库林卡对锯木机做了一些改革,取得了一些效果。后来通过重新考虑人机之间的匹配关系,重新设计,终于造出了一台全新的自动裁边机。

在设备(机器)的设计中,必须考虑人的因素,如果不考虑人与机器的适应,那么人既不舒适也不会高效工作,如图 6-5 所示。

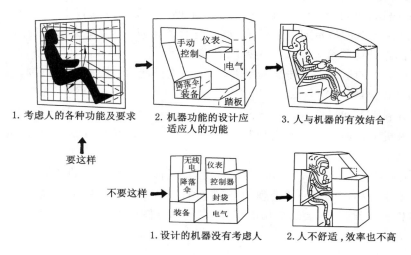

图 6-5  设备设计中人的因素工程

进行合理的人机功能分配,也就是使人机结合面布置得恰当,就需要从安全人机工程学的观点出发,分析人机结合面失调导致工伤事故的原因,进而采取改进对策。

在分析企业工伤事故发生原因时发现,不少事故是人为失误造成的,特别是违章操作所占比例最大,而违章操作的主要原因,有相当一部分是因为人机结合面不协调,即人机系统失调、失控而导致事故发生。例如,一位青工操作辊矫直机时,在违背正常操作程序的情况下,擅自打反车,也未与操作台人员联络好应急措施,用手将钢筋送入矫直辊时竟连手臂也被带入矫直辊之中,造成手臂截断的事故。此事故表明:一方面,操作者出于贪多图快急于完成任务的心理状态,不仅违章打反车,而且双方联系脱节,连人的子系统关系也未处理得当;另一方面,存在人机协调性差,人机结合面失调,操作姿势不当,手握钢条位置与机器距离过近,导致来不及脱手,致使手臂连同钢条一并卷入;再者,操纵器、显示器、报警器设计上存在问题,未能达到最佳的人机匹配要求。针对这种情况,应该特别对人机结合面加以考虑,提出改进措施,以防同类事故重现,最好的办法是建立安全保护系统,如触电保安器的应用等。

4)人机功能匹配不合理的表现

(1)可以由人很好执行的功能分配给机器,而把设备能更有效地执行的功能分配给人。如在公路行驶的汽车驾驶员应由人去执行,但要求人同时记下汽车驶过的公里数则是不恰当的,这项工作应由机械去执行。

(2)让人所承担的负荷或速度超过其能力极限。如德国某工厂安装了一台缝纫机,尽管其外形、色泽十分美观,但由于操作速度太快(6 000 针/min),超出大多数人的极限,结果

80 名女工,只有 1 人能坚持到底,因此其实际效率并不高。

（3）不能根据人执行功能的特点而找出人机之间最适宜的相互联系的途径与手段。如在不少使用压力机的工厂经常发生手指被压断的事故,就是因为在压力机设计中忽视了人的动作反应特点而造成的。当操作者左手在扒料时,除非思想高度集中,否则会由于赶速度,右手又同时下意识压操纵杆而造成事故。

5）人机功能匹配应注意问题

为确保人机系统安全、高效,在进行人机功能匹配时必须注意以下几个问题：

（1）信息由机器的显示器传递到人,选择适宜的信息通道,避免信息通道过载而失误,以及显示器的设计应符合安全人机工程的原则。

（2）信息从人的运动器官传递给机器,应考虑人的能力极限和操作范围,所设计的控制器要安全、高效、灵敏、可靠。

（3）充分利用人和机的各自优势。

（4）使人机结合面的信息通道数和传递频率不超过人的能力极限,并使机适合大多数人的使用。

（5）一定要考虑到机器发生故障的可能性,以及简单排除故障的方法和使用的工具。

（6）要考虑到小概率事件的处理,有些偶发性事件如果对系统无明显影响,可以不必考虑。但有事件一旦发生,就会造成功能破坏,对这种事件就要事先安排监督和控制方法。

# 6.3　人机系统的安全可靠性

人机系统的安全可靠性既取决于机器设备本身的可靠性,又取决于操作者的可靠性。而机器或人在工作时都会出现预想不到的故障或差错,于是可能引起设备或人身事故,影响人机系统的安全性,这是不可能完全避免的。可见,人机系统的安全性与机器和人的可靠性密切相关。为了保证人机系统的安全可靠性,必须提高机器和人的可靠性。机器的可靠性不仅是评价其性能好坏的质量指标,也是衡量人机系统安全性的重要依据,为人机系统安全提供了必要的物质条件;人的可靠性也直接影响人机系统的安全性,往往起主导作用。影响人的可靠性因素很多,如人的生理、心理因素、环境条件、家庭及社会等因素,而且这些因素是变化的。总之,人机系统是由人、机（含环境）等子系统组成,它的可靠性取决于各子系统的可靠性。

## 6.3.1　可靠性的定义及其度量

1）可靠性的定义

可靠性是指研究对象在规定条件下和规定时间内完成规定功能的能力。在可靠性定义中需要阐明以下要点：

（1）规定时间

在人机系统中,由于目的和功能不同,对系统正常工作时间的要求也就不同,若没有时间要求,就无法对系统在要求正常工作时间内能否正常工作做出合理判断。因此,时间是可靠性指标的核心。

（2）规定的条件

人机系统所处条件包括使用条件、维护条件、环境条件和操作条件。系统能否正常工作与上述各种条件密切相关。条件的改变,会直接改变系统的寿命,有时相差几倍,甚至几十倍。

（3）规定功能

人机系统的规定功能常用各种性能指标来描述,人机系统在规定时间、规定条件下各项指标都能达到,则称系统完成了规定功能;否则称为"故障"或"失效"。因此,对失效的判据是重要的,否则无据可依,使可靠性的判断失去依据。

（4）能力

在可靠性定义中的"能力"具有统计意义,如"平均无故障时间"长,可靠性就越高。由于人机系统相当广泛且各有不同,因此度量系统可靠性"能力"的指标也很多,如"可靠度"、"平均寿命"等。

2）可靠性度量指标

可靠性度量指标是指对系统或产品的可靠程度做出定量表示。常用的基本度量指标有可靠度、不可靠度(或累积故障概率)、故障率(或失效率)、平均无故障工作时间(或平均寿命)、维修度、有效度等。

（1）可靠度

可靠度是可靠性的量化指标,即系统或产品在规定条件和规定时间内完成规定功能的概率。可靠度是时间的函数,称为可靠度函数,常用 $R(t)$ 表示。

产品出故障的概率是通过多次试验中该产品发生故障的频率来估计的。例如,取 5 个产品进行试验,若在规定时间 $t$ 内共有 $N_f(t)$ 个产品出故障,则该产品可靠度的观测值可用下式近似表示:

$$R(t) \approx [N - N_f(t)]/N \tag{6-11}$$

当 $t=0$, $N_f(t)=0$,则 $R(t)=1$。随着 $t$ 的增加,出故障的产品数 $N_f(t)$ 也随之增加,则可靠度 $R(t)$ 下降。当 $t \to \infty$, $N_f(t) \to N$,则 $R(t) \to 0$。所以,可靠度的变化范围约为 $0 \leqslant R(t) \leqslant 1$。

与可靠度相反的一个参数叫作不可靠度。它是指系统或产品在规定条件和规定时间内未完成规定功能的概率,即发生故障的概率,所以又称为累积故障概率。不可靠度也是时间的函数,常用 $F(t)$ 表示。同样对 $N$ 个产品进行寿命试验,试验到 $f$ 瞬间的故障数为 $N_f(t)$,当 $N$ 足够大时,产品工作到 $t$ 瞬间的不可靠度的观测值(即累积故障概率)可近似地表示为:

$$F(t) \approx N_f(t)/N \tag{6-12}$$

可见, $F(t)$ 随 $N_f(t)$ 的增加而增加,且 $F(t)$ 的变化范围约为 $0 \leqslant F(t) \leqslant 1$。

（2）故障率(或失效率)

故障和失效这两个概念,其基本含义是一致的,都表示产品在低功能状态下工作或完全丧失功能。前者一般用于维修产品,可以修复;后者用于非维修产品,表示不可修复。

故障率是指工作到 $t$ 时刻尚未发生故障的产品,在该时刻后单位时间内发生故障的概率,故障率也是时间的函数,称为故障率函数,记为 $\lambda(t)$。产品的故障率是一个条件概率,它表示产品在工作到 $t$ 时刻的条件下单位时间内的故障概率。它反映 $t$ 时刻产品发生故障的速率,称为产品在该时刻的瞬时故障率,以 $\lambda(t)$ 表示,称为故障率。

故障率的观测值等于 $N$ 个产品在 $t$ 时刻后单位时间内的故障产品数 $\sum N_f(t)/\sum t$ 与

在 $t$ 时刻还能正常工作的产品数 $N_s(t)$ 之比,即

$$\lambda(t) = \sum N_f(t)/N_s(t) \sum t \tag{6-13}$$

平均故障率 $\lambda(t)$ 是指在某一规定的时间内故障率的平均值。其观测值,对于非维修产品是指在一个规定的时间内失效数 $r$ 与累积工作时间 $\sum t$ 之比;对于维修产品是指在它的使用寿命内的某个观测期间一个或多个产品的故障发生次数 $r$ 与累积工作时间之比,两种情况均可用下式表示:

$$\overline{\lambda(t)} = t/\sum t \tag{6-14}$$

产品在其整个寿命期间内各个时期的故障率是不同的,其故障率随时间变化的曲线称为寿命曲线,也称浴盆曲线,如图 6-6 所示。

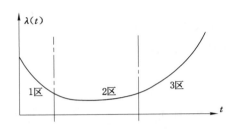

图 6-6　浴盆曲线

① 早期故障期。产品在使用初期,由于材质的缺陷,设计、制造、安装、调整等环节造成的缺陷,或检验疏忽等原因存在的固有缺陷陆续暴露出来,此期间故障率较高,但经过不断的调试,排除故障,加之相互配合件之间的磨合,使故障率较快地降下来,并逐渐趋于稳定运转。

② 偶发故障期。这个期间的故障率降到最低,且趋向常数,表示产品处于正常工作状态。这段时间较长,是产品的最佳工作期。这时发生的故障是随机的,是偶然原因引起应力增加,当应力超过设计规定的额定值时,就可能发生故障。

③ 磨损故障期。这个时期的故障迅速上升,因为产品经长期使用后,由于磨损、老化,大部分零部件将接近或达到固有寿命期,所以故障率较高。

针对上述特点,为了降低产品的故障率,提高其可靠性,应把重点放在早期故障期和磨损故障期,用现代测试诊断方法及时发现故障,通过调整、修理或更换来排除故障,延长产品的使用寿命。

（3）平均寿命（或平均无故障工作时间）

以上讨论的是从产品单位时间内发生故障频率的高低来衡量产品的可靠性。而从产品正常工作时间的长短来衡量其可靠性,称为平均寿命或平均无故障工作时间:

$$\bar{t} = \sum t/n \tag{6-15}$$

式中　　$\sum t$ ——总工作时间;

　　　　$n$ ——故障（或失效）次数或试验产品数量。

（4）维修度

维修度是指维修产品发生故障后,在规定条件、维修工具、维修方法及维修技术水平下,

在规定时间内能修复的概率,它是维修时间 $\tau$ 的函数,称为维修度函数,用 $M(\tau)$ 表示。维修度的观测值为:在 $\tau=0$ 时,处于故障状态需要维修的产品数 $N$ 与经过时间 $\tau$ 修复的产品数 $N_\tau$ 之比:

$$M(\tau) = N/N_\tau \tag{6-16}$$

由上述可靠度和维修度概念可知,对维修产品来说,可靠性应包括不发生故障的狭义可靠度和发生故障后进行修复的维修度,即必须用这两项指标来评价维修产品的可靠性。

(5) 有效度

狭义可靠度 $R(t)$ 与维修度 $M(\tau)$ 的综合称为有效度,也称为广义可靠度。其定义为:对维修产品,在规定的条件下使用,在规定维修条件下修理,在规定的时间内具有或维持其规定功能处于正常状态的概率。显然,有效度是工作时间 $t$ 与维修时间 $\tau$ 的函数,常用 $A(t,\tau)$ 表示,它是对维修产品可靠性的综合评价。$A(t,\tau)$ 可用下式表示:

$$A(t,\tau) = R(t) + F(t)M(\tau) \tag{6-17}$$

有效度的观测值:在某个观测时间内,产品可工作时间与工作时间和不可工作时间之和的比值,记为:

$$\hat{A} = U/(U+D) \tag{6-18}$$

式中 $U$——可工作时间,包括任务时间、启动时间和待机时间;

$D$——不可工作时间,包括停机维护时间、修理时间、延误时间和改装时间。

3) 可靠性特征量之间的关系

(1) $F(t)$ 与 $R(t)$ 间的关系。由可靠度与不可靠度的定义可知,它们代表两个互相对立的事件,根据概率的基本知识,两个相互对立事件发生的概率之和等于 1。所以,$F(t)$ 与 $R(t)$ 有如下关系:

$$F(t) + R(t) = 1 \tag{6-19}$$

(2) $F(t)$ 和 $R(t)$ 与故障概率密度函数 $f(t)$ 间的关系。对累积故障概率 $F(t)$ 进行微分就得到故障率密度函数,用 $f(t)$ 表示,即 $f(t)$ 与 $F(t)$ 有如下关系:

$$\int(t) = \frac{\mathrm{d}F(t)}{\mathrm{d}t} = F'(t) \text{ 或 } F(t) = \int_0^t f(t)\mathrm{d}t \tag{6-20}$$

$F(t)$ 与 $R(t)$ 的关系:

$$\int(t) = \frac{\mathrm{d}F(t)}{\mathrm{d}t} = \frac{\mathrm{d}[1-R(t)]}{\mathrm{d}t} = -\frac{\mathrm{d}R(t)}{\mathrm{d}t} = -R't \tag{6-21}$$

(3) $F(t)$ 与 $\lambda(t)$ 的关系。由式(6-11)~式(6-13)和式(6-21)得:

$$\lambda(t) = \frac{\mathrm{d}N_s(t)}{N_s(t)\sum\mathrm{d}t} = \frac{N}{N_s(t)}\frac{\mathrm{d}N_s(t)}{N\sum\mathrm{d}t} = \frac{1}{R(t)}\frac{\mathrm{d}F(t)}{\mathrm{d}t} = -\frac{1}{R(t)}\frac{\mathrm{d}R(t)}{\mathrm{d}t}$$

$$= \frac{\mathrm{d}[\ln R(t)]}{\mathrm{d}t} = \frac{f(t)}{R(t)} \tag{6-22}$$

对式(6-22)进行积分,得:

$$\int_0^t \lambda(t)\mathrm{d}t = -\int_0^t \frac{\mathrm{d}[\ln R(t)]}{\mathrm{d}t}\mathrm{d}t = -[\ln R(t) - \ln R(0)] = -\ln R(t)$$

故:

$$R(t) = \mathrm{e}^{-\int_0^t \lambda(i)\mathrm{d}t} \tag{6-23}$$

(4) $F(t)$ 及 $f(t)$ 与 $\lambda(t)$ 的关系。由式(6-19)和式(6-23)得:

$$F(t) = 1 - e^{-\int_0^t \lambda(t)\,dt} \tag{6-24}$$

对式(6-24)两边求导数,得:

$$F(t) = \lambda(t)e^{-\int_0^t \lambda(t)\,dt} \tag{6-25}$$

### 6.3.2 人的可靠性

人的可靠性在人机系统安全可靠性中占有重要的位置,特别是随着科学技术的发展,机的可靠性有了很大的提高,而人的操作可靠性就显得越来越突出。对人的可靠性分析,其目的是减少和防止人的失误,以便将人的失误率减少到人机系统可接受的最小限度,进而提高人机系统的安全性。

1)影响人的可靠性的因素

在人机功能匹配介绍中,从人机功能比较结果可知,人的可靠性不如机器。人具有自由行动的能力,有随机应变的能力,在面临伤害的关键时刻,能避免灾害性事故的发生。然而,也正是由于人有这种自由度,在处理一些事情时不可避免地产生失误,这就是人的不稳定性。人的不稳定性因素将直接影响人的操作可靠性。影响人的不稳定因素很多,并且十分复杂,归纳起来主要有以下几种:

(1)生理因素:如体力、耐久力、疾病、饥渴、对环境因素承受能力的限度等。

(2)心理因素:因感觉灵敏度变化引起反应速度变化,因某种刺激导致心理特性波动,如情绪低落、发呆或惊慌失措等觉醒水平变化。

(3)管理因素:如不正确的指令,不恰当的指导,人际关系不融洽,工作岗位不称心等。

(4)环境因素:对新环境和作业不适应,由于温度、气压、供氧、照明等环境条件的变化不符合要求,以及振动和噪声的影响,引起操作作者生理、心理上的不舒适。

(5)个人素质:训练程度、经验多少、操作熟练程度、技术水平高低、责任心强弱等。

(6)社会因素:家庭不和、人际关系不协调。

(7)操作因素:操作的连续性、操作的反复性、操作时间的长短、操作速度、频率及灵活性等。

在研究人的可靠性问题时,还要特别注意大脑的意识水平影响。人的大脑意识水平的高低表示人的头脑清醒程度,是模糊、清醒,还是过度紧张,可以反映人的各种生理状态,而且这种生理状态受太阳等外界影响,呈有规律的变化。研究大脑的意识水平,对提高工作效率、确保人机系统安全有着十分重要的意义。

日本大学桥本邦卫教授将大脑的觉醒水平划分为 5 个等级,见表 2-18。比较表中Ⅰ与Ⅲ两个觉醒等级的作业可靠度可以看出,状态Ⅲ的可靠度较状态Ⅰ高 10 万倍之多,即Ⅲ级觉醒水平是最佳觉醒状态,工作能力最强,但这种状态只能维持 15 min 左右。在超常态(Ⅳ级)下,由于过度紧张,造成精神恐慌,失误率也会明显增高。

此外,过低或过高的觉醒水平都会导致工作效能和工作效率的下降。所以,应该尽量使操作者保持在Ⅱ和Ⅲ级觉醒状态,避免Ⅰ和Ⅳ级觉醒状态。低觉醒水平是产生失误、厌烦、反应迟钝、导致事故发生的重要原因之一。例如,节假日后的第一天上班,往往事故较多,这是因为人们还停留在Ⅰ级觉醒阶段的缘故。

人们在进入车间时一般的觉醒水平为Ⅱ级,但一旦出现异常紧急情况时,人们凭着良好的愿望所出现的紧张和兴奋,有可能出色地完成平时办不到的事,这就是Ⅲ级觉醒水平。

在异常情况发生之前,无论人体的状态处于Ⅰ级还是Ⅱ级觉醒水平,只要一意识到情况异常或故障,就会立即紧张起来,能超越间隔,使觉醒水平提高到Ⅲ级。

影响人的觉醒水平的因素很多,疲劳、单调重复的刺激,使注意力涣散,精神不集中,会导致觉醒水平降低;而新奇的刺激,有兴趣的刺激,有一定难度的刺激等均可以提高觉醒水平。

2)人为失误分析

(1)人为失误

经统计分析,在人机系统失效中人为失误约占80%。从可靠性工程角度,将人为失误定义为:在规定的时间和规定的条件下,人没有完成分配给它的功能。表6-2是美国各类系统人为失效造成系统失效的统计数据。

表6-2　　　　　　　　　　　人的失效造成系统失效的统计

| 系统名称 | 失效类型 | 统计式样 | 人的失误 |
|---|---|---|---|
| 导弹 | 导弹失效 | 9枚导弹系统 | 20%～53% |
| 导弹 | 主要系统失效 | 122次失效 | 35% |
| 核武器 | 检查人员查出生产中的缺陷 | 23 000个缺陷 | 82% |
| 核武器 | 检查人员不能查出生产中缺陷 | 长期生产中的随机抽样 | 28% |
| 电子系统 | 初始引入人为错误 | 1 820份故障报告 | 23%～45% |
| 导弹 | 仪表故障 | 12 125份故障报告 | 20% |
| 导弹 | 初始引入人为错误 | 35 000份故障报告 | 20%～30% |
| 各类系统 | 工程设计中的差错 | | 2%～42% |
| 飞机 | 事故 | | 60% |
| 核电站 | 人为误操作 | 30次潜在事故 | 70%～80% |

(2)人为失误分析

人为失误归结起来有以下4种类型:没有执行分配给他的功能;执行了没有分配给他的功能;错误地执行了分配给他的功能;按错误的程序或错误的时间执行分配给他的任务。

人为失误贯穿在整个生产过程中,从接受信息、处理信息到决策行动等各个阶段都可能产生失误。例如,在操作过程中,各种刺激(信息)不断出现,它们需要操作者接受、辨识、处理与反馈。若操作者能给予正确或恰当反馈,事故可能不会发生,伤害也不会发生;若操作者做出错误或不恰当的反馈,即出现失误。若客观上存在着不安全因素或危险因素时,能否造成伤害,还取决于各种随机因素,既可能造成伤害事故,也可能不造成伤害事故。

造成操作失误的原因,并不能简单地认为就是操作者的责任,也可能是由于机器在设计、制造、组装、检查、维修等方面的失误造成机器或系统的潜在隐患诱发操作中的各种失误,即系统开发到哪个阶段,人就可能发生哪些失误。人为失误的种类归纳起来主要有以下几种:

① 设计失误:如不恰当的人机功能分配,没有按安全人机工程原理设计,载荷拟定不当,计算用的数学模型错误,选用材料不当,机构或结构形式不妥,计算差错,经验参数选择不当,显示器与控制器距离太远,使操作感到不便等。

② 制造失误:如使用不合适的工具,采用了不合格的零件或错误的材料,不合理的加工工艺,加工环境与使用环境相差较大,作业场所或车间配置不当,没有按设计要求进行制造等。

③ 组装失误:如错装零件,装错位置,调整错误,接错电线等。

④ 检验失误：如安装了不符合要求的材料、不合格配件及不合理的工艺方法，或允许有违反安全工程要求的情况存在等。

⑤ 设备的维修保养不正确。

⑥ 操作失误：操作中除使用程序差错、使用工具不当、记忆或注意失误外，主要是信息的确认、解释、判断和操作动作的失误。

⑦ 管理失误：管理出现松懈现象。

人为失误产生的后果，取决于人失误的程度及机器安全系统的功能。其失误后果可归纳为以下 5 种情况：失误对系统未发生影响，因为发生失误时作了及时纠正，或机器可靠性高，具有较完善的安全设施，如冲床上的双按钮开关；失误对系统有潜在的影响，如削弱了系统的过载能力等；为纠正失误，须修正工作程序，因而推迟了作业进程；因失误造成事故，产生了机器损坏或人员受伤，但系统尚可修复；因人的失误导致重大事故发生，造成机毁人亡，使系统完全失效。

造成人为失误的原因很多，从安全人机工程的角度可将人为失误的原因归结为以下 3 点：

第一，设计机器时，对人机结合面的设计没有很好地进行安全人机工程研究，致使机器系统本身潜藏着操作失误的可能性。如由于显示和操纵控制装置设计不当，不符合安全人机工程要求，不适宜人的生理心理及人体生物力学特性，产生错觉失误（如视错觉、听错觉、触错觉等）；操纵不便，易产生疲劳；作业环境恶劣，如空间不足，温湿度不适，照明不足，振动及噪声过大等，这些都是诱发人产生失误的因素。

第二，由于操作者本身的因素，不能与机器系统协调而导致失误。这里包括人的不稳定因素，如疲劳、体质差等生理因素和注意力不集中、情绪不稳定、单调等心理因素，使大脑觉醒水平下降；人的技术素质较低，缺乏实践经验；由于训练不足，操作技术不熟练；对设备或工具的性能、特点掌握不充分等。

第三，安全管理不当也是产生失误的原因之一。例如，计划不周，决策错误；操作规程不健全，作业管理混乱，相互配合不好；监督检查不力；要求不当；信息传达错误；劳动组织不严密；安全教育、培训措施不力等。

应该指出的是，由于造成人为失误的原因十分复杂，而且各原因之间还可能有相互交叉影响的情况，在操作者身上反映出来的失误，都是多种原因影响的综合结果。

人为失误率的估计，需大量的试验与实践经验数据的积累，可参考有关专业书籍。

3）人的可靠性分析方法

人的可靠性分析方法有 20 余种，其中最主要有人的差错概率预测方法（THERP）、人的认知可靠性模型（HCR）、操作员动作树分析法（OAT）和通用失误模型系统（GEMS）等。下面主要介绍人的失误概率预测技术（THERP）和人的认知可靠性模型（HCR）。

（1）人的差错概率预测技术（THERP）

主要用于评估与某些因素有关的人为差错引起系统变坏的结果。如人的动作、操作程序和设备的可靠性。基本量度方法是：一个差错或一组差错所引起的系统故障的概率和一种操作引起的差错的概率。其步骤如下：

① 调查被分析的系统和操作程序。

② 研究可能导致差错的事件。

③ 把整个操作程序分解成各个操作步骤和单个动作。

④ 建造人的可靠性分析事件树。

⑤ 根据经验或实验得出每个动作的可靠度。

⑥ 求出各个动作和各个操作步骤的可靠度,如果每个动作中事件相容,则按概率计算。

⑦ 求出这个操作程序的不可靠度,即人的差错概率。

在人的差错率预测方法中,需要用事件树分析方法进行分析,关于事件树分析方法详见《安全系统工程》相关书籍的介绍。

（2）人的认知可靠性模型（HCR）

人的认知可靠性模型在分析人的可靠性时,以认知心理学为基础,着重研究人在应激情景下的动态认知过程,包括探查、诊断、决策等意向行为,探究人的失误机理并建立模型。

人的认知可靠性模型是由 Hannaman 等人提出的,主要用于时间紧迫的应激条件下操作者不反应概率的定量评价。HCR 模型是在 Rasmussen 提出的行为的 3 种类型的假定基础上形成的,即技能型、规则型和知识型,见表 6-3 和图 6-7。

表 6-3                         人的行为类型分类

| 行为类型 | 内　容 |
|---|---|
| 技能型行为 | 这种行为是指在信息输入与人的反应之间存在着非常密切的耦合关系,它不完全依赖于给定任务的复杂性,而只依赖于人员培训水平和完成该任务的经验。这种行为的重要特点是它不需要人对显示信息进行解释,而是下意识地对信息给予反应操作 |
| 规则型行为 | 这种行为是由一组规则或程序所控制和支配的。它与技能行为的主要不同点是来自对实践的了解或者掌握的程度。如果规则没有很好地经过实践检验,那么人们就不得不对每项规则进行重复和校对。在这种情况下,人的反应就可能由于时间短、认知过程慢、对规则理解差等而产生失误 |
| 知识型行为 | 这种行为是发生在当前情景症状不清楚,目标状态出现矛盾或者完全未遭遇过的新鲜情景环境下,操作人员必须依靠自己的知识经验进行分析诊断和制定决策。这种知识型行为的失误概率很大,在当今的人为失误研究中占据重要的地位 |

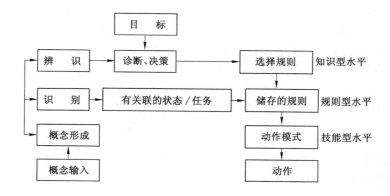

图 6-7　人员行为的 3 种认知水平

对应于上述 3 种类型,根据核电厂模拟机实验的结果可以得到相应的 3 条时间—人员不反应概率曲线,如图 6-8 所示。

其中,时间是实际反应时间与完成操作的中值时间 $T_{1/2}$ 之比所得的归范化时间。这 3

条曲线可以用 3 个参数的威布尔分布来描述：

$$P(t) = \begin{cases} e - \dfrac{(t/T_{1/2} - C_{ri})^{\beta_i}}{C_{\eta i}} ; t/T_{1/2} \geqslant C_{ri} \\ 1.0 ; t/T_{1/2} < C_{ri} \end{cases}$$

(6-26)

式中　$T_{1/2}$——操作者完成某项任务所用的中值
时间；

　　$C_{\eta i}, \beta_i, C_{yi}$——与人类认知行为相关的尺寸、
形状、位置参数，见图 6-8 和
表 6-4；

　　$P(t)$——操作者在 $f$ 时刻的不反应概率。

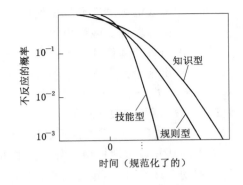

图 6-8　HCR 模型曲线

**表 6-4** HCR 模型中威布尔分布参数

| 参数 | $C_{\eta i}$ | $\beta_i$ | $C_{yi}$ |
|------|------|------|------|
| 技能型 | 0.407 | 1.2 | 0.7 |
| 规则型 | 0.601 | 0.9 | 0.7 |
| 知识型 | 0.791 | 0.8 | 0.4 |

## 6.3.3　机械的可靠性

为简便起见，假设环境因素宜人，时间（规范化了的）对机械设备不造成危害，则研究机
的可靠性就转化为主要研究机械设备的可靠性问题。

一般情况下，产品可靠性指标都与该产品的故障分布类型有关。若已知产品的故障分
布函数，就可以求出其可靠度 $R(\neq)$、故障率 $A(f)$ 及其他可靠性指标；若不知道具体的故障
分布函数，但知道故障分布类型，也可以通过参数估计的方法求得某些可靠性指标的估
计值。

1）指数分布

（1）指数分布的定义

当代表产品寿命的随机变量丁的分布密度函数为：

$$\int(t) = \lambda e^{-\lambda t} \qquad (t \geqslant 0)$$

(6-27)

则称该随机变量 T 服从指数分布。其累积分布函数为：

$$F(t) = \int_0^t \lambda e^{-\lambda t} \mathrm{d}t = 1 - e^{-\lambda t} \qquad (0 \leqslant t \leqslant \infty)$$

(6-28)

式中　$\lambda$——常数。

（2）指数分布的部分可靠性指标

① 可靠度函数：

$$R(t) = 1 - F(t) = e^{-\lambda t} \qquad (t \geqslant 0)$$

(6-29)

② 故障率函数：

$$\lambda(t) = \frac{f(t)}{R(t)} = \frac{\lambda e^{-\lambda t}}{e^{-\lambda t}} = \lambda \qquad (t \geqslant 0)$$

(6-30)

（3）平均寿命：

$$E = 1/\lambda \tag{6-31}$$

指数分布是可靠性技术中最常用的分布之一,它描述故障率为常数的故障分布规律,即描述产品寿命曲线中偶发故障期。而多数机械产品、电子元器件及连续运行的复杂系统都是在偶发故障期正常工作的,所以用指数分布函数描述机械、电子产品在正常工作期的故障或失效规律是比较符合工程实际情况的。因此,指数分布在机械、电子产品的可靠性研究及计算中得到广泛应用。

2)正态分布

正态分布又称高斯分布,它是数理统计中最基本、最常用的分布类型。正态分布是研究在测量中许多偶然因素所引起的误差而得到的一种分布。机械中常遇到的零件尺寸、材料强度、金属磨损、作用载荷等由许多微小且相互独立的偶然因素引起的随机变量都服从正态分布。在可靠性技术中,常用正态分布来描述机械产品由于磨损或退化而发生故障或失效的规律。

(1)正态分布的定义

若随机变量 $T$ 的密度函数为:

$$f(t) = \frac{1}{\sigma \sqrt{2\pi}} e^{-\frac{1}{2}\left(\frac{t-\mu}{\sigma}\right)^2} \qquad (-\infty < t < \infty) \tag{6-32}$$

则称 $T$ 服从均值为 $\mu$ 和标准差为 $\sigma$ 的正态分布,记为 $T \sim N(\mu, \sigma^2)$。其中,$N(\mu, \sigma^2)$ 表示参数为 $\mu$ 和 $\sigma$ 的正态分布,$\mu$ 是位置参数,$\sigma$ 是尺度参数。

正态分布的累积分布函数为:

$$F(t) = \int_{-\infty}^{t} f(t)\mathrm{d}t = \frac{1}{\sigma \sqrt{2\pi}} \int_{-\infty}^{t} e^{-\frac{1}{2}\left(\frac{t-\mu}{\sigma}\right)^2} \mathrm{d}t \tag{6-33}$$

当 $\mu = 0, \sigma = 1$ 时,称为标准正态分布,记 $X \sim N(0,1)$ 为随机变量。这时,分布密度函数为:

$$\varphi(x) = \frac{1}{\sqrt{2\pi}} e^{-\frac{x^2}{2}} \tag{6-34}$$

标准正态分布的累积分布函数以 $\Phi(X)$ 表示:

$$\Phi(X) = \int_{-\infty}^{x} \frac{1}{\sqrt{2\pi}} e^{-\frac{x^2}{2}} \mathrm{d}x \tag{6-35}$$

标准正态分布函数已做成数表,在概率统计书的附录中和各种数学手册中都可查到。

$$\int_{x_2}^{x_2} \varphi(x)\mathrm{d}x = \int_{-\infty}^{x_2} \varphi(x)\mathrm{d}x - \int_{-\infty}^{x_1} \varphi(x)\mathrm{d}x = \Phi(x_2) - \Phi(x_1) \tag{6-36}$$

一般式(6-32)不便计算,通常是用标准正态分布函数 $\Phi(x_2)$ 来计算的。为此,令 $x = (t-\mu)/\sigma$,则 $\mathrm{d}x = \mathrm{d}t/\sigma$,故:

$$F(t) = \int_{-\infty}^{\frac{t-\mu}{\sigma}} \frac{1}{\sqrt{2\pi}} e^{-\frac{x^2}{2}} \mathrm{d}x = \Phi\left(\frac{t-\mu}{\sigma}\right) \tag{6-37}$$

(2)正态分布的部分可靠性指标

① 可靠度函数 $R(t)$。由式(6-19)和式(6-37)得:

$$R(r) = 1 - F(t) = 1 - \Phi\left(\frac{t-\mu}{\sigma}\right) \tag{6-38}$$

② 故障率函数 $\lambda(t)$:

由式(6-22)、式(6-32)和式(6-38)得:

$$\lambda(t) = \frac{f(t)}{R(t)} = \frac{1}{\sigma\sqrt{2\pi}} e^{-\frac{1}{2}\left(\frac{t-\mu}{\sigma}\right)^2} / \left[1 - \phi\left(\frac{t-\mu}{\sigma}\right)\right] \qquad (6-39)$$

上述 $R(t)$ 及 $\lambda(t)$ 的分布曲线见图 6-9 和图 6-10。

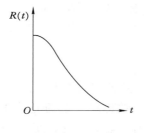

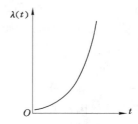

图 6-9　$R(t)$ 的分布曲线　　　　　　图 6-10　$\lambda(t)$ 的分布曲线

由图 6-9 可见,正态分布的故障率曲线与机械产品寿命曲线中磨损故障曲线形状非常相似。所以,可靠性技术中常用正态分布函数来描述机械产品磨损故障的失效规律。

3) 威布尔分布

威布尔分布是可靠性技术中常用的一种比较复杂的分布,它含有 3 个参数,适应性较强。在多种领域中有许多现象都近似符合威布尔分布,它对产品寿命曲线中的 3 个失效期都可以适应。因此,在可靠性技术中应用也较广。

(1) 威布尔分布的表达式

① 故障概率密度函数:

$$f(t) = \frac{m}{t_0}\left(\frac{t-v}{t_0}\right)^{m-1} e^{-\frac{(t-v)^m}{t_0}} \qquad (t \geqslant v) \qquad (6-40)$$

② 累积故障分布函数:

$$F(t) = 1 - e^{-\frac{(t-v)^m}{t_0}} \qquad (t \geqslant v) \qquad (6-41)$$

式中　$m$——形状参数,其值的大小决定了威布尔分布曲线的形状。

$v$——位置参数,也称起始参数,表示分布曲线的起始点,它不影响 $f(t)$ 曲线的形状,只是曲线的位置平移了一个距离 $m$。当 $v > 0$ 时,表示在 $v$ 以前不会发生故障,所以把 $v$ 称为最小保证寿命。

$t_0$——尺度参数,它决定了 $A(f)$ 曲线的高度和宽度。当 $t_0$ 值较小时,曲线高而窄、陡度大。

(2) 威布尔分布的部分可靠性指标

① 可靠度函数:

$$R(t) = 1 - F(t) = e^{-\frac{(t-v)m}{t_0}} \qquad (t \geqslant v) \qquad (6-42)$$

② 故障率函数:

$$\lambda(t) = \frac{f(t)}{R(t)} = \frac{m}{t_0}\left(\frac{t-v}{t_0}\right)^{m-1} \qquad (t \geqslant v) \qquad (6-43)$$

$\lambda(t)$ 曲线随 $m$ 值不同而变化:当 $m < 1$,故障率随时间增加而下降;当 $m = 1$,$\lambda(t)$ 为常数,即 $v(t)$ 为平行于横轴的直线;当 $m > 1$,$\lambda(t)$ 随时间增加而迅速上升。可见,$m < 1$,$m = 1$,$m > 1$ 不同取值的故障率曲线分别相当于产品寿命曲线中的早期故障期、偶发故障期和磨损故障期,如图 6-11 所示。

经过对最常用机械零部件的试验研究和实践中失效数据资料的统计表明,一般都可以分别用上述 3 种分布函数来描述机械产品零部件的失效规律。例如，轴承、齿轮传动、链条传动、弹簧、螺纹连接、联轴器和离合器等零部件的疲劳、剥落、点蚀、断裂及磨损等，都可以用以上 3 种分布函数来描述。

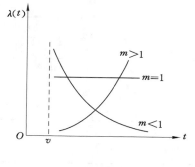

图 6-11

### 6.3.4　人机系统的可靠度计算

　　人机系统的可靠度是由人的可靠度和机的可靠度组成的。机的可靠度可以通过大量统计学数据得到。人的可靠度的确定包括：人的信息接受的可靠度、信息判断的可靠度和信息处理的可靠度。

　　若系统由 $n$ 个部件（或子系统）构成，系统各部件（或子系统）的可靠度记为 $R_1, R_2, \cdots, R_n$，则串联系统和并联系统的可靠度分别为：

$$R_S = R_1 \cdot R_2 \cdot R_3 \cdots R_n = \prod_{i=1}^{n} R_i \tag{6-44}$$

$$R_S = 1 - \left[ (1-R_1)(1-R_2)\cdots(1-R_n) \right] = 1 - \prod_{i=1}^{n}(1-R_i) \tag{6-45}$$

　　由上可见，串联系统中部件越多可靠性越差。同样的部件，并联起来同时工作的可靠性较大，这种允许有一个或若干个部件失效而系统能维持正常工作的复杂系统，称为冗余系统，如常见的表决系统、储备系统等。因此，对部件可靠性差的场合，一般处理方式是适当的选择冗余系统。特别在人机系统中，人作为部件之一介入系统，为提高其可靠性，也需要采用这一系统。例如，大型客机的飞机驾驶员往往配备 2 名，同时在驾驶室左、右位置上配备了相同的仪表和操纵设备，以减少人的失误对飞机造成的威胁。

　　人机系统的可靠度可根据不同的系统模型来求出，通常情况下可看成串联系统。从人机系统考虑，若将环境作为干扰因素，而且此处假设环境是符合指标要求的，设其可靠度为 1，则人机系统的可靠度为：

$$R_S = R_人 \cdot R_机 = R_人 \cdot R_{机器} = R_H \cdot R_M \tag{6-46}$$

　　1）简单人机系统的可靠度计算

　　人的操作可靠度是指在一定条件下、一定工作时间间隔内人能正确操作的概率。应当指出的是，人的操作可靠度是指操作者经过训练之后，进入"稳定工作期"的可靠度，不包括学习阶段"初始失调期"的情况。

　　简单人机系统的可靠度 $R_S = R_H \cdot R_M$，而 $R_M$ 可通过上面所述的可靠度函数求出，也可通过大量统计数据得出。

　　日本东京大学井口雅一教授提出，人的可靠度不仅与信息输入、信息处理、信息输出 3 个阶段的基本可靠度 $r_1$、$r_2$ 和 $r_3$ 串联有关外，而且还受作业时间 $b$、操作频率 $c$、危险程度 $d$、生理心理因素 $e$ 和环境条件厂等因素的影响，即：

$$r = r_1 \cdot r_2 \cdot r_3 \tag{6-47}$$

$$R_H = 1 - b \cdot c \cdot d \cdot e \cdot f \cdot (1-r) \tag{6-48}$$

　　$r_1$、$r_2$ 和 $r_3$ 的取值见表 6-5；影响因素的修正系数取值见表 6-6。

**表 6-5**　　　　　　　　　　　　　基本可靠度 $r_1$、$r_2$ 和 $r_3$ 的取值

| 类别 | 影响因素 | $r_1$ | $r_2$ | $r_3$ |
|---|---|---|---|---|
| 简单 | 变量不超过几个，人机工程学上考虑全面 | 0.999 5～0.999 9 | 0.999 0 | 0.999 5～0.999 9 |
| 一般 | 变量不超过 10 个 | 0.999 0～0.999 5 | 0.995 0 | 0.999 0～0.999 5 |
| 复杂 | 变量超过 10 个，人机工程学上考虑不全面 | 0.990 0～0.999 0 | 0.990 0 | 0.990 0～0.999 0 |

**表 6-6**　　　　　　　　　　　　　　影响因素修正系数

| 符号 | 项目 | 内容 | 取值范围 |
|---|---|---|---|
| $b$ | 作业时间 | 有充足的富裕时间<br>没有充足的富裕时间<br>完全没有富裕时间 | 1.0<br>1.0～3.0<br>3.0～10.0 |
| $c$ | 操作频率 | 频率适度<br>连续操作<br>很少操作 | 1.0<br>1.0～3.0<br>3.0～10.0 |
| $d$ | 危险程度 | 即使误操作也安全<br>误操作时危险很大<br>误操作时有产生重大灾害的危险 | 1.0<br>1.0～3.0<br>3.0～10.0 |
| $e$ | 生理心理条件 | 综合条件（如教育训练、健康情况、疲劳等）<br>较好综合条件不好综合条件很差 | 1.0<br>1.0～3.0<br>3.0～10.0 |
| $f$ | 环境条件 | 综合条件较好<br>综合条件不好<br>综合条件很差 | 1.0<br>1.0～3.0<br>3.0～10.0 |

2）两人监控人机系统的可靠度

当系统由两人监控时，一旦发生异常情况应立即切断电源。该系统有以下两种控制情形：

（1）异常状况时，操作者切断电源的可靠度为 $R_{Hb}$（正确操作的概率）：

$$R_{Hb} = 1 - (1 - R_1)(1 - R_2) \tag{6-49}$$

（2）正常状况时，操作者不切断电源的可靠度为（不产生误动作的概率）：

$$R_{Hb} = R_1 \cdot R_2 \tag{6-50}$$

从式（6-49）可知，异常状况时两人控制的可靠度比一人控制的系统增大了；从式（6-50）可知，正常状况时两人控制的可靠度比一人控制的系统减少了，即产生误操作的概率增大了。

从监视的角度考虑，首要问题是避免异常状况时的危险，即保证异常状况时切断电源的可靠度，而提高正常情况下不误操作的可靠度则是次要的，因此这个监控系统是可行的。

所以，两人监控的人机系统的可靠度 $R$ 为：

异常情况：

$$R_{sr}' = R_{Hb} \cdot R_M = [1 - (1 - R_1)(1 - R_2)] \cdot R_M \tag{6-51}$$

正常情况：

$$R_{sr}'' = R_{Hb} \cdot R_M = R_1 \cdot R_2 \cdot R_M \qquad (6\text{-}52)$$

3）多人表决的冗余人机系统可靠度

上述两人监控作业是单纯的并联系统，所以正常操作和误操作两种概率都增加了，而由多数人表决的人机系统就可以避免这种情况。若由几人构成控制系统，当其中个人的控制工作同时失误时系统才会失败，称这样的系统为多数人表决的冗余人机系统。设每个人的可靠度均为 $R_{Hn}$，则系统全体人员的操作可靠度为：

$$R_{Hn} = \sum_{i=0}^{r-1} C_n^i (1-R)^i R^{(n-i)} \qquad (6\text{-}53)$$

式中　$C_n^i$——$n$ 个人中有 $i$ 个人同意时事件数。

$$C_n^i = \frac{n!}{n!(n-i)!} \qquad (C_n^0 = 1) \qquad (6\text{-}54)$$

例如，由三人监视作业时，有两人以上同意才能切断电源，则其可靠度为：

$$R_{H3} = C_3^0 R^3 + C_3^1 (1-R) \cdot R^2 = 3R^2 - 2R^3 \qquad (6\text{-}55)$$

若每人正确操作的概率为 $R = 0.90$，误操作的概率为 $F = 0.15$，则在三人监视二人表决的系统中，正确操作的概率。及误操作的概率。分别为：

$$R_{H3} = 3R^2 - 2R^3 = 0.972 > R = 0.9$$

$$R_{H3} = 3F^2 - 2F^3 = 0.060\,75 < F = 0.15$$

从上例多数人表决的冗余人机系统中，异常状况下正确操作的可靠性和正常状况下不发生误操作的可靠性都增加了。这说明采用冗余性系统设计，尽管人还会不可避免地产生失误，但整个系统都具有较高的可靠性。

多数人表决的冗余人机系统可靠度的计算公式为：

$$R_{sd} = \left[ \sum_{i=0}^{r-1} C_n^i (1-R)^i R^{(n-i)} \right] \cdot R_M \qquad (6\text{-}56)$$

4）控制器监控的冗余人机系统可靠度

设监控器的可靠度为，则人机系统的可靠度为：

$$R_{sk} = \left[ 1 - (1 - R_{mk} \cdot R_H)(1 - R_H) \right] \cdot R_m \qquad (6\text{-}57)$$

5）自动控制冗余人机系统可靠度

设自动控制系统的可靠度为，则人机系统的可靠度为：

$$R_{sz} = \left[ 1 - (1 - R_{mZ} \cdot R_H)(1 - R_m z) \right] \cdot R_m \qquad (6\text{-}58)$$

## 6.3.5　提高人机系统安全可靠性的途径

1）合理进行人机功能分配，建立高效可靠的人机系统

（1）对部件等系统宜选用并联组装。

（2）形成冗余的人机系统：系统在运行中应让其有充足的多余时间，不能使系统无暇顾及运行中的错误情形，杜绝其失误运行。

（3）系统运行时其运行频率应适度。

（4）系统运行时应设置纠错装置，当操作者出现误操作时，也不能酿成系统事故。例如，电脑中的纠错系统等。

（5）经过上岗前严格培训与考核，允许具有进入"稳定工作期"可靠度的人上岗操作。

2）减少人为失误

减少人为失误，提高人的可靠性，能使人机系统的安全可靠性大大增加，而减少人为失误主要有以下几种措施：

（1）使操纵者的意识水平处于良好状态。操作者产生操作失误除了机器的原因外，主要是由于操作者本身的意识水平或称觉醒水平处于Ⅰ级或Ⅳ级低水平状态。所以，为了保证安全操作，首先应使操作者的眼、手及脚保持一定的工作量，既不会过分紧张而造成过早疲劳，也不会因工作负荷过低而处于较低的意识状态；其次从精神上消除其头脑中一切不正确的思想和情绪等心理因素，把操作者的兴趣、爱好和注意力都引导到有利于安全生产上来，变"要我安全"为"我要安全"，通过调整人的生理状态，使之始终处于良好的意识状态、有较强的安全意识，从事操作工作。

（2）建立合理可行的安全规章制度与规范，并严格执行，以约束不按操作规程操作的人员的行为。

（3）安全教育和安全训练。安全教育和安全训练是消除人的不安全行为的最基本措施。对不知者进行安全知识教育，对知而不能者进行安全技能教育，对既知又能而不为者进行安全态度教育。通过安全教育和安全训练，达到使操作者自觉遵守安全法规，养成正确的作业习惯，提高感觉、识别、判断危险的能力，学会在异常情况下处理意外事件的能力，减少事故的发生。

（4）按照人的生理特点安排工作。充分利用科学技术手段，探索和研究人的生理条件与不安全行为的关系，以便合理地安排操作者的作息时间，避免频繁倒班或连续上班，防止操作失误。

（5）减少单调作业，克服单调作业导致人的失误。具体从以下几个方面着手：

① 操作设计应充分考虑人的生理和心理特点，作业单调的程度取决于操作的持续时间和作业的复杂性，即组成作业的基本动作数。动作由 3 类 18 个动作因素组成，即第一类的伸手、抓取、移动、定位、组合、分解、使用、松手；第二类的检查、寻找、发现、选择、计划、预置；第三类的持住、迟延、故延和休息。若要在一定时间内保持较高的工作效率，作业内容应包括10～12项以上的基本动作，至少不少于 5～6 项基本动作，而且基本动作的操作时间至少应不少于30 s。每种基本动作都应留有瞬间的小歇（从零点几秒到几秒），以减轻工作的紧张程度。此外，操作与操作之间还应留有短暂的间歇，这是克服单调和预防疲劳的重要手段。

② 将不同种类的操作加以适当的组合，从一种单一的操作变换为另一种虽然也是单一的，但内容有所不同的操作，也能起到降低单调感觉的目的。这两种操作之间差异越大，则降低单调感觉的效果越好。从单调感比较强的操作变换到单调感比较弱的操作，效果也很明显。在单调感同样强的条件下，从紧张程度较低的操作变换为紧张程度较高的操作，效果也很好。例如，高速公路应有意地设计一定的坡度和高度，以提高驾驶员的紧张程度，这有利于交通安全。

③ 改善工作环境，科学地安排环境色彩、环境装饰及作业场所布局，可以大大减轻单调感和紧张程度。色彩的运用必须考虑工人的视觉条件、被加工物品的颜色、生产性质与劳动组织形式、工人在工作场所逗留的时间、气候、采光方式、车间污染情况、厂房的形式与大小等。此外，还必须考虑工人的心理特征和民族习惯。作业场所的布局还必须考虑到当与外界隔离时产生孤独感的问题。在视野范围内若看不到有表情、言语和动作的伙伴，则很容易萌发孤独感。日本一家无线电通信设备厂曾发生过从事传送带作业的 15 名女工集体擅自缺勤的事件，其直接原因是女工对每天的单调作业非常厌烦。经采取新的作业布局，包括采用圆形作业台，使女工彼此之间感觉到伙伴们的工作热情，从而消除了单调感，提高了工效。可见，加强团体的凝聚力，改善人际关系也是克服单调的措施之一。

3）对机械产品进行可靠性设计

一种可靠性产品的产生，需靠设计师综合制造、安装、使用、维修、管理等多方面反馈回来的产品的技术、经济、功能与安全信息资料，参考前人的经验、资料，经权衡后设计出来的。所以它是各个领域专家、技术人员的集体成果。作为从事安全科学技术的工程技术人员应该了解可靠性设计原理及设计要点，以便将设备使用和维修过程中发现的危险与有害因素及零部件的故障数据资料等及时反馈给设计部门，以进行针对性的改进设计。

产品的可靠度分为固有可靠度和使用可靠度，前者主要是由零件的材料、设计及制造等环节决定的达到设计目标所规定的可靠度；后者则是出厂产品经包装、保管、运输、安装、使用和维修等环节在其寿命期内实际使用中所达到的可靠度。当然，重点应放在设计和制造环节，提高固有可靠度，向用户提供本质安全度高的设备。机械产品结构可靠性设计有以下几个要点：确定零部件合理的安全系数；进行合理的冗余设计；耐环境设计；简单化和标准化设计；结构安全设计；安全装置设计；结合部的可靠性及其结合面的设计；维修性设计。

4）加强机械设备的维护保养

（1）机械设备的维护保养要做到制度化、规范化，不能头痛医头，脚痛医脚。

（2）维护保养要分级分类进行。操作者、班组、车间、厂部应分级分工负责，各尽其职。

（3）机械设备在达到原设计规定使用期时，即接近或达到固有寿命期，应予以更换，不得让设备超期带病"服役"。

5）改善作业环境

（1）安全设施与环境保护措施应与主体工程同时设计、同时施工、同时投产。从本质上做到安全可靠，环境优良。改善作业环境应像重视安全生产一样列入议事日程。

（2）环境的好坏，不仅影响人们的身心健康，而且还影响产品质量，腐蚀损坏设备，还会诱发事故。因此，对作业环境有害物应定期检测、及时治理，特别是随着高科技的发展，带来许多新的危害因素，这些危害更要及时治理。提倡建"花园式工厂、宾馆式车间"，工人在此环境中生产，对保障安全生产，提高产品质量以及工人心身健康都是有益的。

# 思考与练习

1. 研究"人的传递函数"有何作用？

2. 何谓"人机功能分配"？为何要对人与机进行功能分配？

3. 人与机各有何优缺点？如何合理分配其功能？

4. 举例说明人机功能分配不当造成的危害。

5. 何谓可靠性？其度量指标有哪些？

6. 影响人的可靠度因素有哪些？

7. 人为失误有哪几种类型？其具体表现形式有哪些？对人机系统可能造成什么影响？

8. 某变电所三人值班，若每人判断正确的可靠度为 0.999 5，试求：

①三人中有一人确认判断正确就可执行操作的可靠度；

②三人中有两人确认判断正确就可执行操作的可靠度；

③三人同时确认判断才可执行操作的可靠度。

9. 提高人机系统安全可靠性有哪些途径？

# 7

## 人机系统的安全设计

传统的产品设计其主要目标是实现产品的功能,虽然或多或少地涉及了人的因素,但主要是考虑如何让人适应机,而不是机适应人的需求,而人机系统的安全设计不仅要让机适应人,而且还要考虑人机之间的相互协调性、安全性等。就所发生的事故而言,大体可以分为两类:一类是不可预料的;另一类是可以预料的。不可预料的事故大多是客观原因占支配地位,人类主观及科学技术发展还达不到有效预测和控制程度(如山崩、滑坡、地震、海啸、台风等);可以预料的事故大多是人为因素诱发的,或者可以避免而未能避免,主观原因占支配地位,而这类事故是完全可以预测、防范的。

无论生活中还是生产(工作)中所发生的事故可以预测和防范的是绝大多数。这就给我们提出一个课题,要减少事故发生,就需要从设计开始重视安全,进行安全设计。人机系统的安全设计主要包括:工作(规划)设计;岗位设计;显示器设计;控制器设计;作业环境设计;安全防护装置设计等内容。在人机系统的安全设计中,必须遵循以下原则:

(1) 以人为中心的设计原则。在工程设计阶段,全面考虑人机结合面的安全,做到以人为中心,主动设计出能制约机器系统和环境系统的安全系统,让机在人机系统中尽力发挥作用,使之具有保障系统安全的功能。

(2) 产品人性设计的原则。将产品的内实、外美、安全可靠、经久耐用等功能融会贯通,在产品设计阶段注重产品的设计符合人的生理、心理、生物力学及人机学参数要求,使人机系统达到最佳匹配,降低事故发生概率。

(3) "安全第一"的思想贯穿于全过程的原则。在工程或产品设计的全过程中,应遵循"安全第一"的原则,使设计的产品在使用时,快速、方便、省力、安全。

## 7.1 工作设计

工作设计一般被称为规划设计,一座城市、一个工厂、一所学校、一个机关,乃至一套住宅等,都是以人群为主体及与人群息息相关的自然生态系统、社会系统、生产或生活系统、教学、科研系统,这些系统中的任意一个都是由多个元素组成的复杂人机系统,它由相互之间呈复杂、交融、迭加等关联在一起的元素相互作用组成集合体。对于此类集合体进行安全设计称为工作设计,它是从安全的角度和着眼点,对某项工程(如一个工厂、一所学校等)的总体规划设计中的安全问题进行全面考虑,单独进行设计,是总体规划设计中的一部分,也是某项工程总体规划设计中的安全设计。

### 7.1.1 工厂工作设计

工厂的工作设计包括工厂的厂址选择、厂区平面布置、厂区道路交通、防火间距、厂房及设备的平面布置,原材料、燃料、产品等输送与储存,废弃物的排放与处理,工艺流程中的安全设施及安全防范措施等内容,在设计时要全面考虑对周围环境影响、防火、安全疏散、事故应急措施等方面的安全。

1)选址

工厂的建成在为社会创造物质财富的同时会影响环境,有时甚至产生不可估量的灾害和损失。厂址的选择除了考虑工业生产力布局、城镇建设、企业投资等因素外,还应该考虑以下主要因素:

1)地形地貌、地质水文条件

从当地气象、地质、地震等部门取得有关气温、气压、湿度、降雨量、日照、风向、风力、地质、地形、洪水、地震等的历史统计资料。土壤要有足够的地基承载能力,地下水位宜在建筑物基础底面以下,不要选在强烈地震区、断层地区、滑坡地区、岩溶地区、泥石流地区、有较厚的3级自重湿陷性黄土等地质恶劣的地段和有洪水威胁的地方。

2)运输链接、公共设施等条件

厂址选择要考虑交通运输、洪水、供电、供热、排水设施等,发生紧急事故时,消防、医院等防灾设施要有保障。

3)环境条件

不仅要考虑周围环境对本厂的影响,而且还要考虑本场对周围环境的影响。生产中排放废水、废气、废渣或产生噪声的工厂,在选址时要减少和避免对周围环境的污染。例如,排放有害气体和大量烟尘的工厂,选址时要综合考虑风向、风速、风向频率、季节等多方面的影响因素,工业区与居民区之间应该设置必要的卫生防护带等。对于重大危险工厂应于生活区、其他厂区隔开,距离若达不到,则应加强防护。

2)厂区布置

厂区的生产区、生活区、仓库库区、动力区、办公区、停车区等分别布置在相应的区域。易燃易爆的危险区及有害区应远离生活区,高粉尘浓度的生产区应避免让输入高温气体的通道通过。原材料、燃料(如煤、油等)进厂,产品出厂的通道及抢险救灾、救援的疏散通道均要呈环形畅通,不能有独头通道,不能有死胡同。生产厂房宜分区相对集中布置,厂房宜为长方形,有利于安排交通出入口,有较多可供自然采光和通风的墙面等,设备布置要考虑间距,满足安全、操作、检修的要求,有造成爆炸危险的设备,宜隔离式布置或者靠边布置,必要时应设防爆、防火墙隔开。

3)"三同时"设计

安全设施与主体工程同时设计、同时施工、同时投产运行;废弃物的排放及处理系统等环境保护设施,也要同主体工程同时设计、同时施工、同时投产运行。这是一般要求,还要考虑若干个出了事故怎么办的防范措施。例如,按固定配置消防工具;高压输电线进入厂区应立即变压,即变电间应置于围墙边;自动控制系统出了故障如何排除的装置,出了事故如何抢救的措施等。

## 7.1.2　城市工作(规划)设计

城市作为巨大的开放人机系统,从外输入巨大的资源、能源、产品设备,同时又向外输出各种产品及大量可见的"垃圾"和不可见的如电子烟雾、电磁辐射、射线辐射等的污染物。缺少安全设计的城市中,各类意外伤害事故屡屡发生,令人触目惊心,惨不忍睹,城市像癌症一样吞噬一切,既吞噬着有限的农田和绿地,又造成空前严峻的人身事故和环境污染问题。以前有人将大城市比作"地狱",它已成为人类的最大威胁之一。因此,要提高城市安全度,就必须考虑城市的安全设计。

1) 城市人口密度基数的安全设计

过高的常住人口密度和人口布局不合理,易诱发一些特有的"城市灾害"。如深圳等开发区,短期内像潮水般涌进了大批的"打工族"而导致一系列安全卫生问题,甚至用水也十分困难,各项城市配套措施难以与之相适应,因此诱发了大量事故,其中不乏一些恶性事故。

2) 城市土地利用与安全设计

城市化代表整个社会的变迁,它是城市中心对农村腹地延伸的过程,城市土地利用与安全度休戚相关,它是解除城市臃肿,降低城市灾害发生及环境污染的重要一环。

3) 对城市的变与不变相统一的安全设计

城市是变与不变的统一体。说变就是随科学技术的发展、生产力的发展及社会的发展,城市一定要成长发展。当今的这种变化是很快的,十年面貌大变。但一个城市(如首都、省会城市、直辖市等)的功能又是比较稳定的。因此,要提高对这种功能稳定与迅速发展相统一的认识,从整体上认识和把握城市,要有城市总体规划的宏观减灾的安全设计和安全管理,应把城市建成一个安全性、卫生性、开创性、神秘性、灵活性、方便性、趣味性、自然回归性及舒适性的城市。

4) 城市通道的安全设计

对城市道路、各类地下管道、电线电缆网络、通信设施网络、航空港、汽车站、火车站、港口等进行安全设计,以提高城市"生命线"的安全度,确保城市的物质、人员、信息等安全流动。

对危险危害源、污染源及污染物的排放通道要进行安全设计。例如,深圳市清水河某仓库存放着大量的易燃易爆物品,与该仓库仅一墙之隔就有双氧水仓库和液化气站,这是未进行安全距离设计的表现;又如,某城市的电视台、有线电视台建在公园与动物园及体育馆的旁边;再如,工厂的汽油、煤油、柴油、机油等仓库与锅炉房及液化气站呈三角形排列,均为一墙之隔;还有不少学校的学生宿舍只有一个楼梯间(通道);不少开发区的民工住在三合一宿舍中(生产、生活、仓库共用一栋楼房),一旦发生事故,便无逃生之路。现实生活中的大量事实说明,城市通道、建筑物的通道、娱乐场所的通道、生活用房的通道、危险物及危害物的安全距离等均要进行安全设计。

# 7.2 作业空间设计

作业空间包括作业者在操作时所需的空间及在作业中所需的机器、设备、工具和操作对象所占的空间范围。作业空间的设计是指按照作业者的操作范围、视觉范围以及作业姿势等一系列生理、心理因素对作业对象、机器、设备、工具进行合理的布置、安排,并找出最适合本作业的人体最佳作业姿势、作业范围,以便为作业者创造一个最佳的作业条件。一个设计优良的作业空间,不仅可以使作业者作业舒适、安全,操作简便,而且有助于提高人机系统的作业效率。

## 7.2.1 作业空间设计概述

研究作业空间的设计,首先要明确以下几个相关概念:

1）近身作业空间

近身作业空间是指作业者在某一固定的工作岗位上,保持站姿或坐姿等一定的作业姿势时,由于人体的静态或动态尺寸的限制,作业者为完成作业所及的空间范围。如人在坐姿打字时,四肢(主要指上肢)所及的空间范围,就是近身作业空间。

近身作业空间作为作业空间设计的最基本内容,主要依据作业者在操作时四肢所及范围的静态尺寸和动态尺寸来确定。根据人体的作业姿势不同,近身作业空间又可分为坐姿近身作业空间和站姿近身作业空间。

2）个体作业场所

个体作业场所是指作业者周围与作业有关的、包含设备因素在内的作业区域,简称作业场所。例如,计算机及其桌、椅就构成一个完整的个体作业场所。同近身作业空间相比,作业场所更复杂些,除了作业者的作业范围,还要包括相关设备所需的场地。当仅有一台机器设备时,就可以把它当作个体作业场所来设计,而不必考虑多台设备布置时总体与局部的关系。

3）总体作业空间

多个相互联系的个体作业场所布置在一起就构成了总体作业空间。总体作业空间不是直接的作业场所,它更多地强调多个个体作业场所之间尤其是多个作业者之间的相互关系。总体作业空间的设计除了需要考虑设备、用具所占的空间以及作业者的操作空间以外,还应给作业者留有足够的心理空间。小到办公室、车间,大到厂房、城市,都是总体作业空间的设计范畴。

总的来说,作业空间的设计,从近身作业空间到总体作业空间,不论大小,都应遵循以下的设计原则:

(1) 作业空间的设计应以人的生理、心理特点为依据,不能超出作业者的作业范围。

(2) 从人的要求出发,处理好总体空间与局部空间之间的关系。

(3) 处理好个体场所之间的相互关系。

(4) 要保证作业的安全,尽量减少疲劳。

(5) 各控制器、显示器装置要根据它们的重要程度与使用频率依次布置在作业者作业范围的最佳区、易达区和可达区。

## 7.2.2　作业空间设计的视觉要求

在空间设计中,尤其是作业空间的布局中,除了应满足人的操作范围要求外,人的视觉特性也是重要的因素之一。在作业中,大约70%以上的信息是通过视觉传递的,因而作业域内的空间布置必须满足人的视觉要求。

1）视力

视力表示人的眼睛能够识别二维扩展的细小物体形状的能力。在实际应用中,视力通常是以视角(确定被看物尺寸范围的两端点光线入射眼球的相交角度)来表示的,即:

$$视力 = \frac{1}{能够分辨的最小物的视角(最小临界视角)} \tag{7-1}$$

当最小临界视角为1分时,人的视力大约为1.0,此时视力较为正常。而通常所说的视力,是指视网膜中心窝处的视力,又称为中心视力。周围的视力称为周边视力。明视觉好是指中心视力好,暗视觉好是指周边视力好。虽然周边视力比中心视力差,但对于分辨运动的物体而言,周边视力更敏锐些。当然,要使目标对象更易被眼睛准确识别,还须借助眼球的转动来改变注视点。视力也会随着年龄、背景、可视物与背景亮度对比的变化而变化。

2）视野

视野是指作业者在头部和眼球固定不动的情况下,眼睛观看正前方物体时能看到的空间范围,通常视野的大小和形状与视网膜上感觉细胞的分布情况有关。

人在水平面内的视野范围是:双眼的最大视区在左右 60°以内的区域,在这个区域里还包括字、字母和颜色的辨别范围:辨别字的视线角度为 10°～20°;而辨别字母的视线角度为 5°～30°。在各自的视线范围以外,字和字母逐渐消失。对于特定颜色的辨别,视线角度为 30°～60°。人最敏锐的视力是在标准视线每侧 1°的范围内。

在垂直面内人的视野是:以视线水平时为 0°基准,人的最大视区为视平线以上 50°和视平线以下 70°。颜色的辨别区域为视平线以上 30°,视平线以下 40°。实际上,人的自然视线是低于标准视线的。一般状态下,站姿时自然视线低于水平线 10°,坐姿时低于水平线 15°;站姿松弛状态下的自然视线偏离标准线 30°;坐姿松弛状态下的自然视线偏离标准线 38°;垂直面内人的最佳视区在低于标准视线 30°的区域里。

一般地,正常人的实际视力范围要小于上面所说的标准范围,这是因为作业者在操作时,在其视野范围内不仅有操作对象,还有四周的作业环境。作业者在注视操作对象的时候,很容易受到环境的影响,而进入人眼的目标只能是视野的一部分。

3）视距

视距是人在作业中正常的观察距离。人在作业时,视距的远近直接影响着认读的速度和准确性,应根据观察目标的大小和形状而定。不同的工种对视距的要求也不同。一般来说,工作精度越高,所需视距就越小。在正常作业中,通常采用 38～76 cm 的视距范围。表 7-1 给出了不同作业精度所需的视距要求。

**表 7-1** 作业精度与视距的关系

| 作业类型 | 示例 | 视距 | 固定视野直径 | 作业姿势 |
| --- | --- | --- | --- | --- |
| 最精细的作业 | 安装最小部件(表、电子元件等) | 12～25 | 20～40 | 坐姿 |
| 精细作业 | 安装收音机、电视机等 | 25～35 | 40～60 | 坐姿或站姿 |
| 中等粗活 | 印刷、机床操作等 | <50 | <80 | 坐姿或站姿 |
| 粗活 | 包装、粗磨等 | 50～150 | 30～250 | 站姿 |
| 远视 | 黑板、开汽车 | >150 | >250 | 坐姿或站姿 |

只有很好地了解人的视觉机能,才可能根据人的视觉特点,合理布置作业空间,减少视觉疲劳,提高作业效率。

4）视觉疲劳

视觉疲劳是指作业者在作业过程中,产生的作业视觉机能衰退,作业能力明显下降,并伴随有眼睛疲倦等主观症状的现象。疲劳者如果继续作业,不仅不安全,而且不经济。视觉疲劳是作业疲劳中器官疲劳的一种,尤其多发生在抄写、打字等精细作业中。

引起视觉疲劳的因素主要有照明不合理及显示器的布局不合理等。

（1）视觉疲劳与照明

视觉疲劳与照明及灯光布局是否合理密切相关,集中反映在照明的数量和质量上。照明的数量可用照度值来表示,照明的质量则通过眩光、光色、光谱分布、阴影、阴暗变化等因素来表征。

人在观察物体时,所感觉到的主观亮度与刺激物体亮度的对数成正比。因此,物体的亮度越大,视力就越好。适当的照度值不仅能提高视力,而且由于在照度值的提高下,瞳孔缩小,从而在视网膜上的成像也更清晰。

人的眼睛能适应从 $10^{-3} \sim 10^5$ lx 的照度范围。为了看清物体,使物体成像在视网膜的中心窝处,就要通过眼球外部 6 根眼肌(内、外、上、下直肌,上、下斜肌)的收缩,使瞳孔转向内上方、内下方、内侧、外侧、外下方和外上方;通过虹膜的睫状肌的收缩或舒张使晶状体变厚,增加眼睛的折光能力;或使晶状体变薄,减弱折光能力,来调节眼睛看近物和远物的能力,通过瞳孔括约肌的收缩和瞳孔开大肌的收缩,使瞳孔缩小,减少强光进入眼内,或使瞳孔开大,增加进入眼内的弱光。眼肌的经常反复收缩,极易造成眼睛的疲劳,其中睫状肌对疲劳的影响最大。

实验表明,照度自 10 lx 增加到 1 000 lx 时,视力可提高 70%。视力不仅受被注视物体亮度的影响,还与周围亮度有关。当周围亮度与中心亮度相等或稍暗时,视力最好;若四周比中心亮,则视力会显著下降。

在照明条件差的情况下,作业者长时间反复辨认某一对象,就会使视觉机能持续下降,引起眼睛疲劳,严重时会导致作业者的全身性疲劳。眼睛疲劳的自觉症状有:眼球干涩、怕光、眼痛、视力模糊、眼球充血、有眼屎和流泪等。视觉疲劳可以通过闪光融合阈限、反应时间、视力与眨眼次数等方法间接测定。

长时间眼睛疲劳或疲劳后得不到及时、充分的休息恢复,将会引起视力下降和全身性疲劳。全身性疲劳主要表现为疲倦、食欲不振、肩上肌肉僵硬、麻木等自律神经失调症状。

提高照度值可以提高识别速度和立体视觉效果,降低视觉疲劳,从而提高工作效率和准确性。但当照度值提高到一定限度时,就会产生眩光效应,导致作业者视觉疲劳。因此,对照度的研究实验结果表明,照度值对作业者的影响有一个临界值:当照度值在临界水平以下时,随着照度增加,人的视觉能力会提高,眼睛不易疲劳;在临界水平时,人可以长时间保持稳定的视力而不觉得疲劳;当照度值超过临界水平时,视力将下降,并容易引起疲劳。

为减少视觉疲劳,在布置光源时,应采取以下措施:

① 合理控制光源的亮度,一般光源亮度控制在 16 cd/cm² 以下比较合适。当亮度大于 300 cd/cm² 时,可采用不通明的磨砂灯罩,或用氢氟酸处理灯罩内壁以及涂白色无机粉末等办法,以提高灯光的漫射性能。

② 合理分布光源,不要将灯光直接射入人眼及作业域内(如经过灯罩边缘或在射到墙壁后再反射到作业域内)。

③ 减少亮度对比。人眼从亮处到暗处(或从暗处到亮处)需要经过瞳孔的放大缩小,在一段时间后才能适应,反复重复这种动作无疑将增加视觉的疲劳。

(2) 器件配置不当引起视觉疲劳

从上面的分析中可知,人眼具有视觉特性,显示器、控制器的配置应当满足人的视觉特性要求。配置不当将引起作业者的视觉疲劳,从而导致作业的效率降低,安全和可靠性也无法保障。

### 7.2.3　作业空间设计

1) 作业空间设计

在实际作业中,人们常采取坐姿、站姿操作。这两种作业姿势特点不同,分别适合不同的作业场所。

（1）坐姿作业空间

① 坐姿。坐姿作业是人体常用的操作姿态，主要有以下优点：不易疲劳，持续工作时间长；身体稳定性好，操作的精度高；手脚可以并用作业。

鉴于以上特点，坐姿适合以下几种作业：精密作业，如书写、计算机操作、小部件的装配等；施力较小的作业（提重物时不大于 4.5 kg）；作业所需的工具、材料等在坐姿状态下易于拿到。

② 坐姿作业空间。坐姿作业空间的范围受上肢的活动范围尤其是功能性臂长的约束。在垂直面和水平面上人体上肢所能达到的运动区域——坐姿作业空间，其尺寸如图 7-1 所示。

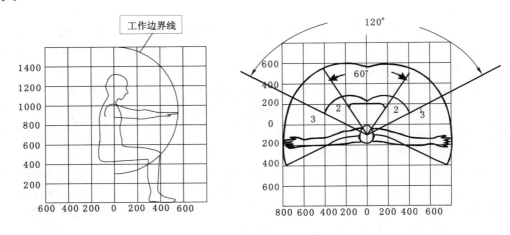

图 7-1　坐姿作业空间的尺寸（单位：mm）

a. 人体上肢操作范围的最佳区域（适宜配置最重要和使用最频繁的显示器、控制器）。

b. 人体上肢操作范围中容易达到的区域（适宜配置较重要和使用较频繁的显示器、控制器）。

c. 人体上肢操作范围中能够达到的最大区域（适宜配置不重要和使用不频繁的显示器、控制器）。

（2）站姿作业空间

① 站姿。相对于坐姿而言，站姿操作允许的作业范围更大，且操作者可以自由地移动。一般来说，站姿作业有以下优点：

a. 可活动空间增大，适合来回走动和经常变换体位的作业，如纺织挡车工，普通车床的操作等。

b. 手的力量增大，即人体能输出较大的操纵力。

c. 不需要容膝空间，相对坐姿而言，所需的作业空间更小。

② 站姿作业空间。同坐姿作业空间类似，由于人体上肢的操作特性，站姿作业空间也分为最佳区、易达区和可达区。在垂直面和水平面上站姿作业空间的尺寸，如图 7-2 所示。

a. 人体上肢操作范围的最佳区域（适宜配置最重要和使用最频繁的显示器、控制器）。

b. 人体上肢操作范围中容易达到的区域（适宜配置较重要和使用较频繁的显示器、控

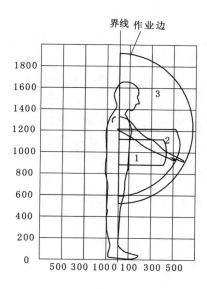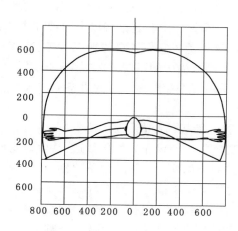

图 7-2  站姿作业空间的尺寸（单位：mm）

制器）。

c. 人体上肢操作范围中能够达到的最大区域（适宜配置不重要和使用不频繁的显示器、控制器）。

（3）坐、立姿交替的作业空间

某些作业的作业面总能保持在一定的区域内，并且不要求作业者始终保持站姿，在作业的一定阶段，也可以坐姿操作，这时就可以采用坐、立交替的作业姿势。采用这种作业姿势既可以避免由于长期站姿操作而引起的疲劳，又可以在较大的区域内活动以完成作业，同时稳定的坐姿可以帮助作业者完成一些较精细的作业。当然，并不是所有的作业都可以采用坐、立交替的作业姿势的，它只适合一些特殊的作业。例如，作业中需要重复前伸超过41 cm或高于15 cm的操作等。

坐、立姿交替作业综合了坐姿和站姿的特点：作业面固定，坐、立姿交替作业的工作椅面较高，作业面也相应提高，故作业空间的尺寸在水平面上可参照坐姿的作业空间尺寸，在垂直面中可参照站姿的作业空间尺寸。

2）作业空间的布置

作业空间的布置是指根据人因学的布置原则，在有限的空间内定位和安排作业对象（包括机器、设备及其显示器、控制器等其他元器件）。在作业空间的布置中，不仅要考虑人与机器的关系，还要考虑机器、元器件之间的相互关系。

（1）机器、设备的布置原则

① 按作业顺序布置。在一些小电子产品的生产车间，其机器设备一般就是以这种方式来布置的。这类作业场所要求制造和装配是连续的，这样产品就可以在生产线上以最短的时间被加工和装配完成，避免了无谓的原材料和半成品的搬运，使加工线路达到最经济的要求。按作业顺序布置设备的方式尤其适合于装配作业，它唯一的缺陷是：一旦生产线上的某一设备或作业者出现问题，将直接影响整个生产过程。

② 按设备功能布置。主要是指将机器设备按功能分类，同一功能的设备被编成一组，共同完成某一产品的同一道工序。这种布置方式的优点是机器设备的利用率高，一旦某一

设备或作业者出现故障,对全局也不会造成太大的影响,比较适合于一些尚未完全定型的试制产品的加工。目前,我国很多的机械加工车间都能见到这种布局方式。其缺点是:从一组设备到另一组设备间需要搬运原材料和半成品,增加了工序。

③ 混合布置。主要是指将以上两种方式结合在一起来布置设备,这样既吸收了两种方式的优点,又避免了它们各自的缺点。在实际作业中,工厂根据不同产品的加工特点以及在加工同一产品过程中的不同工艺要求,采用混合方式布置设备是比较合适的。如零件的加工阶段在采用按作业顺序布置的设备上完成,而在装配阶段则在采用按功能布置的设备上完成。

(2) 控制面板的布置原则

一般来说,为使操作者能更舒适、高效地完成作业,并将疲劳程度减至最低,作业域内的显示器、控制器的配置应遵循以下原则:

① 按重要程度布置。操作者在作业过程中需要打交道的显示器、控制器不止一个,应按照各器件对完成作业起作用的重要程度来布置,即最重要的器件布置在人的最佳操作和视觉范围内,如急停开关应放在人的正前方。

② 按作业顺序布置。在完成某一作业的过程中所使用的控制器是有一定顺序的,为了方便、快捷地操作,在配置这些器件时,也应按照这一使用顺序布置。一般对有操作顺序的控制器应按竖直方向由上而下、水平方向自左向右的顺序排列。

③ 按使用频率的高低布置。在作业过程中,有一些显示器、控制器的使用频率高于其他器件,对于这些经常用到的器件,应放到人的最佳操作范围内。对于使用频繁的显示器,在垂直面上应布置在作业者水平视线以下30°角的范围内(图7-3),在水平面上应布置在人的正中矢状面30°角的范围内;对于很少使用的显示器布置在120°角的范围内即可。

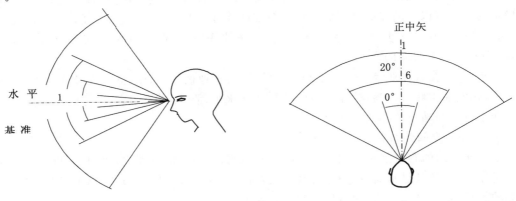

图7-3　人的视角

④ 按功能对应性原则排列。当控制面板中的显示器、控制器较多时,要成组排列,功能相关的器件应放在一起或在位置上相互对应。当面板上仪表很多时,显示仪表的排列要与功能对应的控制旋钮在位置上相互呼应。

⑤ 控制器的间距。为防止误操作,各控制器之间要留有足够的距离。

## 7.3 工作台及座椅设计

### 7.3.1 工作台设计

现代化的机器、设备通常将相关的显示、控制等器件集中布置在工作台上,以便让操作者能够方便、快速而准确地操作和监视。

工作台是人、机的交互界面,其设计是否符合人的生理、心理特点,将直接影响人机系统的效率。

由于使用场合的不同,工作台可大可小,大到轮船的驾驶室,小到一台笔记本电脑,都是一个工作台。但不论如何复杂,其设计都应遵循人因学的有关原则。

一个设计优良的工作台,应保证控制器和显示器布置在人体最适应的工作面上。在设计工作台之前,有必要先了解工作面的设计。

1)工作面的设计

(1)水平工作面

水平工作面适合站姿或坐姿的手工作业,因此应设在人体上肢的操作范围内。同作业空间的尺寸一样,水平工作面的尺寸也分为作业的最大区域和正常区域(图7-4),分别表示在作业时上肢在水平面上移动形成的最大范围和最舒适范围。从图中可以看出,当上肢完全伸直时,分别形成的以左右肩峰点为圆心,以上肢为半径的两圆(在人体正前方有重合的虚线部分)内区域即为水平面的最大尺寸范围。此时,肩部、上臂、肘关节和前臂处于最紧张状态,操作吃力,而且极易疲劳,因此在此范围外缘部分尽量少布置或不布置控制器。图7-4中细实线表示理论上水平作业面的正常区域,但在实际操作中,由前臂的带动,肘部也随之做圆弧运动,这样在人体侧面实际正常工作区域要略大些(图7-4中粗实线表示);而人体前方理论上的正常区域更大些(图7-4中用细实线表示)。

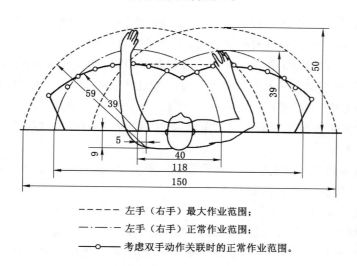

------ 左手(右手)最大作业范围;

—·—·— 左手(右手)正常作业范围;

——○—— 考虑双手动作关联时的正常作业范围。

图7-4 水平工作面的最大区域和正常区域工作区域

(2)竖直工作面

竖直工作面的尺寸是工作台台面高度设计的重要依据。一般作业将工作面的高度定在人体肘部以下 5～10 cm,这时上臂自然下垂,前臂略微弯曲,肘关节、肩关节承力较小。但对于特定的作业,作业面的高度也会有所不同。如施力较大的作业为了省力,通常作业面较低,而精细作业时为保证视距需要将作业面设计得更高些(图 7-5)。

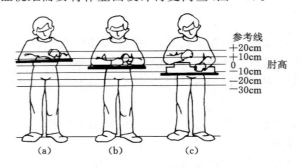

图 7-5　竖直作业面的尺寸
(a) 精密作业;(b) 一般作业;(c) 重荷作业

需要注意的是,不论是水平工作面还是竖直工作面的设计,由于各个国家、地区人体身材的高度不同,四肢的长度也不同,同时个人的喜好、习惯也有差异,这就导致作业面的设计应在参照相关理论数据的基础上,因地制宜,灵活运用。在设计中,如能将工作面做成可调节的,就可以适应不同的作业者。

2) 工作台的设计

根据作业姿势的不同,常用的工作台有以下几种:

(1) 坐姿工作台

当作业中需要长期监视、操作且工作台面固定时,坐姿工作台是最好的选择。根据工作台面上控制器、显示器的配置不同,坐姿工作台又可分为低台式坐姿工作台和高台式坐姿工作台。

相对而言,低台式坐姿工作台的显示器、控制器器件较少,台面高度较低,一般低于坐姿作业者的水平视线;其台面允许有较大斜度,与垂直面的角度可达 20°(图 7-6)。

顾名思义,高台式坐姿工作台的面板布置较高,这样就扩大了面板的布置范围(视平线以上 45°),可放置更多的显示器和控制器。在配置这些显示、控制器时,无论从人的视觉范围还是操作范围考虑,其次序都应是最佳区→易达区→可达区(图 7-7)。

无论是低台式工作台还是高台式工作台,都应留有足够的容足、容膝空间。

(2) 立姿工作台

由于人在站姿状态下的操作范围和视觉范围都大于坐姿,因此无论从宽度还是高度尺寸上来讲,站姿工作台都大于坐姿工作台。

随着对作业环境的深入研究,人们对工作台的设计又有了新的设想。目前,在先进的机器、设备中均采用可随作业者位置变化而活动的工作台。由于作业者在操作的同时往往还要监视机器、设备的运转情况,实际中经常需要多个点、多个角度才能看到全面的运转情况。因此,这种可活动的工作台是非常必要的。通常是从设备的顶端伸出一个可调节的吊臂,支撑一个集显示器、控制器于一身的工作台。

为了节省操作空间,有的机器还将工作台面上的控制器(键盘)与显示面板分开,并将键盘做成可折叠或拉伸式,当使用时拉开,不用时折叠放下或推回,以节省操作空间,方便操作

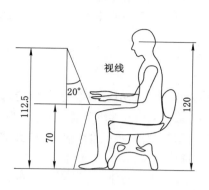

图 7-6  低台式坐姿工作台

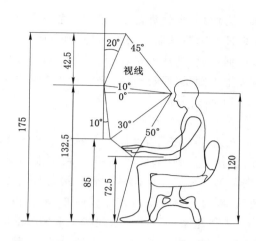

图 7-7  高台式坐姿工作台

者来回巡视。

（3）坐—立姿工作台

坐—立姿工作台是为适应坐—立姿作业而设计的（图 7-8）。前文中分析了坐—立姿交替作业的工作姿势，它不仅可以满足作业的要求，同时还可以调节作业姿势，减轻作业疲劳。

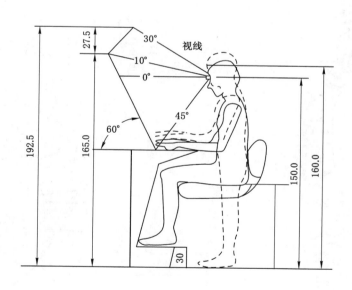

图 7-8  坐—立姿工作台

## 7.3.2  座椅设计

相对站姿而言，坐姿作业可以减轻腿部肌肉的负担，有利于血液循环，降低作业能量消耗，从而减轻疲劳，提高工作效率；同时，稳定的坐姿还可以完成更精密细致的作业。目前，发达的工业国家，超过 2/3 的作业场所采用坐姿；在我国，随着自动化水平的日益提高，越来越多的站姿、体力劳动将向坐姿、智能型劳动转化。

如果坐姿不正确或座椅设计不合理，也会给身体带来伤害。例如，长时间采用坐姿，静脉压力增加,大腿局部受到压力,血液回流阻力增加,会造成下肢肿胀、麻木;同时,不正确的坐姿还会因腹部肌肉松弛,脊柱前弯而影响呼吸系统、消化系统的功能;此外,躯干过于前倾或后仰,则会造成颈椎炎等。因此,对坐姿以及座椅设计的研究是非常必要的,这也是目前世界上人因学领域正在研究的重要课题之一。

1) 坐姿分析

(1) 坐姿与脊柱结构

在坐姿状态下,身体的主要支撑来自脊柱、骨盆、腿和脚。其中脊柱位于人的背部中线处:包括 7 块颈椎、12 块胸椎、5 块腰椎、5 块骶骨(已愈合为一块)、4 块髋骨(已愈合为一块)(图 7-9)。椎骨由肌腱和软骨连接,腰椎、骶骨和椎间盘及软组织承受坐姿时上身大部分的负荷,同时还要保证身体完成屈伸、侧屈和回旋等有限度的活动。

人体正常的腰部是松弛状态下侧卧的曲线形状。在这种状态下,各椎骨之间的间距正常,椎间盘上的压力轻微而均匀,椎间盘对韧带几乎没有推力作用,人最舒适。当人体做弯曲活动时,各椎骨之间的间距发生变化,椎间盘受到推挤和摩擦,向韧带施加推力,韧带被拉伸,致使腰部感到不舒适。当腰部弯曲越大时,不舒适感就越严重。图 7-10 所示为人体在不同姿态下所产生的腰椎弯曲弧线。其中,曲线 F 与 G 表示躯干挺直坐姿和前弯时的腰弧,这时腰椎严重变形;曲线 C 表示躯干与大腿之间的角度大于 90°,且腰部有支撑时的状态,这时坐姿最接近于正常的腰曲弧线。

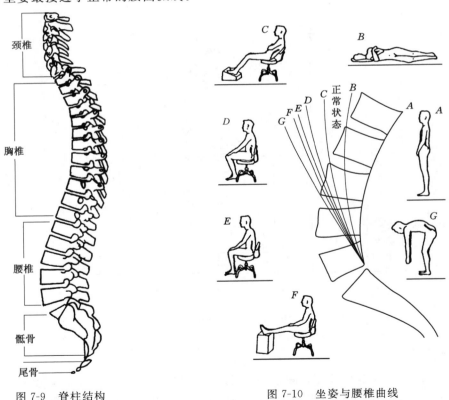

图 7-9　脊柱结构　　　　　图 7-10　坐姿与腰椎曲线

可以看出,设计舒适的座椅,必须使坐姿的腰椎弧线逼近正常形状(C、F、B)。

2) 坐姿的压力分布

　　人在坐姿状态下,大腿和上肢的重量主要由座面来支撑。坐骨的结节点虽然可以承受人体较大的重力,但前提是必须保证坐骨下面的座面近似水平。只有这样,两坐骨结节点外侧的股骨才能处于正常的位置,而不受过分的压迫;反之,当座面呈斗形时(图7-11),会使股骨向上转动。这种状态不仅会使股骨处于受压迫位置而承受载荷外,还能造成髋骨肌肉承受反常压迫,并使肘部和肩部受力,极易引起疲劳。

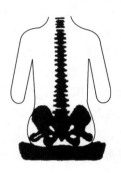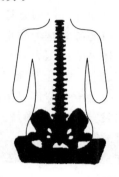

图 7-11　坐姿时的骨盆形状

　　分析上面人体各种姿态下的腰椎曲线,正常的坐姿不仅对座面的设计有要求,同时,背靠也要承担一部分压力。通常座椅靠背的压力主要分布在肩靠和腰靠两处。一般的工作椅要求作业者的上体前倾,这时,只需设腰靠而不必设肩靠(如电脑椅)。而做休息椅时,为适应后仰,肩靠会承担更大的压力。

　　2) 座椅设计

　　根据功能的不同,座椅可以分为3类:工作用椅、休息用椅及特殊专用椅。不同类型的座椅,由于功能不同,其设计尺寸也有所区别。座椅的设计尺寸在《工作岗位一般人机工程要求》(GB/T 14774—93)中有明确的规定。

　　工作用椅一般用于计算机操作、打字、控制等场合,设计时应以舒适性、稳定性及满足工作要求为前提。具体尺寸见表7-2。

表 7-2　　　　　　　　　工作椅与休息椅的设计参考尺寸　　　　　　　　单位:mm

| 参数 | 工作椅 | 休息椅 | 备注 |
|---|---|---|---|
| 座高 | 360～480 | 380～450 | |
| 座宽 | 370～420 | 370～420 | 工作椅推荐值400 |
| 座深 | 360～390 | 400～430 | 工作椅推荐值380 |
| 座面倾角 | 0°～5° | 19°～20° | 工作椅推荐值3°～4° |
| 靠背长度 | 320～340 | 320～340 | 工作椅推荐值330 |
| 靠背宽度 | 200～300 | 200～300 | 工作椅推荐值250 |
| 靠背倾斜角度 | 95°～115° | 105°～108° | 工作椅推荐值110° |
| 扶手高 | 27～30 | 27～30 | |

　　相对工作用椅而言,休息用椅更追求舒适,因此坐垫的面积、柔软度及靠背的倾角都应适当的增加,以便上体能更舒适地后仰。需要指出的是,休息椅的坐垫厚度应有一定的限度,过柔、过厚的椅面会导致人坐下后深陷椅中,很难改变坐姿,长时间保持这种姿势会造成

局部坐骨和大腿肌肉的疲劳。

特殊专用椅是指在特定场合或用于特殊用途的座椅,如膝靠式专用工作椅。这些特殊专用椅的设计尺寸应依具体情况而定,这里仅介绍几种特殊专用椅的实例。

(1) 膝靠式座椅

膝靠式座椅属于工作椅的一种特殊形式[图 7-12(a)],用于打字、书写、绘图等作业中。这些工作要求作业者长时间保持前倾姿势,工作面要前倾于作业者,而膝靠式座椅的特点正好满足了这些要求。座椅的膝靠是为防止作业者前倾时滑离椅面,以保持坐姿稳定。膝靠式座椅的特点决定了人体坐姿的压力分布在坐骨和膝上,虽然这样减轻了脊柱和臀部的负荷,但由于膝部活动受限制,致使上体无法后仰,腰椎、肩部无法得到支撑而容易疲劳。同时,长时间的膝部受力,也会导致膝部以下麻木肿胀。因此,这种座椅虽然满足了工作要求,但从人因学的角度出发,还有许多尚待完善的地方。

(2) 坐—立姿两用工作椅

有些作业不要求作业者始终保持站姿,在作业的一定阶段,也可以坐姿操作,这时作业者就可以采取坐—立交替的工作姿势。坐—立姿两用工作椅是为适应坐—立交替的工作姿势而设计的[图 7-12(b)]。此类座椅的特点是不设靠背,椅面高于普通的坐姿工作椅,当人坐下后,大腿前倾成斜面,与小腿的夹角大于 90°,人体的重量由椅面、腿和脚共同承担。同普通工作椅相比,人坐在在坐—立姿两用工作椅上,脚的承重重量更大些,而椅面的承重略小,这样由于人的重心没有完全落在椅中,且臀部没有承受较大的力,就可以迅速、方便地起立、坐下。

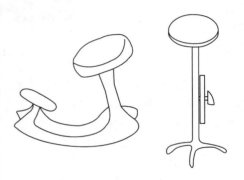

图 7-12 特殊专用椅
(a) 膝靠式座椅;(b) 坐—立两用椅

(3) 快餐椅

座椅的设计是为了使人能够在长时间作业中感到舒适,并尽可能地减少疲劳。而有一种座椅的设计意图却不是这样,这就是快餐椅。快餐店虽然希望更多的顾客能光顾自己的快餐店以获取更大赢利,但却不想让顾客用餐后仍然长时间停留。基于这一目的,快餐店的座椅在色彩上可以设计得亮丽些,并与店内其他的色调构成对人眼比较大的刺激。从色彩学的角度讲,这必将会吸引来往的人流驻足观望,进来用餐。座椅的材料使用塑料制品即可,椅面的设计就别具一格,在前面的人体坐姿分析中,只有近乎水平的椅面才能保证人体在长时间保持坐姿后不至于疲惫,快餐椅却有意将椅面设计成斗形,这样顾客坐在这样的环境中品味可口的快餐开始是一种享受,然而时间一长,硬邦邦的并不符合人因学规律的椅面就会使人感到不适,加之四周色彩的强烈刺激,顾客就无法长时间停留了。

总的来说,座椅设计应注意以下几点:

① 座椅的高度要适宜。原则上椅面高度应低于小腿高度,否则大腿的肌肉将承受较大的压力,影响血液循环和神经传导功能;同时座椅的高度也不宜过低,当椅面低至作业者的膝角小于 90° 时,人的背部很容易前弯成弓形,脊柱严重变形,长时间坐靠会造成腰、背的损伤。因此,为适应不同高度的作业者,现在越来越多的工作椅采用高度可调的座椅。

② 椅面的压力分布要合理。即由坐骨结节处承受座面上臀部的大部分压力,减小大腿

下的压力。

③ 用靠背来分担一部分压力。除了座面以外,靠背也要承担一定的压力,用以支撑肩、背、腰部,但靠背的大小要合适,尤其在工作椅中,过大的靠背反而会使背部受压,产生不适感,同时也会妨碍上肢的活动,影响操作。

# 7.4　显示器设计

显示器的目的是将机的运行状态转化为量的函数关系,然后用数值的形式定量地表达出来,或者用规定的形式定性地表示出来,提供给机的操纵管理人员,作为控制机器的依据。在人机系统中,按人接受信息的感觉通道不同,可将显示器分为视觉显示器、听觉显示器和触觉显示器。其中以视觉和听觉显示器应用最为广泛,触觉显示是利用人的皮肤受到触压或运动刺激后产生的感觉而向人们传递信息的一种方式,较少使用。理想的显示器除了要准确反映"机"的状态外,还应根据人的感觉器官的生理特征来确定其结构,使得人与机充分协调。也就是说,所设计显示器的形状、大小、颜色、标度、刻度、空间布置、响度、亮度、频率、照明、背景、距离等都必须适合人的生理、心理特征,使操作者对显示器所显示的信息辨认速度快、误读误听少、可靠性高,并减轻精神紧张和身体疲劳。

## 7.4.1　显示器设计与选择的基本原则

(1) 显示器所显示的信息要有较好的可觉察性:可辨性,保证接受者能迅速、准确地感知和确认。信息内容不应超过接受者的观察范围和注意能力。

(2) 显示器传递的信息数量不宜过多,特别是次要信息过多,会增加接受者的心理负荷。

(3) 应考虑人接受信息能力的特性,当某一种感觉通道负荷过大时,可使用另一种通道协助接受信息。多重感觉通道比单通道更容易引起注意。

(4) 同种类的信息应尽量用同样方式传递。没有特殊原因,不应采用不同的方法进行显示。

(5) 显示的信息变化时,其方向和幅度,要与信息变化所带来的作用和趋向相一致。

(6) 有多种显示器的情况下,要根据技术过程、各种信息的重要程度和使用频数来布置,重要的显示器应在醒目的位置上。

(7) 为便于识别,在某些情况下可应用两个及两个以上的方式编码,如形状和颜色相结合等。

(8) 显示信息的量值应有足够的精度和可靠性。

(9) 必须保证在特定作业环境下实现显示信息的功能和作用,保证接受者有最佳的工作条件。

(10) 各个国家、地区或行业部门使用的信息编码应尽可能做到统一和标准化。

## 7.4.2　视觉显示器的设计

1) 指针式仪表的设计

指针式仪表是用模拟量来显示机器有关参数和状态的视觉显示装置。其特点是显示的信息形象化、直观,使人对模拟值在全量程范围内所处的位置一目了然,并能给出偏差量,监控作业效果很好。依刻度盘的形状,指针显示器可分为圆形、弧形和直线形(表 7-5)。

表 7-5 指针显示器的刻度盘分类

| 类别 | 圆形指示器 | | | 弧形指示器 | |
|---|---|---|---|---|---|
| 度盘 | 圆形 | 半圆形 | 偏心圆形 | 水平弧形 | 竖直弧形 |
| 简图 | | | | | |

| 类别 | 直线指示器 | | | 说明 |
|---|---|---|---|---|
| 度盘 | 水平直线 | 竖直直线 | 开窗式 | |
| 简图 | | | | 开窗式的刻度盘也可以是其他形式 |

对于指针式仪表,要使人能迅速而准确地接受信息,使刻度盘、指针、字符和色彩匹配的设计与选择必须适合人的生理和心理特性。分析飞行员对仪表的错误反应表明:真正由于仪表故障引起失误不到 10%,不少失误是由于仪表设计不当引起的。例如,使用多针式指示仪表,表面上看似乎减少了仪表个数,实际上指针不止一个,增加了误读的可能性,其失误超过 10%。因此,设计指针式仪表时应考虑安全人机工程学的问题有:指针式仪表的大小与观察距离是否比例适当;刻度盘的形状与大小是否合理;刻度盘的刻度划分、数字和字母的形状、大小以及刻度盘色彩对比是否便于监控者迅速而准确地识读;根据监控者所处的位置,指针式仪表是否布置在最佳视区范围内。

(1)刻度盘的设计

① 刻度盘的形状。刻度盘形状的选择主要根据显示方式和人的视觉特性。实验研究表明,不同形式刻度盘的误读率不同。开窗式刻度盘优于其他形式,是因为开窗显露的刻度少、识读范围小、视线集中、识读时眼睛移动的路线也短,所以误读率低。圆形和半圆形刻度盘的识读效果优于直线形刻度盘,是因为眼睛对圆形、半圆形的扫描路线短,视线也较为集中。水平直线优于垂直直线式的原因,主要是水平直线形更符合眼睛的运动规律,即眼睛水平运动比垂直运动快,准确度高。

② 刻度盘的大小。刻度盘的大小对仪表的认读速度和精度有很大影响,且取决于盘上标记的数量和观察距离。以圆形刻度盘为例,当盘上标记数量多时,为了提高清晰度,须相应增大刻度盘。但是,这必将增加眼睛的扫描路线和仪表占用面积。而缩小刻度盘又会使标记密集不清晰,从而影响认读速度和准确度。刻度盘的最佳直径与监控者的视角有关。实验表明,最佳视角为 2.5°~5°。因此,由最佳直径和最佳视角便可确定最佳视距,或已知视距和最佳视角便可推算出仪表刻度盘的最佳直径。怀特(W. J. White)等人对圆形刻度盘最优直径做过实验,将仪表安装在仪表盘上,然后测试反应速度和误读率。结果表明,圆形刻度盘的最优直径是 44 mm(表 7-6)。关于圆形刻度盘的直径、观察距离和标记数量的推荐值请参见表 7-7。

**表 7-6**　　　　　　　认读速度和准确度与直径大小的关系(视距 750 mm)

| 圆形度盘直径/mm | 观察时间/s | 平均反应时间/s | 误读率/% |
| --- | --- | --- | --- |
| 25 | 0.82 | 0.76 | 6 |
| 44 | 0.72 | 0.72 | 4 |
| 70 | 0.75 | 0.73 | 12 |

**表 7-7**　　　　　　　观察距离和标记数量与刻度盘直径的关系

| 刻度标记的数量 | 刻度盘的最小允许直径/mm | |
| --- | --- | --- |
| | 观察距离 500 mm 时 | 观察距离 900 mm 时 |
| 38 | 25.4 | 25.4 |
| 50 | 25.4 | 32.5 |
| 70 | 25.4 | 45.4 |
| 100 | 36.4 | 64.3 |
| 150 | 54.4 | 98.0 |
| 200 | 72.8 | 129.6 |
| 300 | 109.0 | 196.0 |

(2)刻度设计

识读速度、识读准确性还与刻度的大小、刻度线的类型、刻度线的宽度和刻度线的长短有关。

① 刻度大小。刻度盘上最小刻度线间的距离称为刻度。刻度大小可根据人眼的最小分辨能力和刻度盘的材料性质及视距而确定。人眼直接读识刻度时,刻度的最小尺寸不应小于 0.6～1 mm。当刻度小于 1 mm 时,误读率急剧增加。因此,刻度的最小尺寸一般在 1～2.5 mm选取,必要时也可采用 4～8 mm。采用放大镜读数时,刻度的大小一般取 $1/X$($X$ 为放大镜放大倍数)。

刻度线的最小值还受所用材料的限制,钢和铝的最小刻度为 1 mm,黄铜和锌白铜为0.5 mm。

② 刻度类型。常见的刻度类型有单刻度线、双刻度线和递增式刻度线(图 7-13)。递增式刻度线的形象特征可以减少识读误差。

③ 刻度线宽度即刻度线的粗细。刻度线宽度取决于刻度大小,当刻度线宽度为刻度的 10% 左右时,读数的误差最小。因此,刻度线宽度一般取刻度的 5%～15%,普通刻度线通常取(0.1±0.02) mm;远距离观察时,可取 0.6～0.8 mm,精度高的测量刻度线取 0.001 5～0.1 mm。

④ 刻度线长度。刻度线长度选择合适与否,对识读准确性影响很大。刻度线长度受照明条件和视距的限制。当视距为 $L$ 时,刻度线最小长度为:

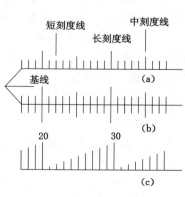

图 7-13　刻度线

长刻度线长度——$L/90$      中刻度线长度——$L/125$

短刻度线长度——$L/200$      刻度线间距——$L/600$

刻度线长度还受刻度大小的影响,不同刻度范围的刻度线长度按表 7-8 选取。

**表 7-8**                         **刻度线长度选择表**                 单位:mm

| 刻度线 | 刻 度 大 小 | | | | | | | | |
|---|---|---|---|---|---|---|---|---|---|
| | 0.15～0.3 | 0.3～0.5 | 0.5～0.8 | 0.8～1.2 | 1.2～2 | 2～3 | 3～5 | 5～8 | >8 |
| | 长 度 | | | | | | | | |
| $L_1$ | 1.0 | 1.2 | 1.5 | 1.8 | 2.0 | 2.5 | 3.0 | 4.0 | $0.5\Delta L$ |
| $L_2$ | 1.4 | 1.7 | 2.2 | 2.6 | 3.0 | 4.5 | 4.5 | 6.0 | $0.75\Delta L$ |
| $L_3$ | 1.8 | 2.2 | 2.8 | 3.3 | 4.0 | 6.0 | 6.0 | 8.0 | $\Delta L$ |

注:① $L_1$、$L_2$、$L_3$ 分别代表短、中、长三种刻度线,$\Delta L$ 为刻度大小。② 只有两种刻度线的情况下取 $L_1$ 和 $L_2$,只有一种刻度线的情况取 $L_3$。③ 三度划分时:$L_1:L_2:L_3=1:1.5:2$ 或 $1:1.3:1.7$。④ 二度划分时:$L_2:L_3=1:1.5$ 或 $1:2$。

⑤ 刻度方向。刻度盘上刻度值的递增顺序称为刻度方向。刻度方向必须遵循视觉规律,水平直线型应从左至右;竖直直线型应从下到上;圆形刻度应按顺时针方向安排刻度值。

⑥ 数字累进法。一个刻度所代表的被测值称为单位值。每一刻度线上所标度的数字的累进方法对提高判读效率、减少误读也有非常重要的作用。数字累进法的一般原则见表 7-9,这是美国海军的研究成果。

**表 7-9**                               **数字累进法**

| 优 | | | | | 可 | | | | | 差 | | | |
|---|---|---|---|---|---|---|---|---|---|---|---|---|---|
| 1 | 2 | 3 | 4 | 5 | 2 | 4 | 6 | 8 | 10 | 3 | 6 | 9 | 12 |
| 5 | 10 | 15 | 20 | 25 | 20 | 40 | 60 | 80 | 100 | 4 | 8 | 12 | 16 |
| 10 | 20 | 30 | 40 | 50 | 200 | 400 | 600 | 800 | 1 000 | 1.25 | 2.5 | 5 | 7.5 |
| 50 | 100 | 150 | 200 | 250 | | | | | | 15 | 30 | 45 | 60 |

一般应采取表中"优"的累进法,只是在不得已的情况下才使用"可",而绝对不能使用"差"的累进法。人最易读取自然增加的数字。

⑦ 刻度设计注意事项。不要以点代替刻度线;刻度线的基线用细实线为好,图 7-14 中采用的粗线不利于识读;刻度线不可很长、很挤,如图 7-15 所示;不要设计成间距不均匀的刻度,如图 7-16 所示。

图 7-14 不均匀刻度举例

图 7-15 不均匀刻度举例

(3) 字符设计

仪表刻度盘上印刻的数字、字母、汉字和一些专用的符号,统称为字符。由于刻度的功能通过字符加以完备,字符的形状、大小和立位又直接影响着识读效率;因此字符的设计应

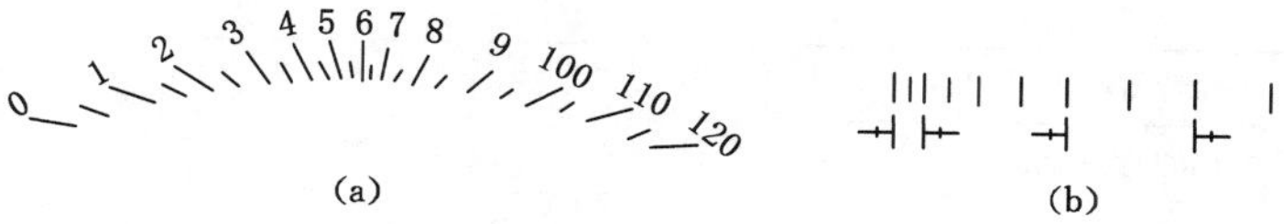

图 7-16　不均匀刻度举例

力求能清晰地显示信息,给人以深刻的印象。

① 字符的形体。设计字符形体时,为了使字符形体简明醒目,必须加强各字符的特有笔画,突出"形"的特征,避免字体的相似性。使用拉丁或英文字母时,一般情况下应用大写印刷体,因大写字母的印刷体比小写字母清晰,使用汉字时,最好是仿宋体字的印刷体,其笔画规整、清晰易辨。

② 字符的大小。在刻度大小已定的条件下,为了便于识读,字符应尽量大一些。字符的高度通常取为 $L/200$,也可按下面近似公式计算:

$$H = \frac{L}{3\,600}\theta \tag{7-3}$$

式中　$H$——字符高度,mm;

$\quad\quad L$——视距,mm;

$\quad\quad \theta$——最佳视角,(°);

最佳视角一般由实验决定,常取 $10°\sim30°$。

对于安装在仪表盘上的仪表,视距为 710 mm 时,其字符高度可参考表 7-10;若视距不等于 710 mm 时,需将表 7-10 列数值乘以变化比率加以修正。

$$变化比率 = \frac{实际视距}{710\ mm} \tag{7-4}$$

表 7-10　　　　　　　　　　仪表盘上仪表的字符高度　　　　　　　　　单位:mm

| 字母或数字的性质 | 低亮度下(约 0.103 cd/m²) | 高亮度下(约 3.43 cd/m²) |
|---|---|---|
| 重要的(位置可变) | 5.1~7.6 | 3.0~5.1 |
| 重要的(位置固定) | 3.6~7.6 | 2.5~5.1 |
| 不重要的 | 0.2~5.1 | 0.2~5.1 |

字符的宽度与高度之比一般取 0.6~0.8,笔画宽与字高之比一般取 0.12~0.16。笔划宽与字高之比还受照明条件的影响,笔画宽与字高比值的推荐值见表 7-11。

表 7-11　　　　　　不同照明条件和对比度下字符笔画粗细取值

| 照明和背景亮度情况 | 字　体 | 笔画宽:字高 |
|---|---|---|
| 低照度下 | 粗 | 1:5 |
| 字母与背景的亮度对比比较低时 | 粗 | 1:5 |
| 亮度对比值大于 1:12(白底黑字) | 中粗~中 | 1:6~1:8 |
| 亮度对比值大于 1:12(黑底白字) | 中~细 | 1:6~1:8 |
| 黑色字母于发光的背景上 | 粗 | 1:5 |

| 照明和背景亮度情况 | 字　体 | 笔画宽:字高 |
| --- | --- | --- |
| 发光字母于黑色的背景上 | 中～细 | 1∶8～1∶10 |
| 字母具有较高的明度 | 极细 | 1∶12～1～20 |
| 视距较大而字母较小的情况下 | 粗～中粗 | 1∶5～1∶0 |

③ 标度数字的原则。刻度线上标度数字应遵守下述原则:指针运动盘面固定的仪表标度的数字应直排(正立位);盘面运动指针固定的仪表标度的数字应辐射定向安排;最小刻度可不标度数字,最大刻度必须标度数字;指针在仪表面内时,如果仪表盘面空间足够大,则数字应在刻度的外侧,以避免被指针挡住;指针在仪表外侧时,数字应标在刻度的内侧;开窗式仪表的窗 El 应能显示出被指出的数字及上下相邻的两个数字,标数应顺时针辐射定向安排。为了不干扰对显示信息的识读,刻度盘上除了刻度线和必要的字符外,一般不加任何附加装饰;一些说明仪表使用环境、精度的字符应安排在不显眼的地方。

(4) 指针设计

指针是仪表的重要组成部分,其功能是用于指示所要显示的信息。指针的设计是否符合人的视觉特性,将直接影响仪表认读的速度和准确性。为了使监控人员能准确而迅速地获得信息,指针的大小、宽窄、长短和色彩配置等必须符合监控人员的生理与心理特性。

指针的形状要尽可能简单,指针明确、不附加装饰,应以头部尖、尾部平、中间等长或狭长三角形为好。指针尖宽度应与最短的刻度针等宽,或取刻度大小的 10 倍。如果针尖的宽度小于或大于最短刻度线宽度,当指针在刻度线上摆动时,则易产生读数误差。为了减少双眼视差和双眼视觉的不对称等因素的影响,指针与刻度盘的配合应尽量贴近。对高精度的仪表,指针与刻度盘必须装配在同一平面内。指针的长度要合适,过长会覆盖刻度标记,过短会离开刻度,从而给准确判读带来困难。一般认为,指针尖距刻度 2 mm 左右为宜。

(5) 仪表的颜色设计

指针式仪表的颜色设计,主要是度盘面、刻度标记和数码、字符以及指针的颜色匹配问题,它对仪表的造型设计、仪表的认读有很大影响。为了精确地判读,指针、刻度线和字符的颜色应有鲜明的对比,选择最清晰的配色,避免模糊的配色。研究表明,最清晰的搭配是黑与黄,最模糊的搭配是黑与蓝;墨绿色和淡黄色仪表面分别配上白色和黑色的刻度时,其误读率最小;而黑色和灰黄色仪表面分别配上白色刻度线时,其误读率最大,不宜采用。在实际工作中,由于黑白两种颜色的对比度较高,且符合仪表的习惯用途,因此常用这种搭配作为表盘和数字的颜色。

2) 数字显示器的设计

数字显示器是直接用数码来显示有关参数或工作状态的装置,如各种数码显示屏,机械、电子式数字计数器,数码管等。其特点是显示简单、准确,可显示各种读数和状态的具体数值,对于需要记数或读取数值的作业来说,这类显示器有认读速度快、精度高,并且不易产生视觉疲劳等优点。

(1) 机械式数字显示器设计

机械式数字显示的字符变化装置常用的有两种:一种是把字符印制在卷筒上,用转动卷筒的办法变化字符显示,这种方法结构简单,但难以用检索的方法控制显示;另一种是将字符印制在可翻转的薄金属片上,这种方法使用较方便,可以准确地控制显示。不论哪种方法前后显示两组数字的时间间隔都不能少于0.5 s,否则将无法连续认读。

机械显示器缺点是容易出现卡住或在窗口显出上、下各半个字符等现象。

（2）电子数字显示器设计

常用的电子显示装置有液晶显示(LCD)和发光二极管显示(LED)。电子显示的主要问题有两个:一是因字形由直线段组成,因而失去常态的曲线,带来认读的不方便;二是各字间隔会因字的不同而变化,忽大忽小,如图7-17所示。

实验表明,由亮的小圆点阵来构造字符(图7-18),认读性好,使混淆的可能性大为减小。发光二极管多用于机床数显、仪器、计算机等需要远距离认读或光照不很好的条件下;液晶较为经济,且光线扩散的条件下认读性也很好,多用于小型设备或近读的显示器。

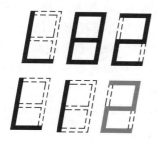

图7-17　电子数码显示

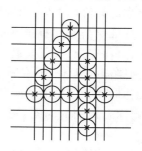

图7-18　圆点阵显示

3）信号灯设计

信号灯通常用于指示状态或表达要求,有时也用于传递信息,目前已广泛用于飞机、车辆、航海、铁路运输及仪器仪表板上。具有面积小、视距远、引人注目、简单明了等特点,但信息负荷有限,当信号太多时,会形成杂乱和干扰。要利用信号灯来很好的显示信息,则必须按人机工程学的要求来设计。其设计原则如下:

（1）清晰、醒目和必要的视距

例如,驾驶室的信号灯要保证能被看清,又不致眩目,否则影响司机夜间对室外的观察。

（2）合乎使用目的

各种情况的指示灯应当用不同颜色,信号灯很多时,不但在颜色上,还要在形状、标记上加以区别,而形状、标记应与其所代表的意义有逻辑联系,如"—"指向,"×"示禁,"!"示警,慢闪光表示慢速等。为引起注意,可用强光和闪光信号,闪光频率为0.67～1.67 Hz。闪光方式可为明灭、明暗、似动(并列两灯交替明灭)等,但闪光信号会造成分心,不宜滥用。

（3）按信号性质设计

重要的信号(危险信号等)为引起注意,可考虑采用听觉、触觉显示方式,或者采用多重显示(视听、视触),以引起不随意注意。

（4）信号灯位置与颜色的选择

重要信号灯与重要仪表一样,必须安置在最佳视区(视野中心3°范围)。一般信号灯在20°内,极次要的信号灯才安排在离视野中心60°～80°外,但仍需在不必转头即能看到处。常用的10种信号灯编码颜色的不易混淆次序为:黄、紫、橙、浅蓝、红、浅黄、绿、紫红、蓝、粉黄。但在单个信号灯情况下,以蓝绿色最为清晰。

（5）信号灯与操纵杆和其他显示器的配合

信号显示如与操纵或其他显示有关时,应与有关器件位置靠近,组成排列,而且信号灯的指示方向与操作方向保持一致，如开关向上，上方灯亮等。

信号灯的使用与改进意义很大，如飞机着陆事故和汽车追尾事故占总事故的50％以上，通过改进汽车尾灯设计和采用信号灯辅导着陆，可以大大降低事故率。

4）符号标志设计

现代信息显示中广泛使用各种类型的符号标志，从交通（铁路、公路、海上）路标、航标、气象标志，到毒物、危险标志、工程图、地图、电子路线、商标、元器件上的标志等，种类繁多，形式不一，但通常都采用与其指示的含义相一致的简化图形，已作为一种高度概括、简练、形象生动的通用信息载体来代替信号的传示。符号标志的应用有利于操作者迅速观察和辨认，提高了信息的传递速度，在某些场合显得经济。

符号标志的评价标准为：识别性、注目性、视认性、可读性、联想性。日本公路路标调查会按照上述标准对公路路标进行分析研究，他们将路标分为交通规划路标（禁止通行、单行）、指示路标（停车处、人行横道）、公路局规定路标（检查口、限载）和警戒路标（弯道、岔路口）等。认为路标的具体评价依次是：标志的识别距离、文字的识别距离、认读时间、判断时间和对应动作时间5项。而影响各项标准的因素分别为：

① 影响标志识别的因素：视力、天气、交通条件、环境以及标志的位置、底色、色彩、大小、照明等。

② 影响文字识别的因素：知识、动视力、行驶速度、对方来车、明度对比、静视力、紧张程度、汽车前灯照度以及文字的种类大小、复杂程度、与底色的对比，与标志的相配性。

③ 影响认读的因素：行驶速度、注视角度、对文字内容的关心程度以及文字的信息量、数量、地名数量、字节数、复杂性、标志位置、知识和眼力情况。

④ 影响判断的因素：身心疲劳情况、行动点、标记消失点以及选择标准、复杂性、熟练程度。

⑤ 影响反应的因素：运动能力、运动特性以及汽车性能、操作装置、操作量。

广告、霓虹灯对于路标的辨认会有干扰。交叉路口信号由红转绿时，往往发生"抢行"，所以采用筒罩来减弱对信号变换的敏感。为了防止色盲、色弱、色觉异常者（多为红绿色盲）对交通信号的误认，有的城市采用如图7-19所示的信号灯。

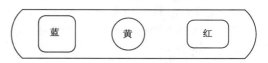

图7-19　改进的交通信号灯

### 7.4.3　听觉显示器的设计

在人机系统中，也利用声音这一媒介来显示、传递人与机之间的信息。所以，在工业生产和日常生活中听觉显示器在仪表中也占一定位置。各种音响报警装置、扬声器和医生的听诊器均属听觉传示装置（听觉显示器），而超声探测器、水声测深器等则是声学装置，不属听觉传示装置。听觉传示装置分为两大类：一类是音响及报警装置；另一类是语言传示装置。

1）音响及报警装置的设计

（1）音响和报警装置的类型及特点

① 蜂鸣器。它是音响装置中声压级最低、频率也较低的装置。蜂鸣器发出的声音柔和，不会使人紧张或惊恐，适合于较宁静的环境，常配合信号灯一起使用，作为指示性听觉显示装置，提请操作者注意，或提示操作者去完成某种操作，也可用作指示某种操作正在进行。

如汽车驾驶员在操纵汽车转弯时,驾驶室的显示仪表板上就有信号灯闪亮和蜂鸣器鸣笛,显示汽车正在转弯,直至转弯结束。蜂鸣器,还可用作报警器。

② 铃。因铃的用途不同,其声压级和频率有较大差别。如电话铃声的声压级和频率只稍大于蜂鸣器,主要是在宁静的环境下让人注意;而用做指示上下班的铃声和报警器的铃声,其声压和频率就较高,可在较高强度噪声的环境中使用。

③ 角笛和汽笛。角笛的声音有吼声[声压级 90～100 dB(A)、低频]和尖叫声(高声强、高频)两种,常用作高噪声环境中的报警装置。汽笛声频率高,声强也高,较适合于紧急状态的音响报警装置。

④ 警报器。警报器的声音强度大,可传播很远,频率由低到高,发出的声调富有上升和下降的变化,可以抵抗其他噪声的干扰,特别能引起人们的注意,并强制性地使人们接受。它主要用作危急状态报警,如防空警报、火灾报警等。

一般音响、报警装置的强度和频率参数见表 7-12,可供设计时参考。

表 7-12　　　　　　　　　　　一般音响显示和报警装置的强度和频率参数

| 使用范围 | 装置类型 | 平均声压级/dB(A) | | 可听到的主要频率/Hz | 应用举例 |
|---|---|---|---|---|---|
| | | 距装置 2.5 m 处 | 距装置 1 m 处 | | |
| 用于较大区域（或高噪声场所） | 4 in 铃<br>6 in 铃<br>10 in 铃 | 65～67<br>74～83<br>85～90 | 75～83<br>84～94<br>95～100 | 1 000<br>600<br>300 | 用于工厂、学校、机关上下班的信号以及报警的信号 |
| | 角笛<br>汽笛 | 90～100<br>100～110 | 100～110<br>110～121 | 5 000<br>7 000 | 主要用于报警 |
| 用于较小区域（或低噪声场所） | 低音蜂鸣器 | 50～60 | 70 | 200 | 用作指示性信号 |
| | 高音蜂鸣器 | 60～70 | 70～80 | 400～1 000 | 可作报警用 |
| | 1 in 铃<br>2 in 铃<br>3 in 铃 | 60<br>62<br>63 | 70<br>72<br>73 | 1 100<br>1 000<br>650 | 用于提请人注意的场合,如电话、门铃,也可用于小范围内的报警信号 |
| | 钟 | 69 | 78 | 500～1 000 | 用作报时 |

注:1 in=25.4 mm,下同。

(2) 音响和报警装置的设计原则

① 音响信号必须保证使位于信号接收范围内的人员能够识别并按照规定的方式做出反应。因此,音响信号的声级最好能在一个或多个倍频程范围内超过听阈 10 dB 以上。

② 音响信号必须易于识别,特别是有噪声干扰时,音响信号必须能够明显地听到,并可与其他噪声和信号区别。因此,音响和报警装置的频率选择应在噪声掩蔽效应最小的范围内。例如,报警信号的频率应在 500～600 Hz。当噪声声级超过 110 dB(A)时,最好不用声信号作报警信号。

③ 为引起人注意,可采用时间上均匀变化的脉冲声信号,其脉冲声信号频率不低于 0.2 Hz 和不高于 5 Hz,其脉冲持续时间和脉冲重复频率不能与随时间周期性起伏的干扰声脉冲的持续时间和脉冲重复频率重合。

④ 报警装置最好采用变频的方式,使音调有上升和下降的变化。如紧急信号的音频应

在 1s 内由最高频(1 200 Hz)降低到最低频(500 Hz),然后听不见,再突然上升,以便再次从最高频降低到最低频。这种变频声可使信号变得特别刺耳,可明显地与环境噪声和其他声信号相区别。

⑤ 显示重要信号的音响装置和报警装置,最好与光信号同时作用,组成"视听"双重报警信号,以防信号遗漏。

2) 语言传示装置的设计

人与机之间也可用语言来传递信息。传递和显示语言信号的装置称为语言传示装置,如像麦克风这样的受话器就是语言传示装置,而扬声器就是语言显示装置。经常使用的语言传示系统有:无线电广播、电视、电话、报话器和对话器及其他录音、放音的电声装置等。

用语言作为信息载体,可使传递和显示的信号含义准确、接受迅速、信息量大,不受方向和光照的影响,缺点是易受噪声的干扰。在设计语言传示装置时,应注意以下几个问题:

(1) 语言的清晰度

所谓语言的清晰度,是指人耳通过语言传达能听清的语言(音节、词或语句)的百分数。语言清晰度可用标准的语句表通过听觉显示器来测量。例如,若听清的语句或单词占总数的 20%,则该听觉传示器的语言清晰度就是 20%。对于听对和未听对的记分方法有专门的规定,此处不再论述。一个语言传示装置,其语言的清晰度必须在 75% 以上,才能正确传示信息,见表 7-13。

表 7-13                     语言清晰度的评价

| 语言清晰度百分率×100 | 人的主观感觉 | 语言清晰度百分率×100 | 人的主观感觉 |
| --- | --- | --- | --- |
| ≤65 | 不满意 | 65～75 | 语言可以听懂,但非常费劲 |
| 75～85 | 满意 | 85～96 | 很满意 |
| ≥96 | 完全满意 | | |

(2) 语言的强度

据研究表明:当语言强度接近 130 dB 时,受话者将有不舒服的感觉;当达到 135 dB 时,受话者耳中有发痒的感觉,再高便达到了痛阈,将有损耳朵的机能。因此,语言传示装置的语言强度最好在 60～80 dB。

(3) 噪声对语言传示的影响

当语言传示装置在噪声环境中工作时,噪声将影响语言传示的清晰度。据研究表明,当噪声声压级大于 40 dB 时,这时噪声对语言信号有掩蔽作用,从而影响语言传示的效果。

以上介绍的视觉和听觉显示是运用最多的两种显示方式,它们各具特点,应根据实际需要选择使用。由于人的视觉能接受长的和复杂的信息,并且视觉信号比听觉信号容易记录和储存,加之人对声信号的感知时间比对光信号的感知时间短,所以听觉传示作为报警信号器和语言信号器有其特殊的价值。至于触觉传递信号的方式应用就极少了,只有在信息系统比较复杂,而视觉和听觉的负荷均比较重的场合才采用。

## 7.4.4 仪表盘总体布局设计

现代工业生产中,为提高视觉工作效率,使用多个仪表时应根据其功能和重要程度,突出重点,分区布置。当在一个控制室内有许多块仪表盘,而每一块仪表盘上又装有许多仪表时,则仪表盘和仪表布置得是否合理,关系到识读效果、巡检时间、工作效率和安全问题,必须适合人的生理和心理特性。

1）仪表盘的识读特点与最佳识读区

人眼的分辨能力随视区而异。以视中心线为基准，在其上下各 15° 的区域内误读概率最小，视角增大差错率增高（表 7-14）。若仪表盘上的仪表布局为：4 只仪表位于监控者中心视线 15° 区域内，5 只仪表位于 15°～30° 区域内，1 只仪表位于 30°～45° 区域内，则各仪表识读一次均不发生误读的概率为 $(1-0.0001)^4 \times (1-0.001)^5 \times (1-0.0015) = 0.99312$。

表 7-14　　　　　　　　　　　　不同视线角度的误读概率

| 视线上下的角度区域/(°) | 误读概率 | 视线上下的角度区域/(°) | 误读概率 |
| --- | --- | --- | --- |
| 0～15 | 0.0001～0.0005 | 15～30 | 0.0010 |
| 30～45 | 0.0015 | 45～60 | 0.0020 |
| 60～75 | 0.0025 | 75～90 | 0.0030 |

当视距为 800 mm 时，若眼球不动，水平视野 20° 范围为最佳识读范围，其正确识读时间为 1 s。当水平视野超过 24° 以后正确识读时间开始急剧增加，且 24° 以外区域的左半部正确识读时间比右半部正确识读时间短。

视线与盘面垂直，可以减少视觉误差。当人坐在控制台前时，头部一般略向前倾，所以仪表盘面应相应后仰 15°～30°，以保证视线与盘面垂直。

2）仪表盘的总体布局设计

如果许多块仪表一字排开，结果是盘面增大，眼睛至盘面上各点的视距不一样。盘面的中心部位视距最短，在其他条件相同的情况下，识读效率最高，盘面的边沿部位由于视距延长，因而识读效率最差。虽然可以通过监控者的移动、眼球或头部的运动改善，终究不如中心部位的识读效率高，而且人体运动也会加速疲劳。

为了保证工作效率和减少疲劳，一目了然地看清全部仪表，一般可根据仪表盘的数量选择一字形、弧形、弯折形布置。

一字形布置的结构简单，安装方便，是目前控制室仪表盘较少的小型控制室。弧形布置的结构比较复杂，它既可以是整体弧形，又可以是组合弧形。这种弧形结构改善了视距变化较大的缺点，常用于 10 块盘以上的中型控制室。弯折式布置由多个一字形构成其结构比弧形式简单，又克服了视距变化较大的缺点。因此，该种布置形式常用于大中型控制室。

3）仪表盘的垂直立面布置

盘面安装的仪表，按用途大体可分为生产管理仪表、过程控制仪表和操纵监视仪表等三大类。按其作用、重要程度与操纵要求布置，如图 7-20 所示。

在 A 区域可布置反映全局性，对生产过

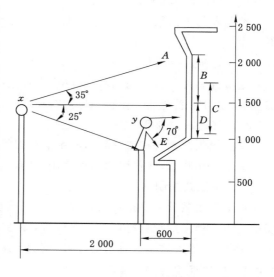

图 7-20　直面上的仪表布置（单位：mm）

程有指导意义的生产管理仪表。如总电压表、总电流表、物料总流量表及紧急报警装置等，它们的位置应在人的身高以上比较醒目的地方。

在 $B$ 区域布置监控者需要经常观察的各类指示仪表和记录仪。

在 $D$ 区域布置指示调节器和记录及其操纵部件。

$E$ 区域是仪表盘附带的操纵台，可布置"启动"和"停止"按钮、显示转换键和电话等辅助装置。图 7-19 中 $x$ 是监控者眼睛高度（约 1.5 m），$y$ 是监控者俯位（约 1.3 m）。无论监控者的视距为 2 m，还是 0.6 m 处，均能保证各类仪表在监控者的良好视区内。

## 7.5 控制器设计

控制器是操作者用以控制机器运行状态的装置或部件，也是联系人和机的重要部件之一。在生产活动中，许多事故是因控制器的设计未能充分考虑人的因素所致。因此，在控制器设计中，应重视人的因素，保证操作者能方便、准确、迅速、安全可靠地实施连续控制，这是人机系统安全设计的一个重要内容。

人在操纵控制器中，出现差错的现象是不少的。在生产过程中，由于操作失误所引起的事故，几乎与机器或生产系统的故障所引起的事故占同样高的比例。生产中许多事故，表面是因操作人员缺乏训练或思想不集中所引起，但若进一步分析就会发现，许多操作错误的发生是因为在设计控制装置时没有充分考虑到人的因素造成的。

费茨（P. M. Fitts）和琼斯（R. E. Jones）1947 年在分析飞行驾驶中出现的 460 个操作失误中，发现其中 68% 的错误是由于控制器设计不当引起的，这足以说明控制器设计的重要性。如果把控制器设计成符合生物力学规律并布置在便于准确和迅速操纵的位置上，也许这些事故就不会发生。因此，在设计和制造机器设备时，不仅要考虑其性能、寿命、可靠性、经济性和外观造型等问题，还应考虑其安全性。

### 7.5.1 控制器的类型

控制器的类型很多，分类方法也很多。在手控装置中，按其操纵的运动方式又可分为以下 3 类：

（1）旋转式控制器

这类控制装置有手轮、旋钮、摇柄、十字把手等，可用来改变机器的工作状态，调节或追踪操纵，也可将系统的工作状态保持在规定的工作参数上。

（2）移动式控制器

这类控制装置有按钮、操纵杆、手柄和刀闸开关等，可用来把系统从一个工作状态转换到另一个工作状态，或作紧急制动之用，具有操纵灵活、动作可靠的特点。

（3）按压式控制器

这类控制装置主要是各式各样的按钮、按键和钢丝脱扣器等，具有占地面积小、排列紧凑的特点。但一般都只有两个工作位置：接通、断开，故常用在机器的开停、制动、停车控制上。近年来，随着微型计算机的发展，按键越来越普遍地用于许多电子产品。

### 7.5.2 控制器设计的一般原则

1）控制器设计的一般要求

　　控制器类型很多,从安全人机工程学的角度提出以下几个共同的要求:

　　(1)控制器设计要适应人体运动的特征,考虑操作者的人体尺寸和体力。对要求速度快且准确的操作,应采取用手动控制或指动控制器,如按钮、扳动开关或转动式开关等;对用力较大的操作,则应设计为手臂或下肢操作的控制器,如手柄、曲柄或转轮等。所有设计都应考虑人体的生物力学特性,按操作人员的中下限能力进行设计,使控制器能适合大多数人的操作能力。表7-15所列为一些手动控制器能允许的最大用力;表7-16所列为人的操作部位不同时,平稳转动控制器的最大用力。

表7-15　　　　　　　　　　　　　常用手动控制器所允许的最大用力

| 操纵结构的形式 | 允许的最大用力/N | 操纵结构的形式 | 允许的最大用力/N |
|---|---|---|---|
| 轻型按钮 | 5 | 重型按钮 | 20 |
| 脚踏按钮 | 20~90 | 轻型转换开关 | 4.5 |
| 重型转换开关 | 20 | 前后动作的杠杆 | 150 |
| 左右动作的杠杆 | 130 | 手轮 | 150 |
| 方向盘 | 150 | | |

表7-16　　　　　　　　　　　　　平稳转动控制器的最大用力

| 操作特征 | 最大用力/N | 操作特征 | 最大用力/N |
|---|---|---|---|
| 用手操纵的转动机构 | <10 | 用手和前臂操纵的转动机构 | 19~38 |
| 用手和上肢操纵的转动机构 | 78~98 | 用手以最高速度旋转的机构 | 8.8~19 |
| 在精确安装时的转动工作 | 19~29 | | |

　　(2)控制器操纵方向应与预期的功能方向和机器设备的被控制方向一致。从功能角度认为,向上扳或顺时针方向转动意味着向上或加速;从被控设备角度则认为设备运动方向将向上运动或向右运动。例如,铲车的升降控制器是上下操纵的,如果是左右操纵,就容易发生差错。

　　(3)控制器要利于辨认和记忆。控制器除了在外形、大小和颜色上进行区别外,还应有明显的标志,并力求与其功能有逻辑上的联系。这样,控制器无论数量多少,排列布置及操作顺序如何,都要求每个控制器能明确地被操作者辨认出来。

　　(4)尽量利用控制器的结构特点进行控制(如弹簧等)或借助操作者体位的重力(如脚踏开关等)进行控制。对重复性、连续性的控制操作,不应集中某一部位的力,以防疲劳和产生单调感。

　　(5)尽量设计多功能控制器,并把显示器与之有机结合,如带指示灯的按钮等。

　　2)设计控制器时应考虑的因素

　　(1)控制信息的反馈

　　人在操纵控制器时,有两类反馈信息:一类是来自人体自身的反馈信息;另一类是来自机的反馈信息。来自人体自身反馈信息的部位有:眼睛观察手脚的位移;手、臂、肩或脚、腿、臀感受的位移或压力信息。机反馈的信息主要有:仪表显示、音响显示、振动变化及操纵阻力4种形式。

　　音响显示有两种:一种是机器运行噪声的变化,如发动机加速时噪声变大,机器运行异常时噪声也会有变化。可以从研究噪声变化的规律中找出诊断机器运行状态的方法。简单的做法是凭经验判断,精确的方法可以装设噪声诊断系统。另一种是在控制器上设置到位音响,这种音响常可以由控制器定位机构自动发出,也可装设专门的联动音响装置。

振动变化可以反映在控制器上,也可以反映在体觉上(如机动车辆)。振动常常转化为噪声传递给操作者,影响操作精度。

操作阻力是设计控制器的重要参数。过小的阻力会使操纵者感觉不到反馈信息而对操作情况心中无数,过大的阻力又会使控制器动作不灵敏而难以驾驭,而且会使操纵者提前产生疲劳。

操纵阻力主要有静摩擦力、弹性力、黏滞力、惯性力 4 种形式,见表 7-17。

表 7-17 摩擦、弹性、黏滞性、惯性等控制器的阻力特性

| 阻力类型 | 举例 | 特性 | 优点 | 缺点 | 用途 |
|---|---|---|---|---|---|
| 摩擦力 | 1. 开关;<br>2. 闸刀 | 开始时阻力大,开关滑动时阻力即下降 | 因阻力大可减少意外动作 | 控制准确度低 | 宜用于不连续控制 |
| 弹力 | 弹簧作用等 | 阻力随控制器移动距离加长而增大 | 1. 控制准确度高;<br>2. 控制器能自动归回空位 | 控制器移到中间位置要定位时,需设定位装置 | 可用于连续控制 |
| 黏滞力 | 活塞作用等 | 阻力与控制器移动速度相对应 | 1. 控制准确度高;<br>2. 运动速度均匀;<br>3. 稳定性好 | 造价高 | 宜作用于连续控制 |
| 惯性力 | 起重机的摇把等 | 阻力由多级结构的惯性产生,一般较大 | 1. 允许平滑移动;<br>2. 因需较大作用力故减少了意外移动的可能 | 1. 操作疲劳;<br>2. 移动准确性差 | 可用于不精确控制 |

阻力大小与控制器的类型、位置、移动的距离、操作频率、力的方向等有关。一般操纵力必须控制在该施力方向的最佳施力范围内,而最小阻力应大于操纵者手脚的最小敏感压力。表 7-18 列出了不同控制器的最小阻力。

表 7-18 不同控制器所要求的最小阻力

| 控制器类型 | 所需最小阻力/N | 控制器类型 | 所需最小阻力/N |
|---|---|---|---|
| 手动按钮 | 2.8 | 扳动开关 | 2.8 |
| 旋转选择开关 | 3.3 | 旋钮 | 0～1.7 |
| 摇柄 | 9～22 | 手轮 | 22 |
| 手柄 | 9 | 脚动按钮 | 5.6(如果脚停留在控制器上)<br>17.8(如果脚不停留在控制器上) |
| 脚踏板 | 44.5(如果脚停留在控制器上)<br>17.8(如果脚不停留在控制器上) | | |

控制器操纵到位时应使阻力发生一种变化作为反馈信息作用于操纵者。这种变化有两

种情况：一种是操纵到位时操纵阻力突然变小；另一种是操纵到位时操纵阻力突然增大。如果是多挡位控制器，则每个挡位都应该有这种阻力变化信息传递给操纵者。

此外，还有一种按钮显示，将按钮做成透明体，内设小灯，当按钮到位时即发光。此种装置不但可以显示操作到位，还可以显示按钮的位置状态，并提示操作者注意。

（2）控制器的适宜用力

在常用的操纵控制器中，一般操作并不需要使用最大的操纵力。但操纵力也不宜太小，因为用力太小则操纵精度难于控制；同时，人也不能从操纵用力中取得有关操纵量大小的反馈信息，因而不利于正确操纵。从能量利用的角度来看，在不同的用力条件下，以使用最大肌力的 1/2 和最大收缩速度的 1/4 操作，能量利用率最高，人在较长时间内工作也不会感到疲劳。因此，操纵器的适宜用力应当成为操纵器设计中必须着重考虑的问题之一。

操纵器的适宜用力与操纵器的性质和操纵方式有关。对于那些只求快而精度要求不太高的工作来说，操纵力应越小越好；如果操纵精度要求很高，则操纵器应具有一定的阻力。

（3）控制器的运动

控制器的运动方向应与人们在社会上与心理上的固定概念一致。如向上扳、顺时针方向转，则意味着接通或加强。运动方向还应符合控制器的其他特征，如朝某一方向时，产生最大力量；朝另一方向时，则速度起变化。另外，控制器的移动范围不能超过操作者可能的活动范围，并要给操作者留出足够的自由空间。

（4）控制器上手或脚的使用部位的尺寸和结构

手或脚操纵的控制器尺寸，首先取决于控制器上手或脚使用部位的尺寸，其次需根据操纵时是否戴手套，或作业时鞋的形式来决定放宽的尺寸。显然，对于不同的控制器，由于压或握的用力方式不同，操纵件尺寸和形状也不同。

手或脚使用的部位还决定于控制器的重量分配，必须在保证空位时操纵者可以离开控制器自由活动，工作位时不会因负担控制器的重量而引起疲劳。

如果是手用工具，但不利用重力工作，就应尽量使工作的重心落在手握的部位上，以免手腕肌肉承担较大的静力负荷而引起疲劳。

握把部位不宜太光滑或太粗糙，若过于光滑，操纵时不易抓稳或握住，特别是手上有油或水的情况下更加不利，易发生失手事故，或因长时间过大的静力负荷而使手疲劳，故一般选用无光泽的软纹皮包层为宜。

手柄的形状应尽量使手腕保持自然状态，使手与小臂处于一条直线上，如果使手腕向某一方向弯曲，就会使骨骼肌产生静力疲劳。因此，设计原则是"宁肯弯曲手柄也不要使手臂弯曲"。对手动工具也是这样，更需要使握力充分发挥出来。影响握力的主要因素是手柄直径。手柄直径为 50 mm 时，欧洲人握力最大；对亚洲人而言，手柄直径可取 40～50 mm。

由于脚对动作和压力的敏感度均较低，因此脚用按钮或踏板应有足够大的行程，以减小误踏时产生误动作的可能。脚用按钮还应有足够大的接触平面，以便于寻找和踩稳。脚踏板应有增加摩擦力的网纹。

（5）控制器的特征编码与识别

将控制器进行合理编码，使每个控制器都有自己的特征，以便于操作者确认不误，是减少差错的有效措施之一。控制器编码一般有 5 种方式：形状、位置、大小、颜色和标志编码。根据需要，可采用一种或几种方式的编码组合。

① 形状编码。各种不同用途的控制器，设计成不同的形状，不仅人的视觉可以识别，有

的触觉也能辨别。形状编码应按控制器的性质设计成不同的形状,并能与控制器的功能有逻辑上的联系,这样不仅利于记忆,而且在紧急情况下也不容易出现错误。此外,控制器的形状应当便于使用操纵,方便用力。图 7-21 给出了常用旋钮的形状编码实例。

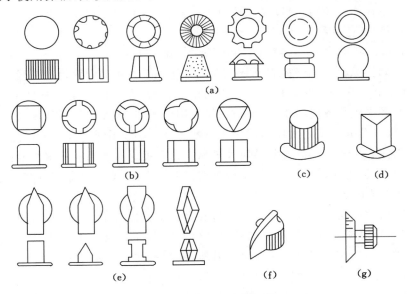

图 7-21　旋钮的形状编码
(a) 多倍旋转旋钮;(b) 部分旋转旋钮;(c) 圆形;
(d) 多边形;(e) 定位指示旋钮;(f) 指示形;(g)转盘

② 大小编码。利用控制器尺寸大小编码时,一般大操纵器的尺寸要比小操纵器尺寸大 20%/5 以上,操纵才有准确把握。所以,大小编码形式的使用是有限的,一般都与形状编码组合使用。

③ 位置编码。利用安装位置的不同来区分控制器,称为位置编码。这种编码操作者较容易识别。若实现位置编码的标准化,操作者可不必注视操作对象,就能正确地进行操作。

④ 颜色编码。利用颜色的不同来区分控制器,称为颜色编码。色彩只能靠视觉辨认,并且需要较好的照明条件,才不致被误认,此种编码常与形状编码或大小编码组合使用。色彩种类过多,有时反而难以辨清,因此色彩编码的使用范围也受到一定限制,一般局限于红、橙、黄、绿、蓝 5 种色彩。

⑤ 标志编码。当控制器数量很多而形状又难以区分时,可采用标志编码,即在控制器上刻以适当的符号以示区别。符号的设计应只靠触觉就能清楚地识别。因此,符号应当简明易辨,有很强的外形特征。

### 7.5.3　控制器的设计

1) 手动控制器设计

手的操作功能有数十种之多。影响眼—脑—手之间配合的因素也十分复杂,既有生理因素,也有心理因素。因此,如何科学地开发手的功能,设计出高效、可靠的控制器,则是安全人机工程中一项极为重要的课题。手动控制器设计不仅涉及人体测量学与人体生物力学两方面因素,而且要考虑习惯、风俗等民族特点以及技术审美要求等,是一种较为细致的工作。本书重点从人体尺寸及力学性能两方面进行研究。

（1）旋钮

旋钮是供单手操纵的控制器，根据功能要求，旋钮可以旋转一圈、多圈或不满一圈，可以连续多次旋转，也可以定位旋转。根据旋钮的形状，可分为圆形旋钮、多边形旋钮、指针形旋钮和手动转盘等。旋钮的大小应根据操作时使用手指和手的不同部位而定，其直径以能够保证动作的速度和准确性为前提。实验表明，对于单旋钮，直径以 50 mm 最佳。多层旋钮必须使之在旋转某一层旋钮时不会无意中触动其他层旋钮。三层旋钮的中间一层旋钮直径取 50 mm 时，最上面的小旋钮直径应小于 25 mm，最下面的一个大旋钮直径 80 mm 左右为宜。各层旋钮之间应不相接触，多层旋钮应有足够的旋动阻力，才能保证不会发生相互影响。为了使手操纵旋钮时不打滑，常把钮帽部分做成各种齿纹或多边形，以增强手的握持力。

（2）按钮

其外形常为圆形和矩形，有的还带有信号灯。按钮通常用作系统的启动和关停。其工作状态有单工位和双工位，单工位按钮是手按下按钮后，它处于工作状态，手指一离开按钮就自动脱离工作状态，恢复原位；双工位的按钮是一经手指按下就一直处于工作状态，当手指再按一下时，它才能回到原位。对于这两种按钮，在选用时应注意它们的区别。

① 按钮直径。按钮的尺寸主要按成人手指端的尺寸和操作要求而定。一般圆弧形按钮直径以 8～18 mm 为宜，矩形按钮以（10×10）mm、（10×15）mm 或（15×20）mm 为宜，按钮应高出盘面 5～12 mm，行程为 3～6 mm，按钮间距一般为 12.5～25 mm，最小不得小于 6 mm。

若按钮的关系重大，为防止疏忽，可将按钮设置在一凹坑中，这时按钮直径应不小于 25 mm；若需戴手套操作，则按钮直径不应小于 50 mm。对于发生疏忽会产生严重事故的按钮，则应加防护装置。防护装置种类很多，如可以加装小盖和防护栏。

② 按钮阻力。对于单指按钮的阻力，大拇指按钮可取 2.94～19.6 N，其他手指按钮可取为 1.47～5.89 N，按钮阻力不宜太小，以免稍有误碰就会起作用，造成事故。

按钮开关一般用声响（如咔嗒声）或以阻力的变化作为到位的反馈信息。若配备指示灯用作反馈信息时，也应有声响或阻力变化信息，因为指示灯有时也会因未被注意而被忽略。不宜用声响长时间地鸣叫作为提示信号，因为这样会增加噪音，污染环境。

（3）按键

随着科学技术的发展，在现代工业品和日用品中，按键用得日益广泛，如计算机的键盘、打字机、传真机、电话机、家用电器等，都大量使用了按键。使用按键的好处是节省空间，便于操作，便于记忆，使用成熟后，不用视觉也能迅速操作。从操纵情况来看，按键有机械式、机电式和光电式，各种形式的按键设计都应符合人的使用。

按键的尺寸应按手指的尺寸和指端弧形设计，方能操作舒适。图 7-22(a) 为外凸弧形按键，操作时手的触感不适，只适用于小负荷而操作频率低的场合。按键的端面形式以中凹型为优，它可增强手指的触感，便于操作，这种按键适用于较大操作力的场合如图 7-22(d)。按键应凸出面板一定的高度，过平不易感觉位置是否正确，如图 7-22(b) 所示；各按键之间应有一定的间距，否则容易同时按着两个键，如图 7-22(c) 所示；按键适宜的尺寸可参考图 7-22(e)。对于排列密集的按键，宜做成图的形式，使手指端面之间相互保持一定的距离；纵行的排列多采用阶梯式，如图 7-22(g) 所示。

（4）扳动开关

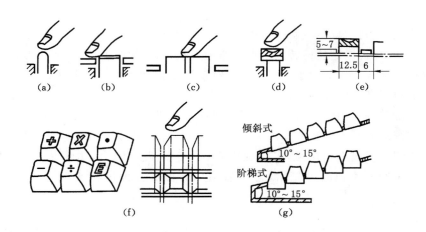

图 7-22　按键的形式和尺寸(单位:mm)

扳动开关只有开和关两种功能。常见的有钮子开关、棒状扳动开关、滑动开关、船形开关和推拉开关(图 7-23)。其中,以船形开关翻转速度最快,推拉开关和滑动开关由于行程和阻力的原因,动作时间较长。总之,扳动开关具有操作简便、动作迅速的优点。

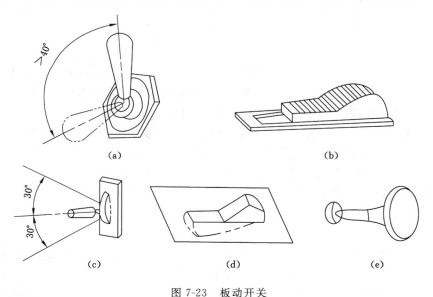

图 7-23　板动开关

(5)杠杆

杠杆控制器通常用于机械操作,具有前、后、左、右、进、退、上、下、出、入的控制功能,其操纵角度通常为 30°～60°,如汽车变速杆就是常见的杠杆控制器。操纵角也有超过 90°的,如开关柜上刀闸操纵杆。操纵用力与操纵功能有关,前后操纵用力比左右操纵用力大,右手推拉力比左手推拉力大,因此杠杆控制器通常安置在右侧。操纵杆的用力还与体位和姿势有关。

(6)转轮、手柄和曲柄

转轮、手柄和曲柄控制器的功能与旋钮相当,用于需要较大的操作扭矩条件下。转轮可以单手或双手操作,并可自由地连续旋转操作,因此,操作时没有明确的定位值(图 7-24)。

利用手柄操纵时,其操纵力的大小与手柄距地面的高度、操纵方向,左、右手等因素有关,操纵手柄时的合适操纵力的数值见表7-19。

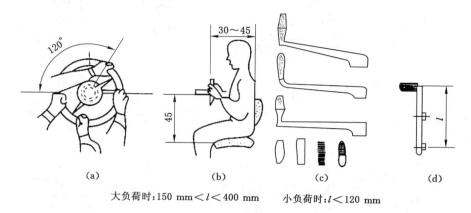

大负荷时:150 mm<*l*<400 mm　　小负荷时:*l*<120 mm

图 7-24　转轮、曲柄、手柄
(a)转轮一例;(b)垂直操作情况;(c)曲柄;(d)手柄

表 7-19　　　　　　　　　　　　　　手柄的适宜用力

| 手柄距地面的 高度/mm | 手的用力/N | | | | | |
| --- | --- | --- | --- | --- | --- | --- |
| | 左 | | | 右 | | |
| | 向上 | 向下 | 向侧方 | 向上 | 向下 | 向侧方 |
| 500～650 | 140 | 70 | 40 | 120 | 120 | 30 |
| 650～1 050 | 120 | 120 | 60 | 100 | 100 | 40 |
| 1 050～1 400 | 80 | 80 | 60 | 60 | 60 | 40 |
| 1 400～1 600 | 90 | 140 | 40 | 40 | 60 | 30 |

控制器的大小受操作者有效用力范围及其尺寸的限制,在设计时必须充分考虑。手柄和曲柄可以认为是转轮的变形设计,此时应注意它们的合理尺寸,使之握持舒适,用力有效,不产生滑动。

2)脚动控制器的设计

(1)脚动控制器的形式

脚动控制器主要有两种形式:脚踏板和脚踏钮。脚踏板的形式又有直动式、摆动式和回转式(包括单曲柄和双曲柄),如图7-25所示。自行车上即用双曲柄式脚踏板,它能连续转动,并且省力。单曲柄式脚踏板可用于摩托车的启动等。由于使用脚踏板能施加较大的操纵力,且操作也方便,因而在无法用手操作的场合,脚踏板得到了广泛的应用,如汽车的加速器(油门)和制动器。图7-26所示为几种形式脚踏板操作效率的比较。而脚踏钮则多用于操作力较小,但需经常动作的场合,如控制空气锤的开停。脚踏钮的形式与按钮相似。

由于脚动控制器的功能特征、式样和布置的位置不同,脚的操纵方式也不相同。对于用力大、速度快和准确性高的操作,宜用右脚。对于操作频繁、容易疲劳,且不是很重要的操作,应考虑两脚能交替进行。

即使同一只脚,用脚掌和脚趾或脚跟去控制脚动控制器,其控制效果也有差异,见

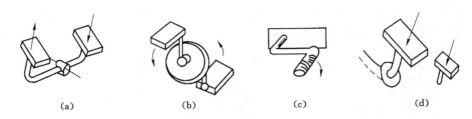

图 7-25　脚踏板的形式

(a) 摆动式;(b) 双曲柄式;(c) 单曲柄式;(d) 直动式

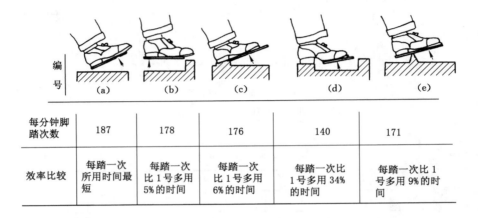

| 编号 | (a) | (b) | (c) | (d) | (e) |
|---|---|---|---|---|---|
| 每分钟脚踏次数 | 187 | 178 | 176 | 140 | 171 |
| 效率比较 | 每踏一次所用时间最短 | 每踏一次比1号多用5%的时间 | 每踏一次比1号多用6%的时间 | 每踏一次比1号多用34%的时间 | 每踏一次比1号多用9%的时间 |

图 7-26　各种形式的踏板效率比较

表 7-20。因此,应根据具体的操纵要求来选择合适的脚动控制器和操纵方式,才能保证操纵的舒适性和效率。

**表 7-20　脚踏板与操纵方式**

| 操纵方式 | 操纵特征 |
|---|---|
| 整个脚踏 | 操纵力较大($>50$ N),操纵频率较低,适用于紧急制动器的踏板 |
| 脚掌踏 | 操纵力在 50 N 左右,操纵频率较高,适用于启动、机床刹车的脚踏板 |
| 脚掌或脚跟踏 | 操纵力小于 50 N,操纵迅速,可连续操纵,适用于动作频繁的踏钮 |

(2) 脚动控制器的适宜用力

一般的脚动控制器都采用坐姿操作,只有少数操纵力较小($<50$ N)才允许采用站姿操作。在坐姿下,脚的操纵力远大于手,一般的脚蹬(或脚踏板)采用 14 N/cm 的阻力为好。当脚蹬用力小于 227 N 时,腿的曲折角应以 107°为宜;当脚蹬用力大于 227 N 时,则腿的曲折角应以 130°为宜。用脚的前端进行操纵时,脚踏板上允许的用力不超过 60 N,用脚和腿同时操作时可达 1 200 N,对于需快速动作的脚踏板,用力应减少到 20 N。表 7-21 是脚动控制器适宜用力的推荐值。

表 7-21 脚动控制器适宜用力的推荐值 单位：N

| 脚动控制器 | 推荐的用力值 | 脚动控制器 | 推荐的用力值 |
|---|---|---|---|
| 脚休息时脚踏板的承受力 | 18～32 | 悬挂的脚蹬(如汽车的加速器) | 45～68 |
| 功率制动器 | ～68 | 离合器和机械制动器 | ～136 |
| 飞机方向舵 | 272 | 可允许脚蹬力最大值 | 2 268 |
| 创纪录的脚蹬力最大值 | 4 082 | | |

操纵过程中，脚往往都是放在脚动控制器上的，为防止脚动控制器被无意碰移或误操作，脚动控制器应有一个启动阻力，它至少应超过脚休息时脚动控制器的承受力。

(3) 脚动控制器的设计

为便于脚施力，脚踏板多采用矩形和椭圆形平面板，而脚踏钮有矩形也有圆形。图 7-27所示为几种设计较好的脚踏板和相关尺寸。

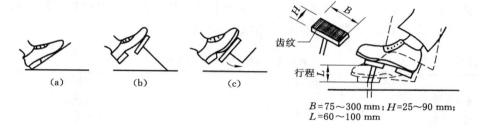

(a)
(b)
(c)
H
B
齿纹
行程
L
B=75～300 mm；H=25～90 mm；
L=60～100 mm

图 7-27 脚踏板尺寸

图 7-28 所示为常用脚踏钮的设计尺寸，可供参考。脚踏板和脚踏钮的表面都应设计成齿纹状，以避免脚在用力时滑脱。

脚操纵器的空间位置直接影响脚的施力和操纵效率。对于蹬力要求较大的脚操纵器，其空间位置应考虑到施力的方便性，即使脚和整个腿在操作时形成一个施力单元。为此，大、小腿间的夹角应在 105°～135°范围内，以 120°为最佳，这种姿势下脚的蹬力可达 2 250 N，如图 7-29 所示。

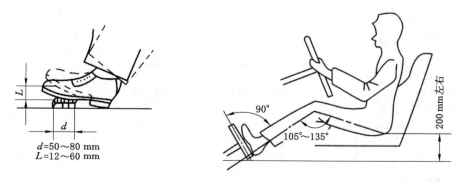

L
d
d=50～80 mm
L=12～60 mm

图 7-28 脚踏钮的尺寸

90°
105°～135°
200 mm左右

图 7-29 小汽车驾驶室脚踏板的空间布置

对于蹬力要求较小的脚操纵器，考虑坐姿时脚的施力方便，大、小腿夹角以 105°～110°为宜。图 7-30(a)所示为脚踏钮的布置情况；图 7-30(b)为蹬力要求较小的脚踏板空间布置,可供设计时参考。

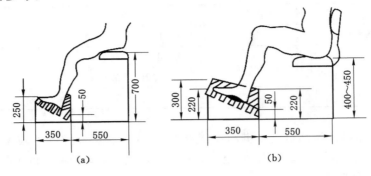

图 7-30　脚操纵器的空间布置(单位:mm)

### 7.5.4　控制器的选择

控制装置的选择主要以功能和操作要求为依据。各种控制装置的使用功能示例,见表7-22;在不同情况下,对控制装置的选择建议,可供选择控制器时参考,见表7-23。

表 7-22　　　　　　　　　　各种操纵器的功能和使用情况

| 操纵装置名称 | 使用功能 | | | | | 使用情况 | | | | | |
|---|---|---|---|---|---|---|---|---|---|---|---|
| | 启动制动 | 不连续调节 | 定量调节 | 连续调节 | 数据输入 | 性能 | 视觉辨别位置 | 触觉辨别位置 | 多个类似操纵器的检查 | 多个类似操纵器的操作 | 复合控制 |
| 按钮 | △ | | | | | 好 | 一般 | 差 | 差 | 好 | 好 |
| 钮子开关 | △ | △ | | | △ | 较好 | 好 | 好 | 好 | 好 | 好 |
| 旋转选择开关 | | △ | | | | 好 | 好 | 好 | 好 | 差 | 较好 |
| 旋钮 | | △ | △ | △ | | 好 | 好 | 一般 | 好 | 差 | 好 |
| 踏钮 | △ | | | | | 差 | 差 | 一般 | 差 | 差 | 差 |
| 踏板 | | | △ | △ | | 差 | 差 | 较好 | 差 | 差 | 差 |
| 曲柄 | | | △ | △ | | 较好 | 一般 | 一般 | 差 | 差 | 差 |
| 手轮 | | | △ | △ | | 较好 | 较好 | 较好 | 差 | 差 | 好 |
| 操纵杆 | | | △ | △ | | 好 | 好 | 较好 | 好 | 好 | 好 |
| 键盘 | | | | | △ | 好 | 较好 | 差 | 一般 | 好 | 差 |

表 7-23　　　　　　　　　不同工作情况下选择控制器的建议

| 工作情况 | | 建议使用的控制器 |
|---|---|---|
| 操纵力较小情况 | 2 个分开的装置 | 按钮、踏钮、拨动开关、摇动开关 |
| | 4 个分开的装置 | 按钮、拨动开关、旋钮、选择开关 |
| | 4～24 个分开的装置 | 同心成层旋钮、键盘、拨动开关、旋转选择开关 |
| | 25 个以上分开的装置 | 键盘 |
| | 小区域的连续装置 | 旋钮 |
| | 较大区域的连续装置 | 曲柄 |

| 工作情况 | | 建议使用的控制器 |
|---|---|---|
| 操纵力较大情况 | 2 个分开的装置 | 扳手、杠杆、大按钮、踏钮 |
| | 3～24 个分开的装置 | 扳手、杠杆 |
| | 小区域连续装置 | 手轮、踏板、杠杆 |
| | 大区域连续装置 | 大曲柄 |

正确选择控制装置的类型对于安全生产,提高工作效率极为重要。一般来说,选择的原则如下:

(1) 快速而精确的操作主要采用手控或手指控制装置,用力的操作则采用手臂及下肢控制。

(2) 手控装置应安排在肘、肩高度之间而容易接触到的位置处,并易于看到。

(3) 手指控制装置之间的间距可为 15 mm,手控装置之间的间距则为 50 mm。

(4) 手揿按钮、钮子开关或旋钮开关适用于用力小,移动幅度不大及高精度的阶梯式或连续式调节。

(5) 长臂杠杆、曲柄、手轮及踏板则适合于用力、移动幅度大和低精度的操作。

在操作过程中,只有在用脚动控制器优于用手动控制器时才选用脚动控制器。一般在下列情况时考虑选用脚动控制器:需要进行连续操作,而用手操作又不方便的场合;无论是连续性控制还是间歇性控制,其操纵力为 50～150 N 的情况;手的工作控制量太大,不足以完成控制任务时。当操纵力为 50～150 N,或操纵力为 50～150 N,但需要连续操作时,宜选用脚踏板。对于操纵力较小,且不需连续控制时,宜选用脚踏钮或脚踏开关。

### 7.5.5 显示器和控制器的配置设计

显示器和控制器的配置设计主要考虑其相合性。它是反映人机关系的一种方式,涉及人机间的信息传递、信息处理与控制指令的执行以及人的习惯定式,其中"相合性"受人的习惯因素影响很大。如仪表的指针顺时针方向转动通常表示数值增大,逆时针转动表示数值减少,若把这种关系颠倒过来,就很容易看错。随着科技的发展,在表示"相合性"方面出现了许多新技术和新方法,如多媒体中的触摸屏,光笔输入、数据手套、虚拟驾驶系统、三维视场头盔等,并在日常生活及工业生产中得到广泛应用。对于显示器和控制器的相合性设计,应根据人机工程学原理和人的习惯定式等生理、心理特点,并考虑以下因素。

1) 运动相结合性

一般来说,人对显示器和控制器运动有一定的习惯定式。如顺时针旋转或自下而上,人们自然认为是增加的方向。顺时针旋转收音机的开关旋钮,其音量增大。汽车的方向盘顺时针旋转,汽车向右转弯,反时针旋转,汽车左转弯,即右旋右转,左旋左转,控制器的运动方向与执行系统或显示器的运动方向在逻辑上是一致的。虽然它们处在不同的空间位置,但它们运动方向上的逻辑一致性是符合人感知的"习惯定式",表明其运动相结合性好,如图7-31 所示。

2) 空间相合性

控制器和显示器配合使用时,控制器应该与其相联系的显示器紧密布置在一起,最好布置在显示器的下方或右方(右手操作)。当布置的空间受到限制的时候,控制器和显示器的

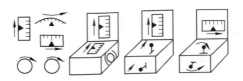

图 7-31　控制器与显示器的运动相结合性

布置在空间位置上应有逻辑关系。例如,左上角的显示器用左下角的控制器去操作;右上角的显示器用右下角的控制器去操作;中间的控制器用中间的显示器表达其控制量等,如图 7-32 所示。图 7-32(a)所示,由于空间限制,两个显示器的控制钮左右排列。左边的控制器与下面的显示器相关联,右边的控制器与上面的显示器相关联。这种安排就违背了人们的空间习惯思维定式。因此,在使用控制器时就很容易造成相互混淆。如果空间限制,不可能有其他的安排方法,图 7-32(b)安排比较可取,左边的控制器与上面的显示器相关联,右边的控制器与下面的显示器相关联,但是也应尽量避免这种布置。图 7-32(c)的安排就完全符合人们的空间习惯。图 7-32(d)的安排,控制器和显示器的空间关系就更为清晰,这种安排就很少发生混淆的现象。当然,控制器与显示器的空间位置如果违反人们的习惯,经过一定的培训,在正常情况下也是可以安全操作的。如果遇到紧急、危险的情况时,容易恢复到原有的习惯去操纵,这样就极易发生误操作的事故。由此可见,控制器与显示器的空间相结合性好时,可减少操作失误发生的次数,缩短操作时间,对提高操作质量有明显的效果。

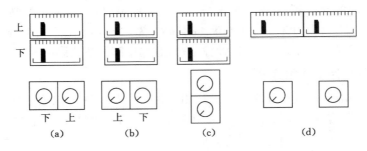

图 7-32　控制器与显示器的空间相结合性

3) 控制—显示比

在操作中,通过控制装置对设备进行定量调节或连续控制,控制量则通过显示装置(也可以是设备本身,如方向盘的转动与车身转弯程度)来反映。控制—显示比就是控制器和显示器移动量之比,即 $C/D$ 比。这个移动量可以是直线距离(如直线刻度盘的显示量,操纵杆的移动量),也可以是旋转的角度和圈数(如圆形刻度盘的显示量,旋钮的旋转量等)。$C/D$ 比反映控制—显示系统的灵敏度高低:$C/D$ 比高,说明控制—显示系统灵敏度低;$C/D$ 比低,灵敏度高,如图 7-33 所示。

一般来说,设备上的控制—显示系统具有粗调和细调两种功能。$C/D$ 比的选择则考虑精调时间和粗调时间,而不是简单地选择高 $C/D$ 比,还是低 $C/D$ 比。最佳的 $C/D$ 比则是两种调节时间曲线相交处,这样可以使总的调节时间降低最低,如图 7-33 所示。

最佳的 $C/D$ 比选择还要受到许多因素的影响。例如,显示器的大小、控制器的类型、观测距离以及调节误差的允许范围等。最佳 $C/D$ 比选择往往通过实验获得,却没有一个理想

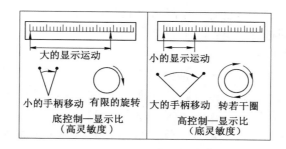

图 7-33 $C/D$ 比与控制—显示的灵敏度

的计算公式。国外曾有人经过实验得出:旋钮的最佳 $C/D$ 比范围为 $0.2\sim0.8$,对于有操纵杆或手柄则为 $2.5\sim4.0$ 较为理想。

# 7.6 安全防护装置设计

从安全的角度来讲,能从本质上解决安全问题是最好的。在设计时要尽量防止采取不安全的技术路线,避免使用危险物质、工艺和设备,如用低电压代替高电压,用阻燃材料代替可燃材料,强电弱电化等;如果必须使用,可以从设计和工艺上考虑采取控制和防护措施,设计安全防护装置,使系统不发生事故或者最大限度地降低事故发生的严重程度。

安全防护装置是指配置在机械设备上能防止危险因素引起人身伤害,保障人身和设备安全的所有装置,它对人机系统的安全性起着重要作用。因此,科学地设计安全防护装置有着重要的意义。

## 7.6.1 安全防护装置的作用与分类

1) 安全防护装置的作用

安全防护装置的作用是杜绝或减少机械设备在正常或故障状态,甚至在操作者失误情况下发生人身或设备事故。其作用主要表现在以下几个方面:

(1) 防止机械设备因超限运行而发生事故。机械设备的超限运行指超载、超速、超位、超温、超压等,当设备处于超限运行状态时,相应的安全防护装置就可以使设备卸载、卸压、降速或自动中断运行,从而避免事故的发生,如超载限制器、限速器、限位器、限位开关、安全阀、熔断器等。

(2) 通过自动监测与诊断系统排除故障或中断危险。这类安全装置可以通过监测仪器及时发现设备故障,并通过自动调节系统排除故障或中断危险;或通过自动报警装置,提醒操作者注意危险,避免事故发生,如漏电保护器、自动报警装置等。

(3) 防止因人的误操作而引发事故。通过相互制约、干涉对方的运动或动作来避免危险的发生,如电气控制线路中的互锁、联锁等。

(4) 防止操作者误入危险区而发生事故。机器在正常运行时,有时人有意或无意的进入设备运行范围内的危险区域,有接触危险与有害因素而致伤的可能,安全防护装置能阻止人进入危险区或从危险区将人体排出而免遭伤害,如防护罩、防护屏、防护栅栏等。

2) 安全防护装置的分类

安全防护装置可以是单一功能的安全装置,也可以是多种功能联用的装置,其分类方法

很多,有按作用不同进行分类,也有按控制元件不同进行分类,还有按其功能进行分类,本书仅从安全防护方式不同进行分类:

（1）隔离防护装置

通过物体障碍方式防止人或人体部分进入危险区,将人隔离在危险区之外的装置,例如,防护罩、防护屏、封闭式装置等,可以单独使用,也可以与联锁装置联合使用。

（2）联锁控制防护装置

用来防止相互干扰的两种运动或不安全操作时电源同时接通或断开的互锁装置。列如,将高电压设备的门与电气开关联锁,只要开门,设备断电,保证人员免受伤害;机床上工件或刀具的夹紧与启动开关的联锁等。

（3）超限保险装置

这是防止机械在超出规定的极限参数下运行的装置,一旦超限运行,能保证自动中断或排除故障,如过载保险装置、熔断器、保险丝、限位开关、安全离合器和安全联轴器等。

（4）紧急制动装置

用来防止和避免在紧急危险状态下发生人身或设备事故的装置,它可以在即将发生事故的一瞬间使机器迅速制动,如带闸制动器、电力制动装置等。

（5）报警装置

通过监测装置能及时发现机械设备的危险与有害因素及事故预兆,通过闪烁红灯或鸣笛向人们发出报警信号的装置,如超速报警器、锅炉上的超压报警器和水位报警器等。

（6）安全防护控制装置

当操作者一旦进入危险区,则安全防护装置可以控制机械不能启动或自动停止,可将人从危险区排出,或控制人体不能进入危险区,它对人身安全起间接防护作用。这种装置有:双手按钮式开关、光电式安全防护装置等。

### 7.6.2 安全防护装置的设计原则

（1）以人为本的设计原则

设计安全防护装置时,首先要考虑人的因素,确保操作者的人身安全。

（2）安全防护装置必须安全可靠的原则

安全防护装置必须达到相应的安全要求,保证在规定的寿命期内有足够的强度、刚度、稳定性、耐磨性、耐腐蚀和抗疲劳性,即保证其本身有足够的安全可靠度。安全防护装置的设计还要充分考虑可能发生的不安全状态,如误操作、意外事件、突发事件等特殊情况。

（3）安全防护装置与机械装备配套设计的原则

安全防护装置应在结构设计时就作为设备性能要求的一部分考虑进去;自己设计制造或专门生产安全防护装置的厂家设计出的产品有利于实现"三化"（系列化、标准化、通用化）。绝不允许把安全防护装置的设计制造任务推给用户。因为用户购置的安全防护装置不配套,很难达到安全防护的效果。所以,现在出厂的新产品,都应具备齐全的安全防护装置,否则,不准出厂。

（4）简单、经济、方便的原则

安全防护装置的结构要简单,布局要合理,费用要经济,操作要方便,不影响正常操作,满足一定的安全距离,便于检修,即采用安全装置后不影响机器的预定使用,否则就可能导致为追求最大效用而不使用安全装置的行为出现。

（5）自组织的设计原则

安全防护装置应具有自动识别错误、自动排除故障、自动纠正错误及自锁、互锁、联锁等功能。

### 7.6.3　典型安全防护装置的设计

1) 隔离防护安全装置的设计

要解决人机系统的安全问题,首先考虑的是人的安全。隔离防护安全装置就是专为保护人身安全而设置的。该装置有装在机械设备上的防护罩,还有置于机械周围一定距离的防护屏或防护栅栏,它们都是用来防止人进入危险区与外露的高速运动或传动的零件或带电导体等接触受伤害,或飞溅出来的切屑、工件、刀具等外来物伤人。

(1) 防护罩

防护罩的作用有:一是使人体不能进入危险区;二是阻挡高速飞向人体的外来物。为此,防护罩的设计应满足如下基本要求:有足够的强度和刚度,结构和布局合理,而且应牢固地固定在设备或基础上。不允许防护罩给生产场所带来新的危险,其本身表面应光滑,不得有毛刺或尖锐棱角。防护罩不应影响操作者的视线和正常作业,防护罩与运转零部件之间应留有足够的间隙,以免相互接触,干扰运动或碰坏零件;应便于设备的检查、保养、维修。

根据防护罩的结构特点,分为固定式、可动式和联锁式防护罩。

① 固定式防护罩。固定式防护罩应该用螺栓、螺母或铆接、焊接牢固地固定在机械上。当调整或维修机械时,只有专用工具才能打开,如飞轮、传动带、明齿轮、砂轮等的防护。防护罩一般采用封闭式结构,但有时由于操作和安全等原因,需要看到危险区内部的工况,这时,应采用网状结构或栅栏结构。在设计和安装防护罩时,应根据国家标准来确定开口和安全距离。所谓安全开口或安全间隙是指人体一部分(如手指、手掌、上肢、足尖等)不能通过的最大开口尺寸;而安全距离是指人体任何一部分允许接近危险区(如作业地点)的最小距离。

② 可动式防护罩。这种防护罩主要用来防护需要经常调整和维修的活动部件,以及需要将工件送入工作点或从工作点取出。该防护罩不需要专用工具就能打开,故又称开启防护罩。也可以在固定式防护罩上开设一个可以送取物料的孔,这种孔可以是绞式盖或推拉门。例如,锯床上的可调防护罩,大型立式车床上的环形可动式防护罩;钻床钻头上的伸缩式防护罩;车床卡盘上的防护罩等。

③ 联锁防护罩。前面介绍的可动式防护罩存在着罩未关上就进行调整或维修等作业或人体某一部分在危险区内,这时有人去启动机械而引起伤害事故的危险,联锁式防护罩就是为排除这种不安全因素而设置的。其工作原理是:防护罩兼启动电气开关的作用,即罩不关上机械就不能启动;另外,一旦防护罩被打开,机械就立即停止运行。

(2) 防护屏

设置在离机械一定距离的地面上,根据需要可以移动。它主要适用于不需要人进行操作的机械,如用于隔离机械手或工业机器人的活动区域。防护屏一般用金属材料制成,并应有足够的强度,可以采用栅栏结构、网状结构或孔板结构,常见的有围栏、防护屏、栏杆等。在设计防护屏时,其栅栏的横向或竖向间距、网眼或网孔的最大尺寸和防护屏高度,以防护屏放置的最小安全距离必须符合国家标准 GB 8179—87。

防护屏除可以防止机械伤害外,还可以防止由于灼烫、腐蚀、触电等造成的伤害。

2) 联锁控制防护安全装置的设计

联锁防护安全装置的特点主要体现在"联锁"二字上,它表示既有联系又相互制约(互锁)的两种运动或两种操纵动作的协调动作,以实现安全控制。联锁控制的基本功能有以下几点:保证正常运转,事故联锁;联锁报警;联锁动作和投运显示。如车床上刀架的纵向与横向运动不允许同时接通,机床的启动或制动不允许同时发生;防止几个运动同时传动某一个执行部件,如车床中的丝杠与光杠不能同时传动刀架;防止颠倒顺序动作,如机床上工件未夹紧,主轴不能启动;防止同时接通两个或两个以上相互干扰的运动;防止误操作功能相反的按钮或手柄等。

联锁装置可以通过机械的、电气的或液压、气动的方法使机械的操纵机构相互联锁或操纵机构与电源开关直接联锁。它是各类机械用得最多、最理想的一种安全装置。

(1)机械式联锁装置

机械式联锁装置是依靠凸块、凸轮、杠杆等的动作来控制相互矛盾的运动,如利用钥匙开关、销子等来控制机械运动。

(2)电气联锁线路

① 顺序联锁。例如,锅炉的鼓风机和引风机必须按下述程序操作:开机时先开引风机,后开鼓风机,停机时先停鼓风机,后停引风机。如果操作错误,则可造成炉膛火焰喷出,发生伤亡事故,为防止司炉工误操作,在锅炉的控制电路中,设计有引风机和鼓风机的安全程序联锁。

② 按钮控制的正反转联锁线路。如电动机的正、反转控制电路中的互锁,就是防止同时按下正反向运行按钮时的误操作事故,避免造成相间短路。

③ 欠电压、欠电流联锁保护。如电磁吸盘欠电流保护电路。在平面磨床上工件是靠电磁吸盘固定在工作台上的,若遇电流不足或突然停电,工件有被甩出伤人的危险。所以,需要设置欠电流保护电路。

(3)液压(或气动)联锁回路

在自动循环系统中,执行件的动作是按一定顺序进行的,即各执行件之间的动作必须通过联锁环节约束;否则,将会因动作干涉而发生事故。在液压或气动系统中,这种联锁是靠一定油路或气路来实现的,如防护门联锁液压回路。

3)超限保险安全装置的设计

机械设备在正常运转时,一般都保持一定的输出参数和工作状态参数;当由于某种原因机械发生故障将引起这些参数(如振动、噪声、温度、压力、负载、速度、位置等)的变化,而且可能超出规定的极限值。如果不及时采取措施,将可能发生设备或人身事故,超限安全保险装置就是为防止这类事故发生而设置的,它可以自动排除故障并一般能自动恢复运行。根据能量形式和工作特性不同,超限安全装置分为中断能量流、吸收能量、积累能量和排除4类。如中断能量流动装置有破坏式的剪断销和剪断键离合器、电气式的熔断器、继电器等;吸收能量的装置有防冲撞装置、缓冲器等;积累能量的装置有爪式、滚珠式和滚柱式等离合器;排除能量的装置有各类安全阀。

(1)超载安全装置

超载安全装置种类很多,但一般都由感受元件、中间环节和执行机构3部分组成一个独立的部件。其中,一种是直接作用的安全装置;另一种是位于保护对象的不同位置间接作用的安全装置。

超载安全装置的作用就是处理设备由于人机匹配失衡造成的多余能量,通过中断能量流、排除能量等措施,达到保护人和设备安全的目的。其工作原理有机械式、电气式、电子式、液压式及其组合。

例如,起重量限制器,其类形式较多,常用的有杠杆式、弹簧式起重量限制器和数字载荷控制仪。主要用来防止起重量超过起重机的负载能力,以免钢丝绳断裂和起重设备损坏。

电路过载保护和短路保护。电动机工作时,正常的温升是允许的,但是如果电机在过载情况下工作,就会因过度发热造成绝缘材料迅速老化,使电机寿命大大缩短。为了避免这种现象,常采用热继电器作为电机的过载保护。另外,为了防止两相发生短路,导致同一线路上的其他电器元件被烧毁,在线路中设置了熔断器这个薄弱元件,在线路正常工作时,它能承受额定电流,在短路故障发生的瞬间,熔断器首先被熔断而切断电路,从而保护了整个电气设备的安全。

(2)越位安全装置

机械以一定速度运行时,有时需要改变运动速度,或需要停止在指定的位置,即具有一定的行程限度,如果执行件运动时超越规定的行程,可能会发生损坏设备或撞伤人的事故。为此,必须设置行程限位安全装置。这种装置有机电式、液压式等。例如,起重机械工作时,超载和越位是造成起重事故的两个主要原因,故必须设置相应的安全装置。

(3)超压安全装置

超压安全装置广泛用于锅炉、压力容器(如液化气储存器、反应器、换热器等),因为这些设备若超压运行都可能发生重大事故,如爆炸和泄露等。超压安全装置主要有安全阀、防爆膜、卸压膜等。按结构及泄压方法不同有阀型、断裂型(即破坏型)、熔化及组合型等。

安全阀是锅炉、气瓶等压力容器中重要的安全装置。它的作用是:当容器中介质压力超过允许压力时,安全阀就自动开启,排气降压,避免超压而引起事故;当介质压力降到允许的工作压力之后,便自动关闭。

根据驱动阀芯(阀瓣)移动的动力不同,有杠杆式、弹簧式等安全阀;按安全阀开启时阀芯提升的高度不同有微启式和全启式安全阀。

4)制动装置

制动装置也属于安全装置,除了可以满足工艺要求外,在机器出现异常现象时(如声音不正常、零部件有松动、振动剧烈,尤其是有人进入危险区等),可能导致设备损坏或造成人身伤害的紧急时刻,立即将运动零部件制动,中断危险事态的发展。例如,在危险位置突然出现人;操作者的衣服被卷入机器或人正在受伤害、运行部件越程与固定件或运动件相撞等紧急情况下,为了防止事故发生或阻止事故继续发展,必须使机器紧急制动。这是在机器上设置制动器的主要目的。常用的制动方式有机械制动和电力制动。

机械制动是靠摩擦力产生的制动力或制动力矩而实现制动的;而电力制动则是使电动机产生一个与转子转向相反的制动转动转矩而实现制动的。机床上常用的电力制动有反接制动和能耗制动。

反接制动这种方法制动力矩大,且效果显著,但制动过程中有冲击、能耗较大。

能耗制动是使三相异步电机停转时,在切除三相电源的同时把定子绕组任意两相接通直流电源,转子绕组就产生一个反向制动转矩。这个转矩方向与电动机按惯性旋转的方向相反,所以起到制动作用。这种制动方法是把转子原来"储存"的机械能转变成电能,然后又消耗在转子的制动上,称为能耗制动。制动作用的强弱与通入直流电流的大小和电动机转速有关,在同样转速下电流越大制动作用越强,一般取直流电流为电动机空载电流的3～4倍,过大将使定子过热。直流电流串接的可调电阻是为了调节制动电流的大小的设备。

能耗动比反接制动平稳、制动准确,且能量消耗小,但制动力较弱,且要用直流电源。

5）报警装置

报警装置是在机器设备运行状态发生异常情况,工艺过程参数超过规定值以及人处于危险区域时,随时有可能发生设备或人身事故的情况下,监测仪器向操作人员或维修人员发出危险警报信号的装置,它可以提醒工作人员注意。当更为严重、需要立即采取措施时,则通过联锁装置将自动启动备用设备或者自动停止运行,不使事故扩大、损坏设备和危及人身安全,保证系统处于安全状态。

根据所监视设备状态信号不同(如载荷、速度、温度、压力等),机械设备上有相应的各种报警器,如过载报警器、超速报警器、超压报警器等。其报警的方式有机械式、电气式等,但其作用原理基本是一样的。

随着监测技术的发展,各种传感器层出不穷,而且灵敏度、可靠性越来越高。如过载报警器使用的测力传感器,温度报警器采用的测温传感器等,它们都是报警器的核心部件。将监视信号(如温度、压力、速度、水位等)转换成电信号,然后以声或光信号发出警报。报警器发出的警报信号主要是音响,其次是光信号。重要的报警器最好利用音响和光组成"视听"双重警报信号。在设计音响报警器时,应遵循的设计原则见7.3节。

例如,锅炉中的高低水位报警器,它是用来监视锅炉极限水位的报警器。当锅炉水位达致到最低或最高极限水位时,即将发生缺水或满水事故时,水位报警器及时发出声响信号,警告运行人员采取措施,防止严重缺水或满水酿成大事故的发生。该报警器利用浮球或浮筒的上下运动感受水位的变化,然后通过传感器装置将信号经信号放大器传送到控制线路,使声光报警器发出声光信号。当缺水严重时,还可以切断引风机、鼓风机和炉排电动机的控制电源,防止缺水事故的扩大。

6）防触电安全装置

触电是人机系统中造成人身伤亡事故的重要原因之一。所以,为了保证操作人员的安全,机械设备上一定要设置防触电安全装置及安全措施。

电流通过人体是导致人身伤亡的最基本原因,人体触电伤害程度与流过人体的电流大小、持续时间、人体电阻等因素有关。设计防触电安全装置时就应从这些因素去考虑,如没有电流流过人体,可采取绝缘、间距、隔离等措施;缩短电流流过人体的持续时间,可采用漏电保护装置、漏电断路器等。

常用方法有:

（1）断电保险装置

最简单的断电保险装置是联锁开关。当打开设备的某通道口时,操作人员及检修人员从该通道口可以接触到设备内的某些部分,此时这些部分电源在打开通道口的同时被切断。当操作检修完毕封闭通道口时,电源便自动接通。例如,桥式起重机安装驾驶室门安全联锁装置以及从驾驶室内上到大梁小车人口处(天窗)的安全联锁装置,出入口处的门打开时,电气线路应切断,起重机不能运行,从而可避免某些事故发生。焊机空载时自动断电保护装置,可避免焊工更换焊条触及焊钳口时触电事故发生。

（2）漏电保护器

漏电保护器的工作原理是通过检测机构取得异常信号经中间机构的转换,传递给执行机构,检测的信号可能是电压或电流,微弱信号需通过放大环节再传送给执行机构,带动机械脱扣和电磁脱扣装置动作,断开电源。

（3）电容器放电装置

仅用切断电源的办法还不足以保证防止触电。设备内部可能有储存大量电荷的电容器,即使切断电源,电容器及其线路放电需要一个时间。如果电容器及其线路不能在切断电源后的两秒钟内放电降到 30 V 以下,则必须带有放电装置。这类放电装置应在操作或检修人员一打开通道口时就自动工作,例如:在直流电源各输出端跨接一个电阻,可以很好地保证电容自动放电(但它要增加一些分流)。如果没有这类分流措施,则打开通道口进行操作或检修以前,应该设法让电容器放电,如用接地杆等。

(4)接地

为了防止人员受高压伤害,必须采取接地措施。

输电线路的安全也应注意。人体的接触、短路或输入线接地都可能引起触电以致着火。例如某些变压器或电机出现故障时,初级供电线路就可能接地。所以在输电线路的两头及所有支路上都应装上保险丝或保险装置。

(5)警告标志与警告信号

警告标志及信号作为一种防触电的辅助措施也是非常必要的。警告标志常用警告文字(如"小心——高压")或用规定的图形作为警告记号;还有警告标志,在可能发生触电的部位,漆上国家规定的标准警告色。

常用的有警铃、警报、红色警告灯等警告信号。在可能引起触电的部位附近安置传感器(如光电管等),当人员接近危险区时,传感器控制警告装置发出警告信号,避免触电。

## 思考与练习

1. 人机系统的安全设计主要包括哪些内容?进行安全设计时应遵循哪些原则?

2. 工作空间设计的基本原则是什么?要设计出最佳作业空间,应该考虑哪些因素?

3. 工作姿势主要有哪几类?各有何特点?怎样体现在工作设计的布局设计中?

4. 对课桌座椅进行评价和改进设计。

5. 在设计语言传示装置时应注意哪些问题?

6. 怎样对仪表盘进行总体布局设计?

7. 设计控制器时应考虑哪些因素?

8. 在什么情况下选用脚动控制器?

9. 为什么要对显示器和控制器进行配置设计?

10. 何谓安全防护装置?它有几种类型?有什么作用?

11. 安全防护装置设计的原则有哪些?

# 8

## 作业环境与安全人机系统的关系

本章所讨论的作业环境主要包括与生产过程密切相关的照明、颜色(色彩)、噪声与振动、作业环境的微气候条件(温度、湿度、气压、风量、风速)等,这些作业环境因素不仅影响着生产的产量、质量以及作业人员的健康,而且常常是导致事故的环境因素。下面将要分析作业环境与安全人机系统之间的关系。

## 8.1 作业环境

所谓环境,是指人的生活场所或影响人的事物的整体或其中一部分,可分为内部环境和外部环境。其中,内部环境是指发生在个体体内的整个过程;外部环境是指围绕着主体,并对主体的行为产生某种影响的外界一切事物。外部环境又可分为社会环境与物理环境两类,这两类环境因素对安全生产都有巨大影响。这里主要讨论与生产过程相关的物理环境,即作业环境。

人的行为是与人们对环境的认识相关联的,格式塔学派(gestalt psychology,又称为完形心理学)心理学家特别重视物理环境作为刺激物在感觉、知觉过程中的作用。他们认为,物理环境对感觉、认识过程产生刺激对心理状态也会产生重要的影响,这些影响被称为物理环境的感觉特性。这种特性可以认为是人的身体组织,特别是感觉器官对物理环境做出反应的属性。由于人的行为是在环境的空间里进行的,行为的信息可以说是对环境空间的认识,这些信息大部分是依靠视觉获得的。在眼睛可以看到的范围内,首先进行的是根据视觉得来的对客体的知觉,而听觉可以获取眼睛所看不见的信息,可以起到视觉的辅助作用,特别在安全上,听觉具有引起人们注意的重要作用。例如,从后方传来的汽车喇叭声、岔道口的警铃声、安全警装置的笛声等。对环境的感知,除了视觉和听觉外,还有嗅觉、味觉、皮肤感觉得到的触摸觉、压痛觉、振动觉和温度感觉等。物理环境的信息通过这些感觉通道传递到人的大脑,大脑把这些信息进行分析、综合、加工,因而产生了一系列的心理过程和相应的行为。例如,环境的温度和湿度,不论是过高或过低,都会给人产生一种不舒服的感觉,从而影响人的情绪和工效,增加不安全因素。适宜的温度和湿度给人舒适的感觉,这对提高工效和减少事故发生率都是非常有益的。因此,研究环境对人的心理状态的影响时,就必须要重视与人的行为功能有关的物理环境。

作业环境即从事生产活动的外环境,既可以是大自然的环境,也可以是按生产工艺过程的需要而建立起来的人工环境,而人的作业环境是重要的物理环境之一。在作业环境里,由于机器的转动、物体的破碎、矿石的冶炼、金属加热、物质的分解与合成、化学反应、物理变化等,使作业环境中产生诸如高温辐射、噪声、振动、毒物、粉尘等许多职业性有害因素,再加上作业环境中的其他一些因素,如通风、采光照明、色彩等,这些物理环境因素都直接或间接地影响人的心理状态和生理功能,从而影响人们作业的安全性、舒适性和工作效率。因此,要保证人—机系统的安全,有效地进行生产活动,就必须研究作业环境对人心理的影响,并对作业环境加以控制,消除对心理的不良影响,创造一个舒适的作业环境。

## 8.2　作业环境的照明与安全

人在进行生产活动时,主要是通过视觉接受外界的信息,并由此做出选择而产生一定的行为。根据有关研究表明,约有 80% 的外界信息是通过人的视觉而获得。在作业环境中的光源有两种:自然光(阳光)和人造光(灯光)。把室外的阳光用于作业场所的照明,称为采光。人造光主要是指用电光源发出的光,用于弥补自然光的不足,即平常所说的照明。作业环境的采光与照明的好坏直接影响视觉对信息的接收质量,进而影响人在生产过程中的安全心理和安全行为。工作精度、机械化程度越高,对采光与照明也提出了更高的科学要求。

我国大部分地区,每年 11 月、12 月和 1 月的昼短夜长,经常需要人工照明,但照度(照度是被照面单位面积上所接受的光通量,单位为 lx)值较低。据统计,这一时期事故率较高,照度不良是事故发生的重要原因之一。

国内外的最新研究表明,照明与事故具有相关性。在特定的单元作业中,事故的多少与亮度成反比关系。事故频数高于平均数的单元作业,往往是在亮度较低的场所发生的。例如,在矿山井下,具有最高事故指数的作业,集中在照明不良的凿岩、岩层支护、运输及装载作业上。克鲁克斯研究指出,在射束亮度、半阴影亮度、底板亮度和环境高度与事故频率的多元回归中,得出的结论是,井下作业环境越亮,事故频率越低。可见,照明是安全生产的潜在关键因素。又如,对国内一家工厂的调表明,当照度由 20 lx 增至 50 lx 时,4 个月工伤事故的次数由 25 次降至 7 次,差错件数由 32 件降至 8 件,由于疲劳而缺勤者从 26 人降至 20人。再如,国外对交通事故的调查也表明,改善道路照明,一般可使交通事故减少20%～75%。反之,不良的采光和照明,除令人感到不舒适、工作效率下降外,还因操作者无法清晰地看清周围情况,容易接受模糊不清甚至是错误的信息并导致错误的判断,很容易发生工伤事故。研究资料表明,环境因素引起的工伤事故中,约有 1/4 是由于照明不良所致。以上充分说作业环境的采光和照明对于减少生产事故,保证人—机—环系统的安全具有非常重要的意义。

我国工业生产中既没有充足照明的习惯,在安全事故分析中又极少重视和记录照明因素,这是极需改进的。

### 8.2.1　与作业环境照明设计有关的视觉机能特点

照明对人的工作效率、安全和舒适的影响主要取决于它对人的视觉机能的心理、生理效应。例如,人在黑暗的环境中,表现为活动能力降低,忧虑和恐惧;在光线充足或照明良好的环境,人则有积极的情绪体验。因此,必须根据人的视觉特点来设计作业环境的照明。

1)视功能

视功能是指人对其视野内的物体的细节进行探测、辨别和反应的功能。视功能常以速度、精度或觉察的概率来定量表示。视功能与照明有很大关系,照明的照度若低于某一阈值,将不能产生视功能。超过某一阈值,起初随着照度的增加,视功能改善很快,但照度增至一定程度后,视功能改善水平维持不变,即使再增加照度也不能改善视功能。因此,不适当增高照度,除浪费能源外,还会产生眩光、照度不均匀,造成视觉干扰和混乱,反而使视功能下降。此外,还必须注意光线的方向性和漫射,以避免杂乱的阴影造成错觉,易于造成工作失误。

2)视觉适应

视觉适应是人眼在光线连续作用下感受性发生变化的现象,也即人视觉适应周围环境光线条件的能力。适应可使感受性提高或降低,是人适应环境的心理和生理反应,它包括暗适应(人从明亮环境走入黑暗环境时,视觉逐步适应黑暗环境的过程)和明适应(人在由黑暗环境进入明亮环境的时候,起初人的眼睛不能辨别物体,要经过几十秒的时间才能看清物体,这种过程称为明适应)两种。在作业环境中,必须要考虑视觉的适应问题。如果作业区和周围环境反差过大,就会出现暗适应或明适应的问题,使工作效率降低,并且可能造成操作者失误或导致事故。因此,作业区与周围环境的照明、作业的局部照明与一般照明均应有一定的比例。例如,对夜间行车而言,驾驶室及车厢的照明设计应使用弱光,使驾驶员增强适应,以确保安全。

3)闪烁

如果光的波动频率足够低时,就会从视野(视野是指头部和眼球不动时,眼睛看正前方所能看到的空间范围)内某个光源或某个照射面观察到光的波动,这种现象称为"闪烁"。闪烁会使人感到烦恼,并且使视觉疲劳加剧。

4)眩光

当视野内出现过高的亮度或过大的亮度对比时,人就会感到刺眼,影响视度(物体具有一定的亮度才能在视网膜上成像,引起视觉感觉。这种视觉感觉的清楚程度称之为视度)。这种刺眼的光线叫作眩光。如晴天的午间看太阳,会感到不能睁眼,这就是由于亮度过高所形成的眩光使眼睛无法适应之故。

眩光按产生的原因可分为3种,即直射眩光、反射眩光和对比眩光。直射眩光是由眩光源直接照射引起的,直射眩光与光源位置有关。反射眩光是光线经过一些光滑物体表面反射到眼部造成的。对比眩光是物体与背景明暗相差太大所致。

眩光的视觉效应主要是使暗适应破坏,产生视觉后像,使工作区的视觉效率降低,产生视觉不舒适感和分散注意力,易造成视疲劳,长期下去,会损害视力。研究表明,做精细工作时,眩光在20 min之内就会使差错明显增加,工效显著降低。

## 8.2.2 照明设计原则

1)自然采光

在设计车间建筑物时,应最大限度的考虑使用自然光,最好采用综合采光(即同时采用侧方、上方的采光)。因为单独采用侧方采光或上方采光,会使室内照度不均匀,既会影响工作效率,又容易发生事故。当自然采光不能满足视觉要求时,应采用人工照明补充。

2)适宜的照度和好的光线质量

作业照明应在工作地点与周围环境形成适宜的照度和好的光线质量,这是对照明的一般要求。生产场所的照明分为3种,即自然照明、人工照明和自然及人工混合照明;按范围又可分为全面照明和局部照明以及全面及局部结合的综合照明。

(1)适宜的照度

国外有些国家规定,一般照明的照度不小于500 lx,全面照明的照度在500~1 000 lx时较好。常用的照度标准可参照表8-1,详细情况参阅《建筑照明设计标准》(GB 50034—2013)。

表 8-1                                                照度标准

| 环境 | 照度/lx | 环境 | 照度/lx |
|---|---|---|---|
| 晚间的公共场所(室外) | 20～50 | 电子或钟表工业 | 2000～5000 |
| 短时间使用的场所(室内) | 50～100 | 微电子工业 | 7 000～15 000 |
| 仓库或过厅 | 100～200 | 特种外科手术 | 15 000～20 000 |
| 演讲厅或无精度要求的车间 | 200～500 | 铸造车间 | 500 |
| 办公室或正常精度要求的车间 | 500～1 000 | 教室、阅览室 | 700 |
| 检验工作、车床工作 | 1 000～2 000 | 理发店 | 1 000 |

局部照明和一般照明必须协调,一般照明的照度不应过分低于局部照明,也不应与局部照明相同,更不允许高于局部照明。一般照明的照度应不低于混合照明(一般照明和局部照明组成的照明)总照度的 5%～10%,并且其最低照度应不少于 20 lx。

(2) 好的光线质量

物体与背景的对比度、光的颜色、眩光和光源的照射方向均属于光的质量。

为了看清物体,应使其背景更暗一些,即有一定的对比度。若识别物体的轮廓,应使对比度尽可能大些,如白纸黑字,如果是白底黄字或红底黑字既不利于识别也令人厌倦。但在观察物体细部,如识别颜色、组织或质地时,应使物体与背景之间的对比度最小,这时才能看清细部结构。

要注意室内作业区与环境照明之比,见表 8-2。表中为最大允许限度,若超出限度,会影响工作效率,容易发生事故。对于生产车间、工作面或工件的照度与它们之间的间隙区的照度,二者之比应为 1.5∶1 左右。

表 8-2                                  室内各部分照度比最大允许值

| 对比特征 | 办公室 | 车间 | 对比特征 | 办公室 | 车间 |
|---|---|---|---|---|---|
| 工作区与其周围环境 | 3∶1 | 5∶1 | 工作区与较远周围环境 | 10∶1 | 20∶1 |
| 光源与背景之间 | 20∶1 | 40∶1 | 视野范围内各表面间 | 40∶1 | 80∶1 |

光源方向十分重要,避免作业面和通道产生阴影,因为作业面和通道的阴影常会造成事故。正确选择照明方向,可消除阴影和反射,在照明设计安装时应予考虑。例如,顶光安装的位置应在 $2\alpha$($\alpha$ 为光的入射角)范围内,$\alpha$ 的大小取 25°以下为最好。

同时,注意防止灯光直射和眩光的产生。为保护眼睛不受灯光的直射和防止眩光,在直射式和扩散式照明时,需要限制光源亮度,提高灯的悬挂高度和采用带有一定保护角的灯具以及其他防止眩光的措施。例如,办公桌不宜面对窗户,侧射、背射、半透明窗帘、百叶窗都是避免眩光的好方法。

3) 保证照度的稳定性和均匀性

(1) 稳定性

作业照明的电压应不低于其额定电压的 98%。电压改变 1%,光子流就改变 3%～5%,若要使照度稳定,光子流的变化不应超过 10%。

(2) 均匀性

对于一般工作,如果作业场所较大,对于整个工作面上的照度设计应满足:

— 183 —

$$\frac{平均照度}{最小（最大）照度}<3\left(\frac{1}{3}\right)$$

$$\frac{两光源之间间隙地带照度}{光源直接下方照度}\leqslant0.5$$

如果照度不稳定（闪烁或忽暗忽明）或分布不均匀，不仅有碍视觉，而且不易分辨前后，深浅和远近，以致影响工效和发生事故。

4）安全要求

照明设备应符合其他安全措施的要求，如不应有造成电击和火灾的危险，符合用电安全要求，符合事故照明要求。事故照明的光源应采用能瞬时点燃的白炽灯或卤钨灯，照度不应低于作业照明总照度的 10%，供人员疏散用的事故照明的照度应不少于 5 lx。

# 8.3　作业环境的色彩与安全

颜色是光的物理属性，人可以通过颜色视觉从外界环境获取各种信息。人类生活的世界，色彩斑斓，无论家庭、办公室、服务场所或车间，恰如其分的颜色及其颜色配置，会收到意想不到的效果。事实上，颜色不是可有可无的装饰，鉴于它对人的生理和心理都会产生影响，可以作为一种管理手段，提高工作质量、效率，促进安全生产。

人辨别物体表面的颜色，主要取决于光源的颜色、在不同光线照射下，物体表面反射和吸收光线的状况、人眼视网膜上觉感受器的感光细胞的机能状态。色觉是由不同波长的光线所引起的。不同波长的光具有一定的颜色，在照射到物体表面后，由于表面分子结构不同，反射和吸收的情况也不同，从而使物体呈现不同的颜色。

## 8.3.1　色彩的意义

色彩的感觉在一般美感中是最大众化的美感形式。颜色作用于我们的感觉，引起心理活动，改变情绪，影响行为。"明快"的颜色引起愉悦感；"抑郁"的颜色将会导致很坏的心境。人们对色彩的感觉及其评价可能会有某些不同，这种"最大众化的美感形式"有其共性。正确巧妙地选择色彩，可以改善劳动条件，美化作业环境。合理的色彩环境可以激发工人的积极情绪，消除不必要的紧张和疲劳，从而提高工作效率和有利于安全生产。

色彩的运用必须非常谨慎，色彩选择不当，同样能造成大的危害。如把墙壁和车床漆成低沉的深绿色，并围上黑色的边框，结果造成工人头痛和产生忧郁症。工作环境的色彩必须绚丽多姿，在主色外还应适当采用辅助色，使色彩具有多样性。这样才能减轻工人的疲劳感觉，提高工作效率。使用单一的色彩，即使是生理最佳色彩，也不会获得好的效果。如英国一家纺织厂，厂方希望使用色彩提高劳动效率，把车间墙壁全部漆成天蓝色，天花板漆成不透明的乳白色。3 个月后，发现对生产指标并无任何实质性改变。心理学家对此进行研究后发现，虽然大多数人都喜爱天蓝色，并感到体力负荷有所减轻，视觉感觉良好。但蓝色对人的心理作用来说，它属于清冷和消极的颜色，对工人情绪的影响却明显是消极的。因此，车间粉刷天蓝色太多，并不能激励人的劳动热情。可见，在作业环境中，若色彩运用不当，将不能起到促进生产和安全的预期效果。

1）常见颜色的象征意义

（1）红色

红色——热烈、喜庆、欢乐、兴奋,使人感到温暖、热血沸腾,但是红太多,亦会令人烦躁不安,引起神经紧张。红色使人联想到血与火,象征革命、热情。

（2）橙色

橙色——兴奋、华丽、富贵,给人愉快的感觉,使人激动,知觉度增强,能让人联想到太阳、橙子、橘子。橙色象征光明、快活与健康。

（3）黄色

黄色——温和、干净、富丽、醒目、明亮,引人注目,令人心情愉快、情绪安定,使人联想到明月、葵花。黄色象征明快、希望、向上。室内家具及墙壁的颜色曾流行浅黄色。

（4）绿色

绿色——自然、舒适、镇静、安定,减轻用眼疲劳,增强人眼的适应性,使人联想到树和草,象征安全与和平。绿色给人以新春嫩绿的勃勃生机,造成自然美的心理效应。例如,在医院的病房里常涂以嫩绿色,使之增添活力和生机,鼓励病人与疾病抗争;夏日里,家中卧室中也可用淡绿,增加清新怡人的气氛。

（5）蓝色

蓝色——空旷、沉静、舒适,有镇静、降温之效,使人联想高高的蓝天、宽阔的海洋,象征沉着、清爽、清静。此外,蓝色还令人产生纯朴、端庄、稳重、沉静的心理感受。例如,在校学生常着装"学生蓝",使人产生洁静感。

（6）紫色

紫色——镇静、含蓄、富贵、尊严,偶尔也令人产生忧郁的情绪,使人联想到葡萄、紫丁香、紫罗兰。紫色象征优雅、温厚、庄重,如许多国家把紫色作为最高官阶服饰用色。

（7）白色

白色——纯洁高尚、晶莹凝重,对多愁善感的人又意味着忧伤、寒冷,使人联想到白雪、白云、白浪滔滔,象征纯洁、明快、清静。例如,医护人员、售货员等常穿白色工作服,使人产生清洁、幽雅的感觉。白色的反射率很大,也能提高亮度和降低色彩饱和度。

（8）黑色

黑色——庄重、力量、坚实、忠心耿耿,使人联想到煤炭和钢铁。象征沉重、稳重、忧郁。1916—1924 年,美国福特汽车制造厂生产的充斥全世界的"T"型小汽车,所采用的颜色即是黑色。

（9）浅灰色

浅灰色——轻松、平和,如服装常用浅灰色。

2）颜色中的常见色对生理与心理的作用

正确选择颜色有益于视觉、生理、心理、工效、安全。通过颜色调节,可以得到增加明亮程度,提高照明效果;标识明确,识别迅速,便于管理;注意力集中,减少差错、事故,提高工作质量;赏心悦目,精神愉快,减少疲劳;环境整洁、明朗、层次分明,满足于人们的审美情趣。颜色中的常见色对生理与心理作用,见表 8-3。

## 8.3.2 作业环境的色彩应用

作业环境的色彩应用要考虑工作特点、颜色意义及其对人的生理、心理影响等因素。颜色可以构造成赏心悦目的环境,可以创造出庄严肃穆的气氛,也可以造成色彩缤纷的景致。

作业环境的色彩应用时,其基本原则是:

表 8-3             颜色中的常见色对生理与心理作用

| 颜色＼作用 | 热烈 | 兴奋 | 温暖 | 轻松 | 尊严 | 华丽 | 突出 | 接近 | 富贵 | 安慰 | 凉爽 | 幽雅 | 干净 | 安静 | 沉重 | 遥远 | 寒冷 | 忧郁 |
|---|---|---|---|---|---|---|---|---|---|---|---|---|---|---|---|---|---|---|
| 红 | √ | √ | √ | | | | √ | √ | | | | | | | √ | | | |
| 橙 | | √ | √ | | | √ | √ | | √ | | | | | | | | | |
| 橙黄 | √ | √ | | | | √ | | | √ | | | | √ | | | | | |
| 黄 | √ | √ | √ | √ | | | | | | | | | √ | | | | | |
| 紫 | | | | | √ | √ | | | | | | | | | √ | | | |
| 紫红 | | √ | √ | | √ | | | | | | | | | | | | | |
| 黄绿 | | | √ | √ | | | | | | | | | | | | | | |
| 绿 | | | | | | | | | | √ | | √ | | √ | | √ | √ | |
| 绿蓝 | | | | √ | | | | | | | | √ | | | | √ | √ | |
| 天蓝 | | | | √ | | | | | | | √ | | √ | | | √ | √ | |
| 浅蓝 | | | | √ | | | | | | √ | | | √ | | | √ | √ | |
| 蓝 | | | | | | | | | | √ | | | | | | √ | √ | |
| 白 | | | | √ | | | √ | | | | | | √ | | | | | |
| 浅灰 | | | | √ | | | | | | | | | | √ | | | | |
| 深灰 | | | | | | | | | | | | | | | √ | | | √ |
| 黑 | | | | | | | | | | | | | | | √ | | | √ |

利用色彩创造最好的视觉条件；利用色彩使注意力集中；使用色彩编码；促进工作场所整洁；利于预防生产事故；利于减少环境污染因素的不良心理作用。

1）工作场所色彩设计、应用原则

工作场所的颜色调节是一个将零零散散的不同色调，整合为协调、划一又具有一定意义的颜色系列，这是一个系统的安排。在配置时要考虑两点：首先，整个布置是暖色还是冷色；其次，要有对比，并能产生适当、协调、渐变的效果。如法国有一家工厂的冲压车间，吸音的天花板为乳白色，墙壁为天蓝色贴面，柱子为浅咖啡色，设备是从上至下渐深的黄绿色，整个车间是冷色调，令人感到安静、稳定、祥和、舒适、分明、美观又协调一致。

（1）运用光线反射率

运用颜色的反射率可以增强光亮，提高照明装备的光照效果，节省光源。与此同时，使光照扩散，室内光线较为柔和，减少阴影，避免眩目。从生理、心理角度上来说，最佳的色彩是浅绿、淡黄、翠绿、天蓝、浅蓝和白、乳白色等，能达到明亮、和谐的效果。室内的反射率在各个方位并不是完全一样的，如天棚、墙壁、地板等依次渐弱，可按表 8-4 建议数据进行设计。

表 8-4             室内反射率分配建议

| 方　位 | 天　棚 | 墙 | 地　板 | 机器与设备 |
|---|---|---|---|---|
| 反射率/% | 70～80 | 50～60 | 15～20 | 25～30 |

（2）合理配色

室内的颜色不能单调，否则会产生视觉疲劳。采用几种颜色且使明度从高至低逐层减弱，使人有层次感与稳定感。一般上方应设置较明亮的颜色，下方可设置得暗些。若不是按这种方式进行颜色组合，会产生头重脚轻的负重感，导致疲劳。

颜色的选择应与工作场所的用途与性质相适宜。颜色的应用在于可藉人的视错觉来突出或掩盖工作场所的特征，改变对房间的印象。如对面积大但天棚较低的室内配色时，要注意天棚在视野内占的比例相当大，可将天棚涂以白色或淡蓝色，令人产生在万里晴空之下的广阔感，千万不能涂灰色，即使是浅灰色，否则，有如在万里乌云之中，令人压抑。合理利用色觉特性可以使小房间显得大些（如明亮的颜色）；天棚显得高些（如反射率大的颜色）；使狭长变得宽些（如明度高的冷色系颜色）等。

（3）颜色特性的选择

① 明度。任何工作房间都要有较高的明度。由于人眼的游移特性，常会离开工作面而转向天花板、墙壁等处，假若各区间的明度差异很大，视觉就会进行自身的明暗调节，致使眼睛疲劳。

② 彩度。彩度高将给人眼以强烈的刺激，令人感到不安。天棚、墙壁等用色不宜彩度过高，除非警戒色，一般在设计时都要避免使用彩度高的颜色。

③ 色调。春夏秋冬四季的变化，给颜色调节带来了自然的契机，工作与生活的空间可以根据变化而适时地调节。色调的选择必须结合工作场所的特点和工作性质的要求。如应考虑如何恰当地改变人们对温度、宽窄、大小、情绪、安全、舒适、疲劳等心态，以及某些影响生理过程的需要。工作场所颜色调节应用实例参见表 8-5。

表 8-5　　　　　　　　　　　　　工作场所颜色调节应用实例

| 方位＼场所 | 天　棚 | 墙　壁 | 墙　围 | 地　板 |
|---|---|---|---|---|
| 冷房间 | 4.2Y9/1 | 4.2Y8.5/4 | 4.2Y6.5/2 | 5.5YR5.5/1 |
| 一　般 | 4.2Y9/1 | 7.5GY8/1.5 | 7.5GY6.5/1.5 | 5.5YR5.5/1 |
| 暖房间 | 5.0G9/1 | 5.0G8/0.5 | 5.0G6/0.5 | 5.5YR5.5/1 |
| 接待室 | 7.5YR9/1 | 10.0YR8/3 | 7.5GY6/2 | 55YR5.9/3 |
| 交换台 | 6.5R/2 | 6.0R8/2 | 5.0G6/1 | 5.5YR5.5/1 |
| 食　堂 | 7.5GY9/1.5 | 6.0YR8/4 | 5.0YR6/4 | 5.5YR5.5/1 |
| 厕　所 | N9.5 | 2.5PB8/5 | 8.5B7/3 | N8.5 |
| 更衣室 | 5Y9/2 | 7.5G8/1 | 8BG7/2 | N5 |
| 车　间 | 7.5GY9/2 | 7.5GY8/2 | 10GY5.5/2 | |
| 办公室 | 7.5GY9/2 | 7.5GY8.5/2 | 7.5GY7.5/2 | |
| 诊疗所 | N9 | 6.5B8/2 | 5YR6/3 | |
| 走　廊 | 7.5GY9/2 | 7.5GY9/2 | 7.5YR7.5/3 | |

2）机器设备用色

机器设备配色在厂房竣工进行室内装饰时就应同时考虑相关问题。机器设备的主要部件、辅助部件、控制器、显示器的颜色应按规范的要求配色,尤其主要部件和可动部分应涂以特殊颜色,使其在机器的一般背景上凸现出来,同时将高彩度配置在需要特别注意的地方。这是"防误"的一个具体措施。

具体应注意以下几点要求:

① 与设备的功能相适应。例如,医疗设备、食品工业和精细作业的机械,一般用白色或奶白色;一般工业生产设备的外表和外壳,宜采用黄绿、翠绿和浅灰等色,国外有学者主张采用驼色,驼色一度成为国际机械设备、工作台和面板流行色彩。

② 与环境色彩协调一致。例如,军用机械、车辆为了隐蔽,常用绿色或橄榄绿色。

③ 危险与示警要醒目,例如,消防设施大都用大红色,彩度较大。

④ 突出操纵装置和关键部位。按钮、开关、加油处等均应使用不同的色彩编码,为操作方便创造条件。例如,绿色按钮表示"启动",红色按钮表示"停止"等。

⑤ 显示装置要异于背景用色。这样会引人注目,以利识读。

⑥ 异于加工材料用色。长时期加工同一种颜色的材料,若材料颜色鲜明,机器配灰色;若材料颜色暗淡,机器配之以鲜明色彩。装置与装饰机器设备时,宜将劳动和工作场地的具体条件相协调作为出发点,考虑有关环境、设备的配置,符合劳动的性质及其特定作业程序。

3)工作面用色

工作面的颜色取决于其加工对象的颜色,如上述"机器要异于加工材料用色",形成颜色对比,加强视觉识别能力。若背景与加工物件色彩相近,则不易辨认。因此,加工物件、机器、工作台面的色彩与亮度必须有显著的差异,才能使人的注意易于集中,易于辨别细小部件。在纺织厂,机器和纺织品在色彩上要有明显差别,以使工人发现织物上的毛疵,以保证产品质量。

4)标志用色

标志作为一种特殊的形象语言,旨在传递信息。颜色编码是这种信息传递的重要方式。各种颜色在交通与生产等方面的一般含义:

① 红:停止、禁止、高度危险、防火。例如,机器上的紧急按钮;不许吸烟;危险标志色;消防车及其用具。

② 橙:危险色。例如,工厂里常涂在齿轮的外侧面,以引起注意;航空障碍塔和海上救生船等涂橙色。

③ 黄:明视觉好,可唤起注意,用于要求小心行动的警示信号。例如,推土机等工程机械用此配色,尤其黄与黑相间的条纹,效果更佳。

④ 绿:安全、正常运行。例如,紧急出口、十字路口的绿灯。

⑤ 蓝:警惕色。例如,修理中的机器、升降机、梯子等的标志色。

⑥ 红紫:放射性危险标志色。

⑦ 白:道路、整理、准备运行,还用作三原色的辅助颜色。

⑧ 黑:用作文字、符号、箭头等标记,还用作白橙的辅助色。

上述颜色的含义具有普遍意义,正确选用有利于信息的显示与传递,使人一目了然。常用管道颜色标志见表8-6。

表 8-6                                  管道的颜色标志示例

| 管道种类 | 颜 色 | 标准色 |
| --- | --- | --- |
| 水 | 青 | 2.5PB5/6 |
| 汽 | 深红 | 7.5B3/6 |
| 空气 | 白 | N9.5 |
| 氧 | 蓝 | — |
| 煤气 | 黄 | 2.5Y8/12 |
| 酸 | 橙 | — |
| 碱 | 紫 | 2.5P5/5 |
| 油 | 褐 | 7.5YR5/6 |
| 电气 | 浅橙 | 2.5YR7/6 |
| 真空 | 灰 | |

5）业务管理用色

借助颜色可以提高工作效率,减轻工作人员的疲劳。如带有颜色卡片的分类,可相应缩短时间 40％。对标有颜色刻度的作业时间可缩短 26％。为了快速传递、交流、反馈信息,可将颜色运用于报表、文件、图形、卡片、证件以及符号、文字之中,易于辨识。生产与运作管理中也可利用颜色表明作业进度。例如,甘特图或网络图的有色标识令人一目了然。

有的工厂办公室设置了三色示意盘:红色表示工作紧张、每繁忙;绿色表明正常工作状态;黄色则意味着等待新任务。文书工作时,可将文件夹的夹层巧妙地贴上五彩缤纷的标签,便于识别、利用。

此外,在城市建设、交通运输、公共场所和社会服务等方面,时时处处离不开颜色。如现代医院手术室内的工作服一改以往的纯白色调,转为灰蓝或粉白,色彩柔和,可以转化病人的情绪。有些特殊的病房还将白色演绎为家庭卧室的协调色,以改变病人心态,有利于恢复健康。有的儿童医院候诊大厅的墙壁上绘满了森林绿树、红花、绿草,也能调节患病儿童的情绪,产生一种精神力量。

值得注意的是,不同的组织或业务系统,颜色的使用会有不同的含义。但在同一系统中,应该使用统一的颜色编码系统,以防由于对信息标识误认导致错误的判断。在管理工作中,巧用颜色调节手段,未必会有很大的代价,但对于提高工作生活质量、提高管理水平却易见成效。

6）其他方面用色

色彩的不同特性可在某种程度从心理上减轻对环境污染因素的不良感受,但不能从根本上改善劳动条件。下述心理学方法只能在环境条件接近卫生标准时才能起作用。

① 若选择饱和度高、明度低的色彩(如红色、青紫色等)可在某种程度上减轻空气中毒物和粉尘污染的不良感觉。

② 运用色彩的"冷"、"暖"特性,可以"改变"对室内温度的感觉,如在高温车间墙壁、顶棚以及工作服均应选择具有高反射系数的浅淡颜色,在低温的工作场所涂刷朱红色等。

③ 在噪声较大的车间要避免明度高的色彩,采用明度低的色彩可减轻噪声的某些不良、作用。

④ 在全面机械通风系统的送风口挂上彩色纸带,让纸带随风飘舞,可减低工人对通风

系统的烦闷感觉。

总之,色彩不仅可以美化环境,而且也是影响工作效率与安全生产的一个重要因素。随着人们对色彩认识的逐步深化,对色彩的开发利用也必将更加广泛。

# 8.4 作业环境的噪声、振动与安全

## 8.4.1 作业环境中的噪声与安全

噪声通常是指一切对人们生活和工作有妨碍的声音,或者说凡是使人烦恼的、讨厌的、不愉快的、不需要的声音都称为噪声。噪声与人们的心理状态有关,不单独由声音的物理性质决定。同样的声音有时是需要的,而有时便成为噪声。噪声对人生理、心理的影响在第2章中已经讲述,本节主要从噪声与安全的关系角度对噪声加以讨论。

1) 噪声的分类

按不同的分类标准,对噪声有不同的分类,常见的分类有:

(1)按噪声源特性分类

① 工业噪声:工业生产产生的噪声。其中工业噪声按其产生方式不同又可分为:

a.空气动力性噪声:由于气体压力发生突变产生振动发出的声音,如鼓风机、汽笛、压气排放声等发出的声音。

b.机械性噪声:由于机械的转动、撞击、摩擦等而产生的声音,如风铲、车床、织布机、球磨机等发出的声音。

c.电磁性噪声:由于电磁交变力相互作用而产生的,如发电机、变压器等发出的声音。

② 交通噪声:交通过程中产生的噪声。

③ 社会噪声:社会活动和家庭生活引起的噪声。

(2)按照人们对噪声的主观评价分类

① 过响声:很响的使人烦躁不安的声音,如织布机的声音。

② 妨碍声:声音不大,但妨碍人们的交谈、学习。

③ 刺激声:刺耳的声音,如汽车刹车音。

④ 无形声:日常人们习惯了的低强度噪声。

(3) 按噪声随时间变化特性分类

① 稳定噪声:声音强弱随时间变化不显著,其波动小于 5 dB。

② 周期性噪声:声音强弱呈周期变化。

③ 无规律噪声:声音强弱随时间无规律变化。

④ 脉冲噪声:突然爆发又很快消失、其持续时间小于 1 s,间隔时间大于 1 s,声级变化大于 40 dB 的噪声。

2) 噪声的评价指标及允许标准

噪声对人的危害主要取决于噪声特性,因此引出了许多评价方法、指标和控制标准。噪声控制标准一般分为 3 类:第一类是基于对劳动者的听力保护而提出来的,我国《工业企业噪声卫生标准》属于此类,它以等效连续声级、噪声暴露量为指标;第二类是基于降低人们对环境噪声的烦恼程度提出来的,我国的《城市区域环境噪声标准》(GB 3096—2008)、《机动车辆允许噪声标准》(GB 1495—79)属于此类,此类标准以等效连续声级、统计声级为指标;

第三类是基于改善工件条件,提高作业效率而提出的,如《社会生活环境噪声排放标准》(GB 22337—2008),该类标准以优选语言干扰级、噪声评价数等为指标。下面简要介绍几个噪声评价指标。

(1)等效连续声级

A声级较好地反映了人耳对噪声频率特性和强度的主观感觉,它是一种较好的连续稳定的噪声评价指标,但经常遇到的是起伏的不连续的噪声,这就很难测定A声级的大小,为此需要用接触噪声的能量平均值来表示噪声级的大小。等效连续声级定义为,在声场某一定位置上,用某一段时间能量平均的方法,将间歇出现变化的A声级,用一个A声级来表示该段时间内噪声级的大小。

(2)统计声级

如街道、住宅区的环境噪声和交通噪声,往往是不规则的、大幅度变动的,为此常用统计声级来表示,统计声级是指某一段时间内A声级的累计频率的百分比。如$L_{10}=$ 70 dB(A)表示整个统计测量时间内,噪声级超过70 dB(A)的频率占10%;$L_{50}=60$ dB (A)表示噪声级超过60 dB(A)的频率占50%;$L_{90}=50$ dB(A)表示噪声级超过50 dB(A)的频率占90%。实际上$L_{10}$相当于峰值平均噪声级,$L_{60}$相当于平均噪声级,$L_{90}$相当于背景噪声级。一般测量方法是选定一段时间,每隔5 s读取一个值,然后统计$L_{10}$、$L_{60}$、$L_{90}$等指标。如果噪声级的统计特征符合正态分布,那么等效连续声级与统计声级之间存在固定的相关关系。

(3)优选语言干扰级

由于0.5 Hz~2 kHz的频率范围的噪声对语言干扰最大,因此选取500 Hz、1 kHz、2 kHz中心频率的声压级的算术平均值评价噪声对语言的干扰程度,称为优选语言干扰级。根据优选语言干扰级,可以确定语言交流的最大距离,见表8-7。

**表8-7　　　　　　　　　　　　　语言干扰级与语言交流最大距离**

| 语言干扰级/dB | 最大距离/m | | 语言干扰级/dB | 最大距离/m | |
|---|---|---|---|---|---|
| | 正常 | 大声 | | 正常 | 大声 |
| 35 | 7.5 | 15 | 40 | 4.2 | 8.4 |
| 45 | 2.3 | 4.6 | 50 | 1.3 | 2.4 |
| 50 | 1.3 | 2.4 | 55 | 0.75 | 1.5 |
| 60 | 0.42 | 0.84 | 65 | 0.25 | 0.5 |
| 70 | 0.13 | 0.26 | | | |

(4)噪声暴露量(噪声剂量)

人在噪声环境中工作,噪声对听力的损害不仅与噪声强度有关,而且与噪声暴露时间有关。噪声暴露量综合考虑噪声强度与暴露时间的累积效应。

(5)噪声评价数

对于室内活动场所的稳态环境噪声,国际标准化组织推荐用NR曲线来评价噪声对工作的影响。NR的具体求法是,对噪声进行倍频程分析,一般取8个频带(63~8 000 Hz)测量声压级,根据测量结果在NR曲线上画频谱图,在该噪声的8个倍频带声压级中找接触到的最高一条NR曲线之值,即为该噪声的评价数NR。噪声评价数NR曲线对于控制噪声也很有意义。如标准规定办公室的噪声评价数为 NR$_{30}$,那么室内环境噪声的倍频带声压级均不能超过 NR$_{30}$ 曲线。

为了保护劳动者的身心健康,在技术条件允许和符合经济原则的条件下,应该将工业企业的噪声控制得越低越好。我国医学界、劳动保护部门、环境保护部门等单位经过长期的调查研究,制定了我国《工业企业噪声卫生标准》。它规定了工业企业的生产车间和作业场所的工作地点噪声标准为 85 dB(A),现有工业企业经努力暂时达不到标准时,可以适当放宽至 90 dB(A)。标准还规定每天工作 8 h 允许连续噪声的噪声级不得超过 85 dB(A),如果时间减半,允许噪声声级提高 3 dB(A),但是不论暴露时间多长,最高限度为 115 dB(A)。具体可以参照《工业企业噪声卫生标准》。

3)噪声的控制

(1)控制噪声源

控制噪声源是消除与降低噪声的根本措施,首先应研制和选择低噪声的设备,改进生产加工工艺,提高机械设备的加工精度和安装技术,使发声体变为不发声体,或发出的声音减小,实践证明用这种改革生产工艺来控制声源的办法是有效的,如用油压打桩机取代气压打桩机,噪声强度可下降 50 dB。另外,封闭噪声源也是消除噪声的一个有效途径。常用隔音材料将噪声源限制于局部范围,将噪声源与周围环境隔离。

(2)控制噪声传播

① 合理布局厂区。在新建或扩建、改造老厂房时,应充分考虑噪声对周围环境的影响,噪声车间应远离行政办公场所与居民区,并保持一定的距离,周围建隔声墙、防护林、草坪,建筑物内墙、天花板、地面等处可装上性能良好的吸声材料。

② 控制噪声传播途径的措施

a. 吸声。用多孔吸声材料做成一定结构,安装在室内墙壁上或吊在天花板上,吸收室内的反射声,或安装在消声器或管道内壁上,增加噪声的衰减量。多孔吸声材料多以玻璃棉、矿渣棉、聚胺酯泡沫塑料等加工成木屑板、甘蔗纤维板、吸声砖等,一般可以降低室内噪声 6～10 dB(A)。

b. 隔声。采用隔声性能良好的墙、门、窗、罩等,把声源或需要保持安静的场所与周围环境隔绝起来,在吵闹的车间内为了保证工人不受干扰,可以开辟一个安静的环境,如建立隔音操作间、休息室等,也可以用隔音间、隔音罩将产生噪声的机器密封起来,降低声源辐射。

c. 消声。在产生噪声的设备上安装消声器,可以消除机械气流噪声,使机械设备进出气口噪声降低 25～50 dB。

e. 隔振与阻尼。隔振就是在机械设备下面安装减振器或减振材料,以减少或阻止振动传到地面,常用的减振器有弹簧类、橡胶类、软木、毡板、空气弹簧和油压减振器等。减振阻尼就是用阻尼材料涂刷在薄板的表面,以减弱薄板的振动,降低噪声辐射。常用沥青、塑料、橡胶等高分子材料做阻尼材料。

(3)个体防护

要加强对接触噪声工人的教育,认识噪声对人体的危害,并传授有关个体防护用品的使用方法。护耳器是个体防护噪声的常用工具,主要种类有耳塞、防声棉、耳罩、帽盔等,一般用软橡胶或塑料等材料制成。不同材料不同种类的护耳器对不同频率噪声的衰减作用不同,见表 8-8。应该根据噪声的频率特性选择合适的防护用品。

表 8-8 护耳器对噪声的衰减作用 单位:dB

| 种类 | 125 Hz | 250 Hz | 500 Hz | 1 000 Hz | 2 000 Hz | 4 000 Hz | 8 000 Hz |
|------|--------|--------|--------|----------|----------|----------|----------|
| 干棉毛耳塞 | 2 | 3 | 4 | 8 | 12 | 12 | 9 |
| 湿棉毛耳塞 | 6 | 10 | 12 | 16 | 27 | 32 | 26 |
| 玻璃纤维耳塞 | 7 | 11 | 13 | 17 | 29 | 35 | 31 |
| 橡胶耳塞 | 15 | 15 | 16 | 17 | 30 | 41 | 28 |
| 橡胶耳套 | 8 | 14 | 2 | 34 | 36 | 43 | 31 |
| 液封耳套 | 13 | 20 | 33 | 35 | 38 | 47 | 31 |

4) 音乐调节

好的音乐环境能使劳动者减少不必要的精神紧张,缓解单调感和精神疲劳,掩蔽噪声,避免烦恼,提高作业效率。需要指出的是,音乐调节对保护人的听力不起任何作用,仅是一种心理缓解。

1921 年,美国的盖特沃得(E. L. Oatewood)曾成功地用音乐使建筑业的制图工作提高效率。第二次世界大战时,为了使工业生产增产,产生了"背景音乐"(background music)和"产业音乐"(industrial music)。其中,英国的 BBC 广播电台播放的"Music While You Work"获得好评;1943 年,美国的 MUZAK 公司开始发行"背景音乐"(BGM);1960 年,日本也创作了"产业音乐"曲目。

音乐不仅可以缓解噪声对人的心理影响,而且还能医治某些精神创伤或疾病。在美国就有利用这种心理疗法为患者治病的实例。

为了取得良好的掩蔽作用,应根据噪声强度调节音量。强度低时,音乐的声级要比噪声高 3~5 dB(A);强度高[80 dB(A)以上]时,音乐声级要比噪声低 3~5 dB(A),由于人耳对乐曲旋律的选择作用,强度较低的乐曲反而掩蔽了强度较高的噪声。

构成音乐的六要素是,响度、音调、音色、节奏、旋律和速度。为了能使音乐能产生良好的心理效果,一般情况下,响度变化±10 dB;音调为 100~6 000 Hz 的低音调;音色以弦、木管、钢琴和节奏性乐器的谐和音为主,避免歌唱性、打击乐和铜管乐的音色;节奏要单调柔和;旋律以明快平稳的快乐气氛为主,避免起伏过大有刺激性;速度以(60±10)拍/min 为主的轻快型。这样的音乐一般称为"气氛音乐"(mood music)。对于作业车间应主要考虑速度的适宜性,节奏与旋律稍提高刺激性;若是办公室应考虑节奏的适宜性,稍增加抑制性;若是商店、医院应考虑旋律为主,商店可以增加刺激性,而医院则应充分考虑抑制性。

日本早稻田大学横沟克己教授根据实验提出,车间以体力劳动为主,不需要强调注意力时,以节奏柔和、速度较快而轻松的音乐为好;而单调乏味的工作,应让作业者听一些有娱乐性的音乐。相反,需要集中注意力的工作场所,应尽量配以节奏单调柔和、旋律平稳、不分散注意力的音乐;脑力劳动时,则应以速度稍慢、节奏不明显、旋律舒畅和平静的音乐为好。

音乐不能从上班开始连续播放。首先,同一内容的音乐会使人腻烦;其次,在一周内根据作业播放一些内容不同的音乐是比较困难的。根据横沟克己教授的实验,对于手工作业,上午上班不久,由于作业者尚未出现疲劳,即使播放音乐也不能明显提高作业效率;但在夜班,即便是轻松的工作,播放音乐后作业效率可增加 17%。一般白天播放时间约为作业时间的 12%,夜班约占作业时间的 50%为宜。音乐内容要适合大多数作业者的喜爱,然而根据实验,对不同工种,同一内容音乐的作用是不同的。

### 8.4.2　作业环境中的振动与安全

1) 振动对人的心理影响

（1）对视认知能力的影响

振动的物体振幅较大时，由于视野抖动不稳定，可影响视觉准确度和仪表认读的正确率。振动频率为 3～4 Hz 时，人眼肌的调节能力失调，物体在人眼底视网膜成像开始模糊，使视觉的准确性下降，并随着振动频率增加继续下降。人体接触振动时，人的视认知能力也有类似的现象，尤其是振动频率与人的头部、眼睛的固有频率接近时，共振所致的视认知能力下降会更加明显。振动频率为 8～10 Hz 时，由于头部、颈部共振引起眼球被动运动，从而使视力下降；振动频率高于 20～25 Hz，可引起眼的共振（眼球固有频率为 18～50 Hz）。

（2）对人的运动操作能力的影响

振动可使人的运动操作能力降低。在实际作业中，常见于飞机驾驶员、雷达站工作人员等的操作。低于 20 Hz 的振动，运动操作工作效率的降低与传递到机体的振动强度有关，振动越强烈，工效越低下。研究结果表明，低频率（5～25 Hz）、低加速度（0.2g～0.3g，g＝9.81 m/s²）的振动，能降低人从事某些精密控制作业的效能。振动的方向对不同方向的操纵活动也有影响。振动的振幅越大，对追踪操作能力的影响也越大。实验结果表明，受垂直振动的人，其手眼协调动作时间随着振动频率的变化而变化，尤其在 3 Hz 时此种手眼协调能力下降较明显。有人认为，在振动环境条件下，人的追踪操纵能力下降与人的视敏度下降也有着一定的关系。

（3）振动对信息加工能力的影响

研究结果表明，振动对人的信息加工能力影响不大。有学者认为，振动对信息加工能力的影响主要是干扰了视觉，从而影响知觉。但有的研究者指出，5 Hz、低加速度的垂直振动有助于长时间从事监视工作的人员保持警觉。

（4）振动对人的舒适性的影响

当全身振动频率低于 1 Hz、加速度小于 0.3g 时，对人有一定的松弛作用，但随着振动频率和加速度增高，可引起人体不适感。在 2～20 Hz、1g 时，最常见的症状有弦晕、恶心、呕吐、平衡失调等。实验结果证明，受垂直振动时，人的平衡能力降低，而且与振动频率有一定的关系。

振动对人的心理的影响与振动的基本物理参量（如频率、振幅等）有一定联系，主要是影响认知能力和运动协调能力，从而影响工效和安全。

2) 振动的分类

振动对人的影响分为局部性和全身性两种。局部振动是手持工具的振动，操纵器对手、脚的振动。全身性振动是通过人体的支撑面，如脚或座位传到人体全身的振动。乘坐飞机、火车时人体受到的振动属于全身振动。

（1）全身振动具有更大的影响

人体是一个弹性系统，身体各部位都有较固定的共振频率，当脏器发生强烈共振时，会受到伤害，功能破坏，甚至被撕裂。汽车司机常患有胃等脏器下垂、消化不良等病症，这与受车辆振动伤害有关。在航天事业中，防止全身性振动更具有重要的意义。在工业生产中，造成严重后果的全身振动极为少见。

（2）局部振动最为普遍

长期接触振动工具可影响神经系统、血管、骨能及软组织功能改变或器质性改变。振动病(又称为雷诺氏征)已成为冶金工业中危害较大的8种职业病之一。患者自觉症状为手麻、发僵、疼痛、四肢无力、关节痛及神经衰弱综合症等。

3) 振动的防护

在日常生产过程中接触振动的作业很多,而且振动对人体的危害比较严重,所以必须采取相应的措施,消除或减少振动,降低作业人员的职业病发病率。

(1) 劳动组织措施

制定合理的劳动制度,适当安排工间休息,尽可能实行轮换工作制,不连续使用振动工具,经常保养和维修机器,使之处于正常工作状态。另外,新工人上岗前应进行技术培训,熟练操作工具,减少静力作业成分。

(2) 技术措施

改革工艺设备和操作方法,提高作业的自动化程度,用新工艺、新方法取代传统工艺,如采用液压机、焊接、高分子黏合剂等新工艺代替风动工具铆接。尽可能采取减振措施,如改变风动工具的排风口方向,对一些机器设备安装减振装置。固定设备的总体减振目的是防止物体振动在固体中传递,方法是在设备下边加减振器。为了预防全身振动,建筑厂房时要建防振地基,振动车间应建在楼下。

由于寒冷可促使振动病发作,所以振动车间温度应该保持在16 ℃以上。

(3) 卫生保健措施

实行作业前体检,凡患有中枢神经系统疾病、明显的自主神经功能失调、各种血管病变、心绞痛、高血压、心肌炎等疾病者不宜从事振动作业。从业人员也应定期体检,以便早期发现振动病变,对于反复发作并逐渐加重的人员应调离振动作业。

合理使用劳动保护用品,加强个人防护,工作时佩戴双层衬垫无指手套或防振弹性手套,既可以减振,又可以达到手部保暖的目的。

# 8.5 作业环境的微气候条件与安全

研究作业环境的微气候条件,主要是保障人在生产过程中热平衡。使劳动者的身心愉悦,具有较高的工作效率,达到安全生产。作业环境的微气候条件主要是指工作场所空气的温度、湿度和空气的流速,分别反映了热量传递的对流、蒸发和辐射3种途径。

## 8.5.1 人体的热交换与平衡

人的体温一般波动很小,为了维持生命,人体要经常对36.5 ℃的目标值进行自动调节。人体通过新陈代谢不断地从摄取的食物中制造能量,这些能量除用于生理活动和肌肉做功外,其余均转换为热能。人要保持体温,体内的产热量应与对环境的散热量及吸热量相平衡。如果得不到这种平衡,则要随着散热量小于或大于产热量的变化,体温上升或下降,使人感到不舒服,甚至生病。人体的热平衡方程式为:

$$S = M - W - H \tag{8-1}$$

式中　$S$——人体单位时间贮热量;

　　　$M$——人体单位时间能量代谢量;

　　　$W$——人体单位时间所做的功;

　　　$H$——人体单位时间向体外散发的热量。

当 $M>W+H$ 时,人感到热;当 $M<W+H$ 时,人感到冷;当 $M=W+H$ 时,人处于热平衡状态。此时,人体皮肤温度在 36.5 ℃左右,人感到舒适。

人体单位时间向外散发的热量 $H$,取决于人体的 4 种散热方式,即辐射、对流、蒸发和传导热交换。

人体单位时间辐射热交换量,取决于热辐射强度、面积、服装热阻值、反射率、平均环境温度和皮肤温度等。

人体单位时间对流热交换量,取决于气流速度、皮肤表面积、对流传热系数、服装热阻值、气温及皮肤温度等。

人体单位时间蒸发热交换量,取决于皮肤表面积、服装热阻值、蒸发散热系数及相对湿度等。蒸发散热主要是指从皮肤表面出汗和由肺部排出水分的蒸发作用带走热量。在热环境中,增加气流速度,降低湿度,可加快汗水蒸发,达到散热目的。

人体单位时间传导热交换量取决于皮肤与物体温差和接触面积的大小及传导系数。不知不觉的散热可能对人体产生有害影响。因此,需要用适当的材料构成人与物接触点(如桌面、椅面、控制器、地板等)。

### 8.5.2 人体对微气候环境的主观感觉

衡量微气候环境的舒适程度是相当困难的,不同的人有不同的估价。一般认为,"舒适"有两种含义,一种是指人主观感到的舒适;另一种是指人体生理上的适宜度。比较常用的是以人主观感觉作为标准的舒适度。人的自我感觉的舒适度与工作效率有关。

1)舒适的温度

人主观感到舒适的温度与许多因素有关,从客观环境来看,湿度越大,风速越小,则舒适温度偏低;反之则偏高。从主观条件看,体质、年龄、性别、服装、劳动强度、热习服等均对舒适温度有重要影响。在实践中,舒适温度是针对某一温度范围而言的。生理学上常用的规定是:人坐着休息,穿着薄衣服,无强迫热对流,未经热习服的人所感到的舒适温度。按照这一标准测定的温度一般是(21±3)℃。影响舒适温度的因素很多,主要有:季节(舒适温度在夏季偏高,冬季偏低)、劳动条件、衣服(穿厚衣服对环境舒适温度的要求较低)、地域(人由于在不同地区的冷热环境中长期生活和工作,对环境温度习服不同。习服条件不同的人,对舒适温度的要求也不同)、性别、年龄等。一般女子的舒适温度比男子高 0.55 ℃,40 岁以上的人比青年人约高 0.55 ℃。

2)舒适的湿度

舒适的湿度一般为 40%～60%。在不同的空气湿度下,人的感觉不同,温度越高,高湿度的空气对人的感觉和工作效率的消极影响越大。有关研究证明,室内空气相对湿度 $\varphi$(%)与室内气温 $t$(℃)的关系为:

$$\varphi = 188 - 7.2t \qquad (12.2\ ℃ < t < 26\ ℃) \tag{8-2}$$

3)舒适的风速

在工作人数不多的房间里,空气的最佳速度为 0.3 m/s;而在拥挤的房间里为 0.4 m/s。室内温度和湿度很高时,空气流速最好是 1～2 m/s。有关工作场所风速可参阅采暖通风和空调设计规范。

### 8.5.3 微气候环境的综合评价

研究微气候环境对人体的影响,不能仅考虑其中某个因素,因为人进入作业场所时,要受温度、湿度、风速和热辐射等多种因素的综合影响。因此，要综合评价微气候环境，目前有4 种评价方法或指标。

1）有效温度（感觉温度）

有效温度是美国采暖通风工程师协会提出的，是根据人在不同的空气温度、湿度和空气流速的作用下产生的温热主观感受所制订的经验性温度指标。在已知干球温度、湿球温度和气流速度，就可以根据有效温度图求出有效温度。此指标使用比较方便，其缺点是在一般温度条件下过高地估计了高湿度的影响，而在高温情况下又低估了风速、高温度的不利作用。德国的工效学标准采用该指标。当有效温度高时，人的判断力减退。当有效温度超过32 ℃时，作业者读取误差增加，到 35 ℃左右时，误差会增加 4 倍以上。不同作业种类的有效温度参见表 8-9。

表 8-9　　　　　　　　　　　　　不同作业种类的有效温度

| 作业种类 | 脑力作业 | 轻作业 | 体力作业 |
|---|---|---|---|
| 舒适温度/℃ | 15.5～18.3 | 12.7～18.3 | 10～16.9 |
| 不适温度/℃ | 26.7 | 23.9 | 21.1～23.9 |

2）不适指数

不适指数是指 1959 年纽约气象局发表的一项评价气候舒适程度的指标，它综合了气温和湿度两个因素。不适指数可由下式求出：

$$DI = (t_d + t_w) \times 0.72 + 40.6 \tag{8-3}$$

式中　DI——不适指数；

　　　$t_d$——干球温度，℃；

　　　$t_w$——湿球温度，℃。

日本学者研究认为，日本人感到舒适的气候条件与美国人有所区别。表 8-10 所列为美国人和日本人对不同的不适指数的不适主诉率。

表 8-10　　　　　　　　　　　　　不适指数与不适主诉率

| 不适指数 | 不适主诉率/% | |
|---|---|---|
| | 美国人 | 日本人 |
| 70 | 10 | 35 |
| 75 | 50 | 36 |
| 79 | 100 | 70 |
| 86 | 难以忍耐 | 100 |

通过计算各种作业场所、办公室及公共场所的不适指数，就可以掌握其环境特点及对人的影响。不适指数不足之处是没有考虑风速。

3）三球温度指数（WBGT）

它是指用干球、湿球和黑球三种温度综合评价允许接触高温的阈值指标。

当气流速度小于 1.5m/s 的非人工通风条件时，采用下式计算：

$$WBGT = 0.7WB + 0.2GT + 0.1DBT \tag{8-4}$$

当气流速度大于 1.5m/s 的人工通风条件时，采用下式计算：

$$WBGT = 0.63WB + 0.2GT + 0.17DBT \qquad (8-5)$$

式中　WB —— 湿球温度，℃；

　　　GT —— 黑球温度，℃；

　　　DBT —— 干球温度，℃。

若操作场所和劳动强度在时间上是不恒定的，则需计算时间加权平均值。

关于 WBGT 的允许热暴露阈值，ISO 7243—1982（E）只提出了一个参考值。美国工业卫生委员会推荐的各种不同的劳动休息制度的三球温度指数阈值参见表 8-11。

表 8-11　　　　　　　　　　　允许接触高温的阈值（WBGT）　　　　　　　　　单位：℃

| 劳动或休息/% | 劳动强度 | | |
|---|---|---|---|
| | 轻 | 中 | 重 |
| 持续劳动 | 30 | 26.7 | 25.0 |
| 75%劳动,25%休息 | 30.6 | 28.0 | 25.9 |
| 50%劳动,50%休息 | 31.4 | 29.4 | 27.9 |
| 25%劳动,75%休息 | 32.4 | 31.1 | 30.0 |

4）卡他度

卡他温度计是一种测定气温、湿度和风速三者综合作用的仪器。卡他度一般用来评价劳动条件舒适程度。卡他度 $H$ 可通过测定卡他温度计的液柱由 38 ℃降至 35 ℃时所经过的时间（$t$）而求得。

$$H = F/t \qquad (8-6)$$

式中　$H$ —— 卡他度，mJ/（cm$^2$·s）；

　　　$F$ —— 卡他计常数，mJ/cm$^2$；

　　　$t$ —— 由 38 ℃降至 35 ℃所经过的时间，s。

卡他度分为干卡他度和湿卡他度两种。干卡他度包括对流和辐射的散热效应。湿卡他度则包括对流、辐射和蒸发三者综合的散热效果。一般 $H$ 值越大，散热条件越好。工作时，感到比较舒适的卡他度见表 8-12。

表 8-12　　　　　　　　　　　　较舒适的卡他度　　　　　　　　　单位：mJ/（cm$^2$·s）

| 劳动状况　　卡他度 | 轻劳动 | 中等劳动 | 重劳动 |
|---|---|---|---|
| 干卡他度 | >6 | >8 | >10 |
| 湿卡他度 | >18 | >25 | >30 |

### 8.5.4　微气候环境对人体的影响

1）高温作业环境对人体的影响

一般将热源散热量大于 84 kJ/（m$^2$·h）的环境称为高温作业环境。高温作业环境有 3 种类型：

——高温、强热和辐射作业。其特点：气温高，热辐射强度大，相对湿度较低。

——高温、高湿作业。其特点：气温高、湿度大，通风不良就会形成湿热环境。

——夏季露天作业。例如，农民劳动、建筑等露天作业。

高温作业环境对人的影响包括以下几个方面。

① 高温环境使人心率和呼吸加快

人在高温环境下为了实现体温调节，必须增加血输出量，使心脏负担加重，脉搏加速，因此心率可以作为热负荷的简便指标。据研究，长期接触高温的工人，其血压比一般高温作业及非高温作业的工人高。

② 高温作业环境对消化系统具有抑制作用

人在高温下，体内血液重新分配，引起消化道相对贫血，由于出汗排出大量氯化物以及大量饮水，致使胃液酸度下降。在热环境中消化液分泌量减少，消化吸收能力受到不同程度的抑制，因而引起食欲不振、消化不良和胃肠疾病的增加。

③ 温热环境对中枢神经系统具有抑制作用

温热环境下大脑皮层兴奋过程减弱，条件反射的潜伏期延长，注意力不易集中。严重时，会出现头晕、头痛、恶心、疲劳乃至虚脱等症状。

④ 高温环境下，人的水分和盐分大量丧失

在高温下进行重体力劳动时，平均出汗量为 $0.75 \sim 2.0$ L/h，一个工作日可达 $5 \sim 10$ L/h。高温工作影响效率，人在 $27 \sim 32$ ℃工作，其肌部用力的工作效率下降，并且促使用力工作的疲劳加速。当温度高达 $32$ ℃以上时，需要较大注意力的工作及精密工作的效率也开始受影响。

在工业生产方面，人们早就发现一年四季气温变化与生产量的升降有密切关系。曾有学者研究美国金属制品厂、棉纺厂、卷烟厂等工人的工作效率，发现每年隆冬与盛夏时生产量均降低。又据英国方面研究发现，夏季里装有通风设备的工厂生产量较之春秋季降低 $3\%$，但缺少通风设备的同类工厂在夏季生产量会降低 $13\%$。据研究，事故发生率与温度有关：意外事故率最低的温度为 $20$ ℃左右；温度高于 $28$ ℃或降到 $10$ ℃以下时，意外事故增加 $30\%$。

2) 低温环境对人的影响

人体在低温下，皮肤血管收缩，体表温度降低，使辐射和对流散热达到最低程度。在严重的冷暴露中，皮肤血管处于极度的收缩状态，流至体表的血流量显著下降或完全停滞，当局部温度降至组织冰点（$-5$ ℃）以下时，组织就发生冻结，造成局部冻伤。此外，最常见的是肢体麻木，特别是影响手的精细运动灵巧度和双手的协调动作。手的操作效率和手部皮肤温度及手温有密切关系。手的触觉敏感性的临界皮温是 $10$ ℃左右，操作灵巧度的临界皮肤温度是 $12 \sim 16$ ℃，长时间暴露于 $10$ ℃以下，手的操作效率会明显降低，甚至出现误操作。

## 8.5.5 改善微气候环境的措施

1) 改善高温作业环境

高温作业环境的改善应从生产工艺和技术、保健措施、生产组织措施等几个方面入手。

(1) 生产工艺和技术措施

① 合理设计生产工艺过程。在进行生产工艺设计时，要切实考虑到作业人员舒适问题，应尽可能将热源布置在车间外部，使作业人员远离热源，否则热源应设置在天窗下或夏季主导风向的下风头，或热源周围设置挡板，防止热量扩散。

② 屏蔽热源。在有大量热辐射的车间,应采用屏蔽辐射热的措施。屏蔽方法有 3 种:直接在热辐射源表面铺上泡沫类物质;人与热源之间设置屏风;作业者穿上热反射服装。

③ 降低湿度。人体对高温环境的不舒适反应,很大程度上受湿度的影响,当相对湿度超过 50％时,人体通过蒸发散热的功能显著降低。工作场所控制湿度的唯一方法是在通风口设置去湿器。

④ 增加气流速度。高温车间通风条件差,影响工作效率(气温越高,影响越大)。此时,如果增加工作场所的气流速度,则可以提高人体的对流散热量和蒸发散热量。高温车间通常采用自然通风和机械通风措施,以保证室内一定的风速。高温环境下,气流速度的增加与人体散热量的关系呈非线性。在中等以上工作负荷、气流速度大于 2 m/s 时,增加气流速度对人体散热几乎没有影响。因此,盲目地增加气流速度是无益的。

（2）保健措施

① 合理供给饮料和补充营养。高温作业时作业者出汗量大,应及时补充与出汗量相等的水分和盐分,否则会引起脱水和盐代谢紊乱。一般每人每天需补充水 3～5 kg,盐 20 g。另外还要注意补充适量的蛋白质和维生素 A、$B_1$、$B_2$、C 和钙等元素。

② 合理使用劳保用品。高温作业的工作服,应具有耐热、导热系数小、透气性好的特点。

③ 进行职工适应性检查。人的热适应能力有差别,有的人对高温条件反应敏感。因此,在就业前应进行职业适应性检查,凡有心血管器质性病变的人,高血压,溃疡病,肺、肝、肾等病患的人都不适应于高温作业。

（3）生产组织措施

① 合理安排作业负荷。在高温作业环境下,为了使机体维持热平衡机能,工人不得不放慢作业速度或增加休息次数,以此来减少人体产热量。作业负荷越重,持续作业时间越短。因此,在高温作业条件下,不应采取强制性生产节拍,应适当减轻工人负荷,合理安排作息时间,以减少工人在高温条件下的体力消耗。

② 合理安排休息场所。作业者在高温作业时身体积热,需要离开高温环境得到休息,恢复热平衡机能。为高温作业者提供的休息室中的气流速度不能过高,温度不能过低,否则会破坏皮肤的汗腺机能。温度在 20～30 ℃最适用于高温作业环境下,身体积热后的休息。

③ 职业适应。对于离开高温作业环境较长时间又重新从事高温作业者,应给予更长的休息时间,使其逐步适应高温环境。

2）改善低温作业环境

改善低温作业环境应做好以下工作:

（1）做好采暖和保暖工作

应按照《工业企业设计卫生标准》(GBZ1—2010)和《民用建筑供暖通风与空气调节设计规范》(GB 50736—2012)的规定,设置必要的采暖设备。调节后的温度要均匀恒定。有的作业需要和外界发生联系,外界的冷风吹在作业者身上很不舒适,应设置挡风板,减缓冷风的作用。

（2）提高作业负荷

增加作业负荷,可以使作业者降低寒冷感。但由于作业时出汗,使衣服的热阻值减少,在休息时更感到寒冷。因此,工作负荷的增加,应以不使作业者出汗为限。

（3）个体保护

低温作业车间或冬季室外作业者,应穿着御寒服装。御寒服装应采用热阻值大、吸汗和透气性强的衣料。

（4）采用热辐射取暖

室外作业中,若用提高外界温度方法消除寒冷是不可能的;若采用个体防护方法,厚厚的衣服又影响作业者操作的灵活性,而且有些部位又不能被保护起来,还是采用热辐射的方法御寒最为有效。

3）推荐的环境微气候

在热环境中,高湿或低湿都会增加机体的热负荷,比同样空气温度正常湿度的环境有更热的感觉。当气温大于皮温时,气流速度加大,促使人体从外界环境吸收更多的热,使人更觉炎热。在寒冷的冬季,低温高湿,气流速度大,则会使人体散热过多,令人更觉寒冷,从而引起冻伤。

当空气流速为 0.15 m/s 时,即有空气清新感觉。在室内,即使空气温度适宜,若空气流速接近于零,也会使人产生沉闷的感觉。工作场所的风速以不超过 2 m/s 为宜。空调车间若使用循环风,循环空气中至少应加入 10％新鲜空气。德国劳动保护与事故研究所推荐的作业环境微气候,见表 8-13。

表 8-13　　　　　　　德国劳动保护与事故研究所推荐的作业环境微气候

| 劳动类别 | 空气温度/℃ | | | 相对湿度/％ | | | 空气最大流速 /(m·s)$^{-1}$ |
| --- | --- | --- | --- | --- | --- | --- | --- |
| | 最低 | 最佳 | 最高 | 最低 | 最佳 | 最高 | |
| 办公室工作 | 18 | 21 | 24 | 30 | 50 | 70 | 0.1 |
| 坐着轻手工劳动 | 18 | 20 | 24 | 30 | 50 | 70 | 0.1 |
| 站着轻手工劳动 | 17 | 18 | 22 | 30 | 50 | 70 | 0.2 |
| 重劳动 | 15 | 17 | 21 | 30 | 50 | 70 | 0.4 |
| 最重劳动 | 14 | 16 | 2 | 30 | 50 | 70 | 0.5 |

# 思考与练习

1.从哪些方面对温度作业环境进行改善?

2.怎样防止和控制眩光?

3.照明设计从哪几个方面着手?

4.如何评价工作场所的色彩环境?

5.机器设备的配色应考虑哪些因素?

6.非电离辐射作业环境如何防护?

7.《工业企业设计卫生标准》(GBZ1—2010)制定的主要依据有哪些?

8.噪声对人的机体有哪些危害?危害程度受哪些因素影响?

9.色彩对人有哪些生理、心理影响?

# 9

## "安全人机工程学"课程设计概述

## 9.1 课程设计目的

课程设计是教学中的重要组成部分,是培养学生综合运用所学的基础理论、基本知识和基本技能,分析解决实际问题能力的一个至关重要环节。本课程设计是学完理论课程后进行的综合训练,通过课程设计在不同程度上提高各种能力,如调查研究、查阅文献和收集资料的能力;理论分析、评价、设计和绘图的能力;总结提高、撰写说明书的能力等。

安全人机工程学是一门综合性的交叉科学,是从安全的角度研究系统中的人机关系,其基本理论不复杂且易懂,人人都能接受,学生反映打开书自己都能看懂,合上书不知道讲了哪些内容,有什么用? 这说明缺少把理论用于实践的过程训练这一环节,这就需要进行课程设计。通过课程设计能更加系统掌握安全人机工程学的原理、方法和内容,它的实践性和综合性是其他环节所不能代替的。理论教学阶段是将人机系统中各个因素逐一进行分析,而课程设计阶段就是理论知识运用于实践中,培养学生综合运用所学知识,发现问题、分析和解决实际问题、锻炼实践能力的重要环节,是对学生实际工作能力的具体训练和考察过程。

### 9.1.1 培养学生的观察力

观察日常生活、收集和分析信息等途径发现问题,自定课程设计题目,有助于学生对现实存在问题有敏锐的观察力,能从现实生活中发现人机不合理的地方,提高学生发现问题的能力。

### 9.1.2 获取数据及对数据的分析与处理的基本科研能力

在课程设计中掌握查阅资料,搜集与处理数据的能力。设计中遇到很多问题、难题,可通过到图书馆查阅书籍、上网查询等方式获取资料;从已发表的文献中和从生产现场中搜集相关资料,同时提高学生问卷调查、访谈、获取数据及对数据的分析与处理的基本研究能力。

### 9.1.3 加深对课程理论知识的理解

"安全人机工程学"课程设计只是用该课程知识解决局部安全问题。鉴于本课程是一门多学科交叉的边缘性、综合性很强的学科,"散点式"知识,涉及面广,涉及的内容非常庞杂,通过课程设计可以把所学知识串起来,同时在设计中会发现对知识的学习不能浅尝辄止,要深入去学习,有些知识点不能停留在表面上的理解,通过实践才会提高。

### 9.1.4 提升理论运用于实际的能力

通过课程设计可以让学生经历一次较完整的人机学应用实践,引导学生发现问题、调查问题、探索可能的改进以及寻求最佳的解决方案,学会应用人机学理论解决实际问题。课程设计可以培养学生对所分析对象中的人机系统进行分析、评价其不匹配的原因,提出初步设计方案或改进措施等能力。

### 9.1.5 提高学生撰写论文的综合能力。

综合运用所学课程知识,学会用简洁的文字,清晰的图表来表达自己的设计思想的能力。在老师的指导以及与同学的讨论下,完成课程设计要求。

## 9.2 课程设计条件和任务

### 9.2.1 课程设计条件

"安全人机工程学"课程设计可以是课程设计,也可以是课程论文,还可以是产品、显示装置、控制装置等具体的人机设计或布局设计等,也可以是对现存的状态从安全人机的角度进行分析、评价及提出改进建议等论文。

该课程设计特点不同于机械、电气等课程设计,既有分析研究也有设计,介于课程论文和设计之间。不论是课程设计还是课程论文,均需要进行大量的调研,在调研的基础上确定课程题目,一般每门课程 4 人左右为一组,形成团队,共同完成课程设计任务。课题原始资料必须来自实际,要经过现场测绘,准确和可靠。同学们可以通过现场实测、调查、问卷和查阅有关资料记录等形式来收集。

课程设计内容必须是人机关系方面的内容,不包含技术方面的设计。例如,自动洗衣机人机设计内容包括洗衣机高度、色彩、控制面板布局、显示装置的设计、安全装置的设计等,而洗衣机的运行速度、温度控制、洗涤衣服容量等就不属于设计范围。

根据课题需要,可从实验室借测量工具,如照度计、皮尺、噪声测量仪、温度计、红外线测距仪等。需要进行实验获得数据的,可以在实验室进行。例如,测试人的行为、动作、人体尺寸等数据可以在人机实验室、虚拟仿真实验室完成,用眼动仪测试可分析人的行为,虚拟仿真实验可测试设计的控制面板及布局是否合理等。

熟悉相关的设计标准,课程设计要符合相应的设计标准。

### 9.2.2 课程设计任务

课程设计应画出设计图样和编写设计说明书;课程论文应按照论文格式要求与规范撰写。若有实验、调研报告,应附在其后。要求学生掌握课程设计方法和步骤,在教师指导下,独立完成课程设计任务的全部内容。

## 9.3 设计要求

### 9.3.1 准备工作

1) 选题与收集资料

安全人机工程学是以人—机关系为研究的对象,以实测、统计、分析为基本的研究方法,通过对现状研究用自己的眼睛去发现现实生活中的不合理的人机关系,采取观察、调查、实验、比较等途径发现问题。收集数据的途径有:观察、问卷调查、访谈、实验、文献查阅、数据分析等。

2）课程设计/论文题目确定

课程设计/论文题目应尽可能明确研究的对象、研究的问题、研究的方法等力求准确、规范、简洁，课题要"可操作"，最好选择方便学生调研类型。

例如，工作和日常生活中所用到的产品、设备、公共设施以及人们在使用这些物品时所涉及的空间、时间、温度湿度、色彩等方面的内容，怎样合理设计与匹配以达到适宜人的生理心理需求、增加作业准确性、提高劳动生产效率、提高工作的安全性、降低劳动强度、减少疲劳等目的。

3）构思与布局

经过研究或调查得到许多材料，通过文献检索搜集了大量相关资料后，拟订提纲前还需要构思，对整个课程论文/设计进行布局设计，如顺序、层次、段落、内容、观点、材料、怎样开头和结尾等。

例如，人机课程设计思路：调查课题的现状、呈现的特征、存在的问题并指出研究的意义和目的；存在问题的原因分析以及评价过程与结论（运用人机工程有关理论，结合安全系统分析和评价的方法对问题的原因进行比较深入的分析，并就现状分析的结果做出评价，并得出结论等）；对存在问题的改进措施和设计，包括改进设计的依据、原理、思路、实施方案（内容）和步骤等；本次设计的水平、存在的问题等总结。

### 9.3.2　人机系统的分析

1）人机结构尺寸

调查分析课题所需的人体参数，根据相关参数进行统计分析，从而获得所需群体尺寸的统计规律。人体测量中常用到的统计函数有均值、方差、标准差、抽样误差以及百分位数和适应度等。

2）人体功能特性

（1）视觉特性

分析人的视觉特性时应结合空间辨别、视野与视距、暗适应与亮适应、视错觉、对比感度、视觉运动规律等几个方面进行，根据作业时的条件结合相关标准选取合适的参数。

（2）听觉特性

分析人的听觉特性时结合人耳的可听范围、声音的强度、方向敏感度、掩蔽效应方面考虑，根据作业时的条件结合相关标准选取合适的参数。

3）人的心理特性

人的心理特性对人的行为会产生影响，人的注意、情绪与情感、意志、态度、性格、能力、气质、需要与动机、非理智行为都是心理特性的相关因素，所以在设计时结合相关知识进行考虑。

4）机器

（1）显示器

显示器的设计应根据其形状、大小、颜色、标度、刻度、空间布置、响度、亮度、频率、照明、背景、距离等都必须适合人的生理、心理特性，使操作者对显示器所显示的信息辨认速度快、可靠性高、误读率少，并减少人的操作失误。

显示器设计的基本原则：明显度高、可见度高、可读性好、阐明力强、简单明了、确保安全使视力有缺陷者（如视弱、色弱者等）也不会误认。显示器的显示方式和操作者的思维过程应当和谐一致。

（2）控制器

控制器的设计应结合控制信息的反馈、控制器的运动、控制器上手或脚的使用部位的尺寸和结构进行,要符合人的生理、心理特性。

控制器设计的一般原则:控制器设计要适应人体运动的特征,考虑操作者的人体尺寸和体力。控制器操纵方向应与预期的功能方向和机器设备的被控制方向一致。控制器要利于辨认记忆。尽量利用控制器的结构特点进行控制(如弹簧等)或借助操作者体位的重力(如脚踏开关)进行控制。尽量设计多功能控制器,并把显示器与之结合。

(3) 布局

在布局时应注意显示器与控制器的运动相结合性、空间相结合性、控制与显示比例几个原则。

### 9.3.3 人机界面的设计

1) 信息交互

信息内容中的文字、数字的大小设计,在一定的条件下要符合人的生理特性,信息内容的色彩与背景色应合理利用互补色、邻近色等,并对比的强度要适宜。声音的频率、强度等都要有利于人在作业的环境下准确的接收到信息。

2) 工作空间

操纵台面尺寸符合人体参数要求。操作面高度应适合于操作者的身体尺寸及工作类型,操纵装置设置在肢体功能易达或可及的空间范围内,显示装置按功能重要性和使用频度依次布置在最佳或有效视区内。

坐姿作业空间主要包括工作台、工作座椅、人体活动余隙和作业范围等的尺寸和布局等,其设计用人体参量和选用原则结合相关的标准。在设计坐姿用工作台时,必须根据脚可达到区在工作台下部布置容膝空间,以保证作业者在作业过程中,腿脚能有方便的姿势。

立姿作业空间主要包括工作台、作业范围和工作活动余隙等的尺寸和布局。

### 9.3.4 作业环境的设计

温度环境、光环境、色彩环境、尘、毒环境、噪声与振动环境、其他环境都应根据人的心理、生理特性结合相关的标准进行设计。

### 9.3.5 课程论文撰写

1) 拟定提纲

撰写论文之前,应拟定提纲作为全文的框架,提纲有助于全文的逻辑构思,使资料视觉化。提纲列出后,要认真比较,抓住核心论点,分清主次加以论证,这样可帮助作者从全局着眼,明确层次和重点,文章才写得条理,结构严谨。另外,通过拟定提纲,把作者初步构思、观点用文字固定下来,做到目标明确、主次分明。随着思路的进一步深化,会有新问题、新方法、新观点被发现,使原来的构思得到修改和完善。提纲是论文的轮廓,应尽量写得详细一些,主要包括:题目、中心论点以下的若干个分论点、每个分论点以下的小论点及每个小论点的论据材料,这样层次就比较清楚了。根据各章、节、段落内容进行相互间的联系,合理安排结构。经过认真推敲,对文章的题目、小标题发觉不精辟、不准确或不恰当,要重新设计安排。有时虽有足够的资料,也并不一定就能写出高水平的医学科研论文,这里有一个构思技巧和资料的合理运用问题。当然,文题是否新颖、标题是否醒目、论点和结论能否衬托出主题、其未来的展望有无战略眼光等,这些在拟定提纲时都应充分考虑到。

2) 撰写初稿

课程设计的内容要求立论有理有据,评价分析合理和透彻,结论可靠正确,设计大胆合理,充分体现以人为本的人机学原理,具体要求如下:

选题依据:选择的课题有何依据。

课程设计的意义:完成此课题有何意义和实用价值。

课程设计资料:必须来源于现场的实际,不得假设推断。

课程设计的分析:对获取的资料进行归纳、分类、统计分析,并列表说明等。

课程设计的设计:对原来系统或者设计中存在的问题依据人机匹配的原理进行改进和设计,使之符合人机工程学原理,体现以人为本的中心。

课程设计的结论:在对资料分析的基础上,做出结论。

3)修改

初稿完成后,要经过反复推敲和修改才能定稿。修改是对原工作的深化和提高,要对文字进一步加工润色,对观点进一步订正。修改时,一般要注意首先看文题是否相符,论点是否鲜明,论据是否充分,论证是否严密,布局是否合理。问题分析全面、数据采集客观、设计方案合理、计算过程正确、文理通顺、表达清晰;按照工程制图标准绘图;设计说明书要求详细说明设计过程,书写规范。

4)其他

课程论文应有学生独立完成的分析、评价、论点等;若有调研应附调研表,或实验数据记录。若采用问卷调查法则要清楚调查的目的、任务、对象、范围、调查方法、问卷的设计或来源等。最好能把调查方案附上。做课程设计之前需要进行大量的调研,不仅包括文献资料的收集和现实情况的调研,还包括相关的国家标准。

结论是课程设计/论文最终的、总体的概括性论述,应该准确、完整、明确、精练,可以在结论或讨论中提出建议,研究设想或改进的意见、尚待解决的问题或展望等,置于正文最后。

致谢部分可包括下列方面:对指导、协助课题的组织或个人致谢;对在做课程设计中提出建议和帮助的人致谢;对其他应感激的组织和个人致谢。

### 9.3.6 课程设计说明书撰写

说明书是课程设计的总结性文件,编写设计说明书是整个课程设计的一个重要组成部分。通过编写说明书,可进一步培养学生分析、总结和表达的能力,巩固、深化在设计过程中所获得的知识。在完成课程设计全部工作之后,学生应将全部设计工作依照先后顺序编写成设计说明书,要求语言简练,文字通顺,图例清晰。说明书应概括地介绍设计全貌,对设计中的各部分内容应作重点说明、分析论证及必要的计算,要求系统性好,条理清楚,图文并茂,充分表达自己的见解,力求避免抄书。

一份完整的说明书一般包括以下一些项目:封面、目录、设计任务书、绪论或前言、调研与分析、方案构思、多方案对比与选择、本设计说明、设计总结或心得体会、参考文献。

课程设计/论文说明书排版要求统一按学校要求。

# 9.4 参考题目

"安全人机工程学"课程设计内容可以包括以下方面:系统中人机关系是否适宜人体尺寸、符合人的感知特性、方便人获取与传递信息、适合作业的合理空间与环境等。推荐学生自拟题目,以下题目作为参考。

（1）多媒体教室讲台及教师工作空间的改进设计。

（2）多媒体课件制作中的人机交互设计（多媒体课件制作中的人机分析及设计）。

（3）某校教学楼（实验楼、图书馆、学生公寓等）的照度值适用程度分析与改进设计。

（4）某校普通教室课桌座椅的安全人机工程评价与改进设计。

（5）二（或四、六、八）人间大学生公寓房人机工程学设计。

（6）学生电脑桌椅的人机匹配设计。

（7）某校学生用床及相关器物的人机工程学改进设计。

（8）某校多媒体教室的安全人机工程评价与改进设计。

（9）某校绘图教室课桌座椅的安全人机工程评价与改进设计。

（10）市场上办公桌椅功能尺寸（对国人）适应性的调查报告。

（11）某校安全工程专业实验室实验台的人机匹配存在的问题及改进设计。

（12）某校总体布局中存在的问题与改进设计。

（13）某校校园中不符合人机工程原理的现象及改进。

（14）某宾馆的安全人机工程评价与改进设计。

（15）某超市的人行通道的安全分析及评价。

（16）某网吧布局的安全分析与设计。

（17）自动取款机（银行交易窗口）的人机分析与改进。

（18）某路公共汽车车厢的人机工程学设计。

（19）某校现有设施（如课桌、仪器设备、书架、草地、花坛等）的颜色匹配与设计。

（20）某校安全标志的安全人机工程评价与改进设计。

（21）某超市安全标志的人机分析与改进。

（22）某校道路交通标志的设计。

（23）基于安全人机工程学原理的某企业自动化生产机械评价与改进。

（24）汽车驾驶室的安全人机工程评价与改进设计。

（25）臂力器的人机分析与优化设计。

（26）实习工厂机加工车间布局的人机分析及评价。

## 思考与练习

1. 安全人机系统设计必须具备的设计依据是什么？

2. 进行安全人机系统设计的目的是什么？有哪些实际意义？

3. 安全人机系统包含哪些部分？

4. 简述拟定安全人机系统的原则和要求。

5. 简述安全人机工程学课程设计的步骤。

6. 人机系统分析大致包括哪些内容？

7. 进行人机界面设计需要注意哪些问题？

8. 作业环境的设计具体包括哪些内容？

# 附　　录

## 附录1　安全人机工程应用实例

### 一、试验矿井概况及掘进工作面作业环境参数实测与分析

#### （一）矿井交通位置

平煤一矿位于河南省平顶山市中心北 3 km 处，属平顶山煤田。地理坐标：东经 113°11′ 45″～113°22′30″，北纬 33°40′15″～33°48′45″。东以 26 勘探线为界与十矿相邻，西以 36 勘探线为界与平顶山天安煤业股份有限公司四矿、六矿相邻。井田内含丁组、戊组、己组、庚组 4 个煤组。井田东西走向长 5 km，南北倾斜宽 5.86 km，最大面积 29.3 km²。

平煤一矿至平顶山火车站 9 km，通过矿区专用铁路可直达漯宝铁路。漯宝铁路连接京广、焦柳两大铁路干线。平顶山车站至京广铁路 70 km，至焦柳铁路 28 km。以平顶山市为交通枢纽，有柏油公路沟通各县市，交通极为方便，见图 F-1。

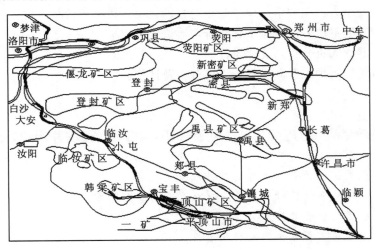

图 F-1　平煤一矿交通位置图

#### （二）井田地貌与构造特征

平煤一矿位于平顶山矿区中部，平顶山、落凫山位于井田中部，二山南陡北缓，基本呈单面

山形,走向近东西,地势北高南低,形成本井田范围内的分水岭。平顶山海拔＋411.13 m,落凫山海拔＋492.70 m。主、副井口位于落凫山南麓,主井口标高为＋150.0 m。

平煤一矿井田构造特征可以划分为3部分:二水平及其以上大致以30勘探线为界划分为东、西两部分和三水平及其深部。

东部:与十矿一起受北西—南东向展布的牛庄向斜、牛庄逆断层作用的控制,煤层构造以压(扭)性作用为主,兼具有张(扭)作用,煤层受到强烈的挤压、剪切破坏,煤层中的小揉皱、剪切滑动很普遍,"构造煤"特别发育,戊$_{8-10}$煤层中的"构造煤"厚度一般在1～1.5 m,构造比较复杂。

西部:在30勘探线以西至四矿井田边界,构造特征与四矿相一致,并且与四矿、六矿一起位于锅底山断裂的东北盘,构造比较简单,构成了整个平顶山矿区相对的构造简单区。以北东、北北东向正断层比较发育为主要特征,并在喜山期近北东向右旋力偶作用时,表现为张(扭)性活动。煤层中的"构造煤"远不如东部发育,厚度0.1～0.8 m,一般都在0.6 m以下。

三水平及其深部:主要受北西—南东向展布的郭庄背斜的倾伏端、竹园逆断层、张家逆断层控制,构造特征主要以挤压剪切受力为主。郭庄背斜的倾伏端,煤层的倾角、倾向和走向都发生急剧的变化,这种变化使煤层遭受强烈的挤压和剪切破坏。竹园逆断层和张家逆断层连成为带状,控制了三水平及其以深的大半部分,仅井田深部边界的西北端,构造较简单。此外,龙池断层对三水平及其以深的煤层赋存也有重要影响,该断层走向北部53°西,倾向西南,倾角65°,落差28 m,延展长度1 000 m左右,属于张(扭)性断层。

三水平丁组煤层为一近北向的平缓单斜构造,地层倾角7°～23°,一般为12°,断层较发育,主要受龙池正断层、竹园逆断层和张家逆断层控制,以挤压、剪切受力为主。竹园逆断层和张家逆断层成带状展布,控制了三水平丁组煤层的大部分地区,西部主要受龙池正断层的控制。丁$_6$煤层的构造煤厚度0.2～1.2 m,一般0.8 m;戊$_8$煤层的构造煤厚度0.3～1.8 m,一般0.6～1.0 m。整个井田中东部采区比西部采区构造煤发育,顶板是泥岩的地带比顶板是砂岩的地带构造煤发育。矿戊一采区下山及两翼附近有一个宽800 m左右的顶板砂岩带,这一条带上戊$_8$煤层构造煤的厚度仅0.1～0.3 m,且瓦斯涌出量较低。随着开采深度的增加,构造煤的厚度有所增加,凡是构造煤变厚的地段,瓦斯涌出量明显增大。

平煤一矿一水平未发现岩浆岩侵入,二水平戊一采区戊$_8$-21191和戊$_8$-21210采煤工作面发现有岩浆岩侵入,侵入形式为岩墙,侵入最宽2～3 m,走向大致北45°东,现发现延伸长度240 m左右。侵入时代为燕山运动期,侵入岩为基性橄榄玄武岩。由于岩浆岩的侵入破坏了煤层的连续性,对采掘有一定的影响。有时在岩脉附近有天然焦出现。岩浆岩在井田内侵入范围:29勘探线以西300 m,以东100 m,戊组煤层－290～－360 m水平。

**(三) 矿井开拓方式**

矿井开采方式为地下开采,采用竖井——斜井联合多水平综合开拓布置,一水平标高－25 m,二水平标高－240 m,三水平标高－517 m,主要开采戊组、丁组煤层。一水平为残采水平,二、三水平为生产水平。目前,矿井一、二、三水平同时生产,共有8个生产采区,即一水平戊三、戊七、二水平丁三、戊一、戊二、戊三以及三水平丁一、丁二和三水平戊一采区，其中一水平戊三、戊七采区为残采采区。2010年年底，矿井工业储量13 366.4万t，可采储量6 476.0万t。

**(四) 掘进工作面概况**

课题选取平煤一矿戊$_{10}$-31100机巷和戊$_{10}$-31010机巷两个掘进工作面作为研究地点。

1. 掘进工作面区域位置

戊$_{10}$-31100机巷位于三水平戊一采区西翼下部，东邻三水平戊一西翼回风上山、轨道上山、胶带暗斜井，西临近一、四矿边界，北邻三水平丁戊二大巷煤柱，南邻戊$_8$-31080采煤工作面。该巷沿戊$_{10}$煤层顶板施工，在掘进期间主要受采动和矿山压力影响。戊$_{10}$-31100机巷施工平面布置如图F-2所示。

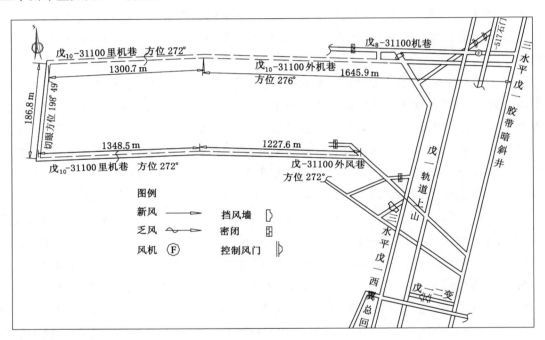

图F-2 戊$_{10}$-31100机巷施工平面布置图

戊$_{10}$-31010机巷掘进工作面位于三水平戊一采区东翼上部，东邻戊三采区，西起戊一皮带暗斜井、戊一轨道下山、戊一西翼回风下山，南为戊三采区大巷，向北未开采，上层戊$_8$煤已回采，在掘进期间主要受采动和矿山压力影响，戊$_{10}$-31010机巷施工平面布置如图F-3所示。

2. 施工顺序、方法及工艺流程

(1) 施工顺序

戊$_{10}$-31100机巷自戊$_8$-31100机巷与回风川交点向西26 m处上帮开口，以方位186°00′00″沿戊$_{10}$煤顶板施工联络川，联络川施工完毕，自联络川与戊$_{10}$-31100机巷交点位置，变方位96°00′00″向东施工与三水平戊一胶带暗斜井贯通；向西以方位276°00′00″施工1 464.34 m到达拐点位置，而后变向272°00′00″施工1 300.744 m到达切眼位置。

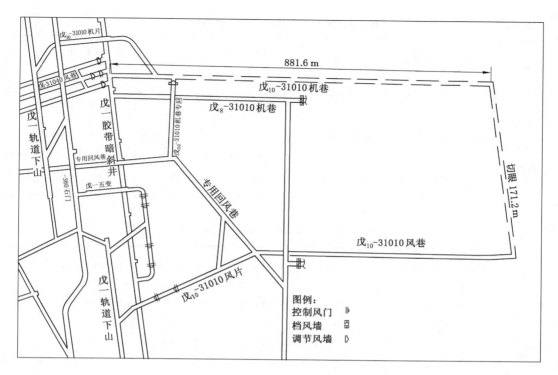

图 F-3　戊₁₀-31010 机巷施工平面布置图

戊₁₀-31010 机巷由三水平戊一胶带暗斜井 P14# 测点向北 15.8 m 处东帮开口,以方位 115°30′沿戊₁₀煤顶板向东施工 881.6 m 后到达切眼位置。

（2）施工方法

戊₁₀-31110 机巷采用掘进机施工,搭胶带输送机出矸运输,人工采用液压钻(风钻)煤电钻打眼,打注锚杆锚索支护或架棚支护。

戊₁₀-31010 机巷掘进工作面采用掘进机掘进,搭胶带输送机出碴运输,人工使用液压钻煤电钻打眼,打注锚杆锚索,或人工架棚支护。

（3）施工工艺流程

锚杆支护施工工艺流程:交接班安检→延接胶带输送机→标定中心→开机检查→掘进机切割出矸→敲帮问顶→挂锚网梁打临时顶柱→标定眼位→钻眼→安装锚杆→安全质量检查→整理文明生产→质量验收。

架棚支护施工工艺流程:交接班安检→延接胶带输送机→标定中心→开机检查→掘进机切割出碴→敲帮问顶→推移前探梁背紧背牢→上梁刹顶→挖柱窝栽腿子刹帮→安全质量检查→整理文明生产→质量验收。

**（五）劳动组织及作业循环**

平煤一矿掘进工作面的生产组织采用"二九一六"制作业,即两个班生产,八点班检修。两个掘进工作面的劳动组织情况见表 F-1 和表 F-2;作业循环情况见图 F-4。

表 F-1　　　　　　　戊₁₀-31100 机巷掘进工作面劳动组织表

| 班次 | 直接工/名 | 辅助工/名 | 其中 | | | | 跟班队长/名 | 合计/名 |
|---|---|---|---|---|---|---|---|---|
| | | | 掘进机司机 | 机电工 | 验收员 | 风机工 | | |
| 一班 | 12 | 3 | 1 | 1 | 1 | 1 | 1 | 16 |
| 二班 | 12 | 3 | 1 | 1 | 1 | 1 | 1 | 16 |
| 三班 | 12 | 3 | 1 | 1 | 1 | 1 | 1 | 16 |
| 检修班 | | 10 | | 4 | | 1 | 1 | 11 |
| 合计 | 24 | 18 | 2 | 11 | 2 | 3 | 3 | 59 |

表 F-2　　　　　　　戊₁₀-31010 机巷掘进工作面劳动组织表

| 班次 | 直接工/名 | 辅助工/名 | 其中 | | | | 跟班队长/名 | 合计/名 |
|---|---|---|---|---|---|---|---|---|
| | | | 掘进机司机 | 机电工 | 验收员 | 风机工 | | |
| 一班 | 12 | 4 | 1 | 1 | 1 | 1 | 1 | 17 |
| 二班 | 12 | 4 | 1 | 1 | 1 | 1 | 1 | 17 |
| 三班 | 12 | 4 | 1 | 1 | 1 | 1 | 1 | 17 |
| 检修班 | | 10 | | 9 | | 1 | 1 | 11 |
| 合计 | 24 | 18 | 2 | 11 | 2 | 3 | 3 | 62 |

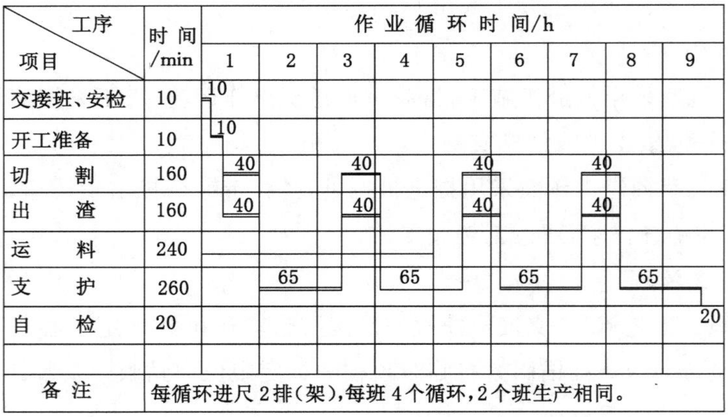

| 工序　　项目 | 时间/min | 作业循环时间/h | | | | | | | | |
|---|---|---|---|---|---|---|---|---|---|---|
| | | 1 | 2 | 3 | 4 | 5 | 6 | 7 | 8 | 9 |
| 交接班、安检 | 10 | 10 | | | | | | | | |
| 开工准备 | 10 | 10 | | | | | | | | |
| 切　　割 | 160 | 40 | | 40 | | 40 | | 40 | | |
| 出　　渣 | 160 | 40 | | 40 | | 40 | | 40 | | |
| 运　　料 | 240 | | | | | | | | | |
| 支　　护 | 260 | | 65 | | 65 | | 65 | | 65 | |
| 自　　检 | 20 | | | | | | | | | 20 |
| 备　注 | 每循环进尺2排(架),每班4个循环,2个班生产相同。 | | | | | | | | | |

图 F-4　掘进工作面作业循环图

## (六) 工作面环境参数测定数据

根据课题研究计划及工作安排,课题组成员选择了平煤一矿戊₁₀-31010 机巷和戊₁₀-31100 机巷两个掘进工作面,对两个掘进工作面的环境参数进行了连续现场测试,其具体参数见表 F-3 和表 F-4。

对平煤一矿掘进工作面现场实测环境数据,包括温度、噪声、风速、湿度、粉尘浓度和压力。

表 F-3　　　　　　　戊$_{10}$-31010 机巷环境参数测试数据(平均后)

| 测试次数 | 干球温度/℃ | 湿球温度/℃ | 静压/Pa | 相对湿度/% | 风速/(r·min$^{-1}$) | 噪声/dB | 粉尘浓度/(mg·m$^{-3}$) | 备注 |
|---|---|---|---|---|---|---|---|---|
| 1 | 22.8 | 20.0 | 106 279 | 72.56 | 40 | 74 | 3.25 | 打眼(掘进机停) |
| 2 | 22.6 | 20.2 | 106 236 | 75.40 | 39 | 79 | 22.86 | 机后(掘进机工作、距机头 15 m 左右) |
| 3 | 22.8 | 20.4 | 106 223 | 75.56 | 37 | 76 | 16.75 | 机侧(掘进机工作、距机头 9 m 左右) |
| 4 | 23.0 | 20.4 | 106 164 | 78.83 | 37 | 66 | 8.74 | 转载点(掘进机开、距机头 20 m 左右) |
| 5 | 22.8 | 20.2 | 106 170 | 74.03 | 38 | 65 | 7.54 | 回风口 |

表 F-4　　　　　　　戊$_{10}$-31100 机巷环境参数测试数据(平均后)

| 测试次数 | 干球温度/℃ | 湿球温度/℃ | 静压/Pa | 相对湿度/% | 风速/(r·min$^{-1}$) | 噪声/dB | 粉尘浓度/(mg·m$^{-3}$) | 备注 |
|---|---|---|---|---|---|---|---|---|
| 1 | 19.0 | 15.4 | 101 840 | 68.54 | 51 | 73 | 1.38 | 打眼 |
| 2 | 19.2 | 15.6 | 102 130 | 68.64 | 53 | 75 | 23.94 | 掘进开,机后(距机头 15 m 左右) |
| 3 | 19.4 | 15.6 | 102 310 | 67.16 | 54 | 77 | 84.06 | 掘进开,机侧(距机头 9m 左右) |
| 4 | 19.4 | 16.0 | 102 970 | 70.26 | 52 | 74 | 67.8 | 掘进开,转载点(距机头 20 m 左右) |
| 5 | 19.6 | 16.0 | 104 130 | 68.64 | 49 | 75 | 20.19 | 回风口 |
| 6 | 19.6 | 16.2 | 104 780 | 70.24 | 51 | 73 | | |
| 7 | 19.4 | 16.6 | 105 660 | 75.14 | 53 | 74 | | 打钻 |
| 8 | 20.0 | 17.8 | 105 150 | 80.61 | 50 | 78 | | 掘进机开 |

**(七）照明环境对矿工作业的影响**

由于煤矿生产的特殊性,煤矿井工开采所需的照明完全由人工照明来提供,各种作业空间对照明既有量的要求,又有质的要求。

对量的要求主要有:① 局部照明要便于识别对象物;② 照明要在心理上形成一种舒适的气氛,既有一定的对比度,又可看清周围的事物;③ 照明要明暗协调,符合人的生理要求。

对质的要求主要是光照的稳定性、均匀性、光色效果、显色性、闪烁和眩光等,即在设计的工作面上,照度要维持恒定值,波动微乎其微,不发生频闪现象;照度和亮度在作业范围内均匀分布;物体表面不产生刺眼的眩光。

经调查与观测,掘进工作面中防爆顶灯的安装位置普遍落后于迎头 50 m 左右,因而导致在掘进工作面的迎头形成一个较为黑暗的区域。在实际掘进过程中,掘进工作面迎头的照明以矿工矿灯照明为主。

1. 掘进工作面照度计算模型

为了提供良好的照明环境,掘进工作面照明设计不仅应具有合适的照度值,而且照明质量的各项参数要符合《煤矿安全规程》的规定。此外,不论从照明质量还是以人为本的角度考虑,对掘进工作面照明设计的照度检测都是必要的。为此,我们提出了一个建立掘进工作面照度计算的数学模型。

(1) 基本假设

假设一:将掘进工作面的作业空间顶灯设计为防爆节能电棒,光源总光通量等于各防爆电棒之和。

假设二:将作为掘进工作面光源的防爆电棒抽象成线光源,其光强分布曲线如图 F-5 所示。

假设三:防爆电棒作为掘进工作面的照明光源时,不考虑矿工矿灯光对掘进工作面的照度的分布影响。

(2) 掘进工作面照度计算公式

平均照度的计算通常利用系数法、配光曲线法和等照度曲线法,相对于配光曲线法和等照度曲线法而言,系数法适用于灯具均匀布置、墙和顶板反射率不高、空间无大型设备遮挡的情况,该方法用于掘进工作面比较准确。照度计算公式为:

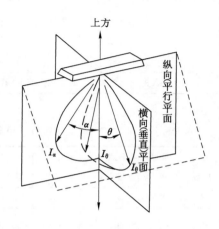

图 F-5 线光源的纵向和横向分布曲线

$$E_{av} = \frac{\Phi \cdot n \cdot Cu \cdot K}{S} \tag{F-1}$$

式中　$\Phi$——光源的光通量,lm;

　　　$n$——灯具数量,个;

　　　$Cu$——灯具的利用系数;

　　　$K$——灯具的维护系数;

　　　$S$——区域面积,m²。

空间比计算公式为:

$$RCR = \frac{5 \times h \cdot (a+b)}{a \cdot b} \tag{F-2}$$

式中　$h$——灯具安装高度,m;

　　　$a$——工作面长度,m;

　　　$b$——工作面宽度,m;

(3) 照度计算基本参数的确定

以平煤一矿戊$_{10}$-31100 机巷掘进工作面迎头为例,各参数见表 F-5。

表 F-5　　　　　　　　　　　　照度计算参数表

| 参数<br>名称 | $a/m$ | $b/m$ | $h/m$ | $\Phi/lm$ | $n$ | $Cu$ | $K$ | $S/m^2$ | 顶棚<br>反射率 $a_1$ | 两帮<br>反射率 $a_2$ | 底板<br>反射率 $a_3$ | 灯具<br>效率 $\eta$ |
|---|---|---|---|---|---|---|---|---|---|---|---|---|
| 取值 | 4 | 10 | 3.2 | 2 664 | 1~4 | 0.73 | 0.8 | 40 | 30% | 15% | 15% | 75% |

注:$Cu$,$K$ 的取值是根据 RCR 计算结果并参照《照明设计手册》而得出的。

### 2. 照明对矿工工作效率影响的实验研究

（1）实验方案的选择与确定

对矿工的工作效率进行实验研究,通常来说实验方法有两种:实验室模拟研究和现场实验研究。两种方法各有利弊,在实验室研究中,根据实际的生产环境对实验室进行布置,受试人员在这个"虚拟环境"中完成测试所需动作。只要设计合理,实验顺利完成,测试结果可以满足实验要求。这种方法操作起来相对简单,且各个环境因素也利于控制,但是缺点也很多。人们对这种方法的研究结果提出了各种质疑,如即使实验室设计与真实环境再相似,终究与真实环境有较大的差别;受试者所做的工作并不能代表现实中人们所做的工作;受试者往往并非真实的从业人员,其动作很难规范合理。

现场的实验研究是在真实的作业环境中进行的;其实验环境无需人工特意布置;作业工人即为实验所需的受试者,测试动作、环节与实际作业时完全吻合;测试所得结果也就最贴近实际,更有说服力。但实验对其生产进度会有一定影响,操作和协调工作有一定难度。

由于煤矿生产的特殊性,在试验室进行试验的难度比较大,故本文采用现场实验研究方法。

（2）研究目的

不良的照明条件,不仅容易造成近视疾患,更重要的是:光线微弱,影响周边视力,使视野变小,不易观察周围的异常情况;照度不当,难以准确估计物体的相对位置,影响工作效率,甚至引发事故;照明还会影响人的情绪。

本实验的目的是通过构建实验模型,研究不同照度对矿工工作效率的影响。

（3）实验设计

① 实验地点选择。依据实验要求,需选择一段地质条件较为简单和稳定的地段作为实验地点,根据当时矿井的生产进度以及地质勘探资料,本实验选取戊$_{10}$-31100 机巷掘进工作面回风口以里 90 m 的迎头位置为实验地点。

② 测试对象。在掘进工作面迎头,以矿工对巷道的支护过程为测试对象,人为设置几种不同的照明环境,并记录在各种照明环境下各个作业环节所需时间,将实验结果进行对比分析。

③ 材料、工具的准备:工具准备:钻机 1 台,锚杆机 1 台。

材料准备:金属网 50 块,钢制顶梁 20 根,锚杆和锚固剂若干。

辅助工具:秒表 3 块,防爆电棒 6 只。

（4）测试过程

① 实验一（仅由矿工所携带矿灯提供照明）:

a. 带班班长命令掘进头里作业人员全部撤出（掘进机司机除外）,开动掘进机掘进,待整个断面掘进完成后,掘进机退出,为巷道支护做准备。

b. 作业人员进入作业区域准备开工,此时,矿工作业时的照明仅由各自所携带的矿灯提供。第一步,对巷顶挂网及锚杆安装过程进行卡表计时;第二步,对顶梁吊装过程进行卡表计时;第三步,对巷帮挂网及锚杆安装过程进行卡表计时。

c. 待其他工序完成后,撤出人员,准备下一个循环。实验流程见图 F-6。

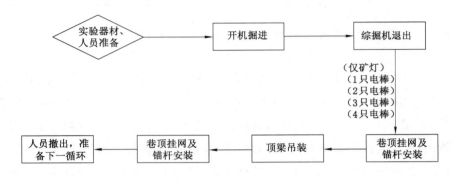

图 F-6　实验流程图

② 实验二(安装 1 只防爆电棒):

a. 开动掘进机掘进,待整个断面掘进完成后,掘进机退出,为下一步巷道支护做准备。

b. 作业人员进入作业区域准备开工,在巷道的顶端安装 1 只防爆电棒。

c. 实验计时:第一步,对巷顶挂网及锚杆安装过程进行卡表计时;第二步,对顶梁吊装过程进行卡表计时;第三步,对巷帮挂网及锚杆安装过程进行卡表计时。

d. 待其他工序完成后,撤出人员,准备下一个循环。

③ 实验三～实验五的具体步骤同 a. 和 b.,只是安装电棒的数量依次增加 1 只,亮度增大。

(5) 实验结果分析

对实验三～实验六所测得的实验结果进行统计,依照式(F-1)和式(F-2)计算各种照明环境的照度值,各种照明环境下各个作业环节所需时间以及照度见表 F-6。

**表 F-6　　　　　　　同照度下各支护环节所需时间测定表**

| 不同照明环境 | 照度/lx | 巷顶挂网及锚杆安装时间/min | 顶梁吊装时间/min | 巷帮挂网及锚杆安装时间/min |
|---|---|---|---|---|
| 仅矿灯照明 | 21.35 | 20 | 17 | 13.5 |
| 1 只防爆电棒 | 38.89 | 19 | 15.5 | 11 |
| 2 只防爆电棒 | 77.79 | 18.5 | 13.4 | 10 |
| 3 只防爆电棒 | 116.68 | 16 | 12 | 8.5 |
| 4 只防爆电棒 | 155.57 | 15 | 10.5 | 8 |

对表 F-6 中各项数据进行拟合,所得拟合效果如图 F-7 所示。

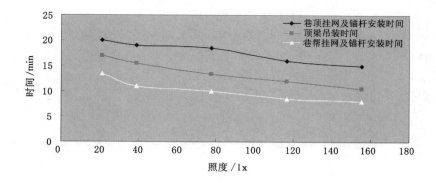

图 F-7　不同照度对工作效率的影响

从表 F-6 和图 F-7 中可以看出,矿工在井下对巷道进行支护时,仅靠矿工矿灯提供照明时,所耗费的时间最多,工作效率最低;当在巷道顶端安装防爆电棒时,所耗费的时间要比仅靠矿灯提供照明时要少,而且随着防爆电棒数量的逐个增加,工作进度也进一步加快;当安装 4 个防爆电棒时,工作效率最高。

对各道支护工序所费时间与照度之间的关系分别进行拟合,拟合曲线如图 F-8～图 F-10所示。

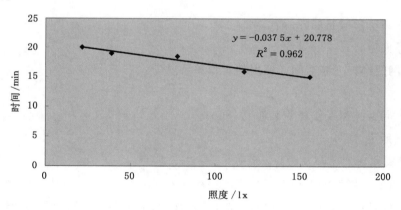

图 F-8　巷顶挂网及锚杆安装时间与照度的关系

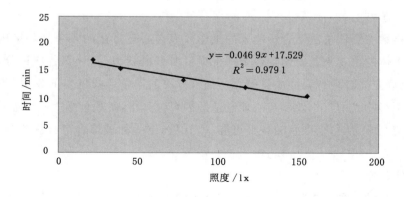

图 F-9　顶梁吊装时间与照度的关系

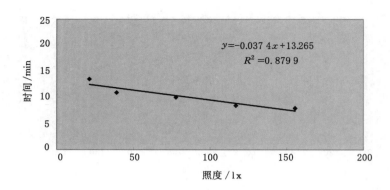

图 F-10　巷帮挂网及锚杆安装时间与照度的关系

巷顶挂网及锚杆安装时间与照度的定量关系式为：

$$y = -0.037\,5x + 20.778$$

式中　$y$——巷顶挂网及锚杆安装时间,min；

　　　$x$——照度,lx。

顶梁吊装时间与照度的定量关系式为：

$$y = -0.046\,9x + 17.529$$

式中　$y$——顶梁吊装时间,min；

　　　$x$——照度,lx。

巷帮挂网及锚杆安装时间与照度的定量关系式为：

$$y = -0.037\,4x + 13.265$$

式中　$y$——巷帮挂网及锚杆安装时间,min；

　　　$x$——照度,lx。

3. 掘进工作面照明环境的综合评价

从人—机—环境系统工程对光环境的要求来看,不仅需要对光环境的各个单项影响因素进行评价,而且更需要进行光环境的综合定量评价,书中参照建筑行业的光环境指数综合评价法对掘进工作面照明环境进行评价。

（1）评价方法

光环境指数综合评价法结合影响人的工作效率与心理舒适的多项光环境因素,以问卷的形式通过个体的主观判断来确定各个评价项目所处的状态,并计算各项评分和总的光环境指数,最终确定光环境所属的质量等级。评价方法的问卷形式见表 F-7,其评价项目包括光环境中 6 项影响人的工作效率与心理舒适的因素。其中,每项包括 4 种可能状态,评价人员经过观察与判断,从每个项目的各种可能状态中选出一种最符合自己观察与感受的状态进行答卷。

（2）评分系统

对评价项目的各种可能状态,按照它们对人的工作效率与心理舒适影响的严重程度赋予逐级增大的分值,用以计算各个项目评分。对问卷的各个评价项目,根据它们在决定光环境质量上具有的相对重要性赋予相应的权重,用来计算总的光环境指数。各个项目的权重及各种状态的分值可列入表 F-7 中。表中各项目状态划分相同,同种状态分值相等,权重可根据具体情况确定,见表 F-8。

**表 F-7　　　　　　　　　　评价项目及可能状态的问卷形式**

| 项目编号 $n$ | 评价项目 | 状态编号 $m$ | 可能状态 | 选择(√) | 注释说明 |
|---|---|---|---|---|---|
| 1 | 照度水平 | 1 | 满意 | | |
| | | 2 | 尚可 | | |
| | | 3 | 不舒适,令人不舒服 | | |
| | | 4 | 非常不舒适,作业困难 | | |
| 2 | 眩光感觉 | 1 | 毫无感觉 | | |
| | | 2 | 稍有感觉 | | |
| | | 3 | 感觉明显,令人分心或令人不舒服 | | |
| | | 4 | 感觉严重,作业困难 | | |
| 3 | 亮度分布 | 1 | 满意 | | |
| | | 2 | 尚可 | | |
| | | 3 | 不合适,令人分心或令人不舒服 | | |
| | | 4 | 非常不合适,影响正常工作 | | |
| 4 | 光影 | 1 | 满意 | | |
| | | 2 | 尚可 | | |
| | | 3 | 不合适,影响正常工作 | | |
| | | 4 | 非常不合适,影响正常工作 | | |
| 5 | 颜色显现 | 1 | 满意 | | |
| | | 2 | 尚可 | | |
| | | 3 | 显色不自然,令人不舒服 | | |
| | | 4 | 显色不正确,影响辨色作业 | | |
| 6 | 光色 | 1 | 满意 | | |
| | | 2 | 尚可 | | |
| | | 3 | 不合适,令人不舒服 | | |
| | | 4 | 非常不舒服,影响正常作业 | | |

**表 F-8　　　　　　　　　　各个项目的权重及各种状态的分值**

| 项目编号 $n$ | 评价权重 $W(n)$ | 状态编号 $m$ | 状态分值 $P(m)$ | 评价项目 $n$ 的第 $m$ 个状态所得票数 $V(n,m)$ | 评价项目 $n$ 所得的总票数 $\sum V(n,m)$ | 项目 $n$ 的评分 $S(n)$ | 计权后的项目评分 $S(n)W(n)$ | 光环境指数 $S$ |
|---|---|---|---|---|---|---|---|---|
| | | 1 | 0 | | | | | |
| | | 2 | 10 | | | | | |
| | | 3 | 50 | | | | | |
| | | 4 | 100 | | | | | |

（3）项目评分及光环境指数计算

① 项目评分计算。第 $n$ 个项目的评分按下式计算，即：

$$S(n) = \frac{\sum_{m=1}^{4} P(m)V(n,m)}{\sum_{m=1}^{4} V(n,m)} \tag{F-3}$$

式中　$S(n)$——第 $n$ 个评价项目得评分，$0 \leqslant S(n) \leqslant 100$；

　　　　$P(m)$——第 $m$ 个状态的分值；

　　　　$V(n,m)$——第 $n$ 个评价项目的第 $m$ 个状态所得票数。

2. 各评价项目权重的确定

为了确定指标的权重，需要从事组织、人事工作且经验丰富的人员组成专家组，对各评价项目进行打分。本次评价特意邀请平煤一矿由各副总、各科室科长及各采掘队长共计 20 人组成的专家组对各评价项目打分，专家打分表，见表 F-9 所示。

表 F-9　　　　　　　　　　　　　　专家打分表

| 专家＼评价项目 | 照度水平 | 眩光感觉 | 亮度分布 | 光影 | 颜色显现 | 光色 | 备注 |
|---|---|---|---|---|---|---|---|
| 1 | 85 | 70 | 85 | 40 | 30 | 25 | |
| 2 | 90 | 60 | 70 | 60 | 35 | 55 | |
| 3 | 95 | 50 | 80 | 60 | 50 | 60 | |
| 4 | 90 | 60 | 80 | 50 | 40 | 35 | |
| 5 | 80 | 55 | 75 | 30 | 45 | 50 | |
| 6 | 70 | 30 | 70 | 40 | 35 | 40 | |
| 7 | 80 | 75 | 60 | 55 | 50 | 55 | |
| 8 | 90 | 80 | 65 | 50 | 35 | 65 | |
| 9 | 85 | 40 | 80 | 65 | 60 | 50 | |
| 10 | 85 | 60 | 50 | 40 | 45 | 45 | |
| 11 | 70 | 50 | 90 | 70 | 55 | 55 | 各评价项目 |
| 12 | 90 | 70 | 70 | 50 | 60 | 40 | 满分为 100 分 |
| 13 | 80 | 75 | 75 | 75 | 40 | 60 | |
| 14 | 90 | 70 | 80 | 65 | 35 | 45 | |
| 15 | 70 | 70 | 85 | 55 | 60 | 35 | |
| 16 | 90 | 75 | 85 | 40 | 55 | 65 | |
| 17 | 85 | 70 | 80 | 45 | 40 | 55 | |
| 18 | 90 | 40 | 75 | 40 | 50 | 60 | |
| 19 | 85 | 65 | 80 | 35 | 45 | 50 | |
| 20 | 90 | 70 | 70 | 40 | 40 | 50 | |
| 平均值 | 84.5 | 61.75 | 75.25 | 50.25 | 45.25 | 49.75 | |

对各个评价项目的平均得分归一化处理，得出各项目权重 $W = (0.23, 0.17, 0.20, 0.14, 0.12, 0.14)$。

③ 总的光环境指数计算。总的光环境指数的计算公式为：

$$S = \frac{\sum_{n=1}^{6} S(n)W(n)}{\sum_{n=1}^{6} W(n)} \qquad (F\text{-}4)$$

式中　$S$——光环境指数，$0 \leqslant S \leqslant 100$；

　　　$S(n)$——第 $n$ 个评价项目的评分；

　　　$W(n)$——第 $n$ 个评价项目的权重。

（4）评价结果与质量等级

以戊$_{10}$-31100 机巷掘进工作面和戊$_{10}$-31100 机巷掘进工作面作为评价对象。掘进四队一分队（负责戊$_{10}$-31100 机巷掘进）分发 33 份调查问卷，收回 28 份；掘进四队二分队（负责戊$_{10}$-31010 机巷掘进）分发 35 份调查问卷，收回 30 份。对调查结果进行统计，运用式（F-3）和式（F-4）进行计算，计算结果见表 F-10 和表 F-11 所示。

表 F-10　　　　　　　　　　戊$_{10}$-31100 机巷光环境指数计算表

| 项目编号 $n$ | 评价权重 $W(n)$ | 状态编号 $m$ | 状态分值 $P(m)$ | 评价项目 $n$ 的第 $m$ 个状态所得票数 $V(n,m)$ | 评价项目 $n$ 所得的总票数 $\sum V(n,m)$ | 项目 $n$ 评分 $S(n)$ | 计权后的项目评分 | 光环境指数 $S$ |
|---|---|---|---|---|---|---|---|---|
| 1 | 0.23 | 1 | 0 | 0 | 28 | 72.14 | 10.16 | 30.43 |
| | | 2 | 10 | 2 | | | | |
| | | 3 | 50 | 12 | | | | |
| | | 4 | 100 | 14 | | | | |
| 2 | 0.17 | 1 | 0 | 22 | 28 | 6.43 | 0.66 | |
| | | 2 | 10 | 3 | | | | |
| | | 3 | 50 | 3 | | | | |
| | | 4 | 100 | 0 | | | | |
| 3 | 0.20 | 1 | 0 | 0 | 28 | 69.29 | 8.69 | |
| | | 2 | 10 | 4 | | | | |
| | | 3 | 50 | 10 | | | | |
| | | 4 | 100 | 14 | | | | |
| 4 | 0.14 | 1 | 0 | 2 | 28 | 37.50 | 3.14 | |
| | | 2 | 10 | 10 | | | | |
| | | 3 | 50 | 13 | | | | |
| | | 4 | 100 | 3 | | | | |
| 5 | 0.12 | 1 | 0 | 2 | 28 | 58.93 | 4.44 | |
| | | 2 | 10 | 5 | | | | |
| | | 3 | 50 | 10 | | | | |
| | | 4 | 100 | 11 | | | | |
| 6 | 0.14 | 1 | 0 | 3 | 28 | 48.21 | 4.00 | |
| | | 2 | 10 | 5 | | | | |
| | | 3 | 50 | 14 | | | | |
| | | 4 | 100 | 6 | | | | |

**表 F-11** $\qquad$ 戊$_{10}$-31010 机巷光环境指数计算表

| 项目编号 $n$ | 评价权重 $W(n)$ | 状态编号 $m$ | 状态分值 $P(m)$ | 评价项目 $n$ 的第 $m$ 个状态所得票数 $V(n,m)$ | 评价项目 $n$ 所得的总票数 $\sum V(n,m)$ | 项目 $n$ 评分 $S(n)$ | 计权后的项目评分 | 光环境指数 $S$ |
|---|---|---|---|---|---|---|---|---|
| 1 | 0.23 | 1 | 0 | 2 | 30 | 64.67 | 9.11 | |
| | | 2 | 10 | 4 | | | | |
| | | 3 | 50 | 10 | | | | |
| | | 4 | 100 | 14 | | | | |
| 2 | 0.17 | 1 | 0 | 25 | 30 | 4.33 | 0.45 | |
| | | 2 | 10 | 3 | | | | |
| | | 3 | 50 | 2 | | | | |
| | | 4 | 100 | 0 | | | | |
| 3 | 0.20 | 1 | 0 | 1 | 30 | 60.67 | 7.61 | |
| | | 2 | 10 | 7 | | | | |
| | | 3 | 50 | 9 | | | | 27.53 |
| | | 4 | 100 | 13 | | | | |
| 4 | 0.14 | 1 | 0 | 7 | 30 | 34.00 | 2.85 | |
| | | 2 | 10 | 7 | | | | |
| | | 3 | 50 | 13 | | | | |
| | | 4 | 100 | 3 | | | | |
| 5 | 0.12 | 1 | 0 | 4 | 30 | 50.67 | 3.82 | |
| | | 2 | 10 | 7 | | | | |
| | | 3 | 50 | 9 | | | | |
| | | 4 | 100 | 10 | | | | |
| 6 | 0.14 | 1 | 0 | 4 | 30 | 50.00 | 4.15 | |
| | | 2 | 10 | 5 | | | | |
| | | 3 | 50 | 13 | | | | |
| | | 4 | 100 | 8 | | | | |

项目评分和光环境指数的计算结果,分别表示光环境各评价项目特征及总的光照质量水平。各个项目评分及光环境质量指数越大,表示光环境存在的问题越大,即其质量越差。为了便于分析和确定评价结果,将光环境质量按光环境指数的范围分为 4 个质量等级,其质量等级的划分及其含义见表 F-12。

从计算结果看,戊$_{10}$-31100 机巷光环境指数 $S$ 为 30.43,戊$_{10}$-31010 机巷光环境指数 $S$ 为 27.53。依据表 F-12 质量等级判定,两个工作面光环境质量等级均为 3 级,照明环境问题较大。其中,戊$_{10}$-31100 机巷掘进工作面的问题相对于戊$_{10}$-31010 机巷问题更大,为了提高工人的工作积极性和工作效率,照明环境应该加以改善。

| 表 F-12 | | 质量等级 | | |
|---|---|---|---|---|
| 光环境指数 S | $S = 0$ | $0 < S \leqslant 10$ | $10 < S \leqslant 50$ | $S > 50$ |
| 质量等级 | 1 | 2 | 3 | 4 |
| 意义 | 毫无问题 | 稍有问题 | 问题较大 | 问题很大 |

## 二、掘进工作面矿工热舒适性及生理特征研究

人体在不同的外界环境条件下,各器官因受环境刺激而产生不同感觉,经过大脑神经系统整合后形成的总体感觉的适宜或不适程度,就是人体舒适性。

热舒适(thermal comfort)这个术语在研究人体对热环境的主观反应和适应程度时被广泛应用。ASHRAE(American Society of Heating Refrigerating and Airconditioning Engineers,美国采暖、制冷与空调工程师协会)手册中对热舒适的明确定义为:热舒适是对热环境表示满意的意识状态。

矿工热舒适性是指矿井工人在井下进行作业时,其对矿内热环境(本书指煤矿井下热环境)的舒适感觉性。矿工热舒适性与矿工生理、心理状态以及工作效率有着密切的联系。矿井热害会使矿工感到不适,从而降低劳动生产率,增加事故率,严重时会导致人的生理、心理反应失常、中暑。新陈代谢量变化量、体温变化量和出汗量是反映矿工热舒适性的指标。

### (一)矿工热平衡方程

影响矿工热舒适性的主要因素有 6 个,其中与环境有关的有 4 个因素:空气温度、风速、相对湿度及环境热辐射;与矿工有关的有 2 个因素:人体新陈代谢量(活动量)及服装热阻。人体的热源有:一是人体本身的代谢产热;二是外界环境的热量作用于人体。人体可以通过辐射、对流、蒸发、传导等形式与外界环境进行热交换以保持机体的热平衡。在一般正常的情况下,人体可以依赖其自身的调节功能,使产生的热量与散发的热量直接保持着一个动态的平衡关系,使体温维持在 36～37 ℃。人体与周围环境之间的热平衡可用下式表示:即

$$S = M - R - C - E - W - G \qquad (F-5)$$

式中　$S$——人体所积蓄的热量,$W/m^2$;

$\quad\quad M$——人体新陈代谢产热量,取决于人体的活动量大小,$W/m^2$;

$\quad\quad R$——人体与环境的辐射热交换量,可能为正,也可能为负,$W/m^2$;

$\quad\quad C$——人体与环境的对流热交换量,当空气温度低于人体表面温度时,$C$ 为正值,反之为负值,$W/m^2$;

$\quad\quad E$——人体由于呼吸、皮肤表面水分蒸发及出汗所所带走的热量,$W/m^2$;

$\quad\quad W$——人体用于做功所消耗的热量,$W/m^2$;

$\quad\quad G$——人体导热换热量,$W/m^2$。

在稳定的环境下,式(F-5)中的 $S$ 应为零。在此状态下,人能保持能量平衡,能感到舒适。当外界环境影响较大时,这种动态平衡就难以保持,人的体温将出现升高($S > 0$)或降低($S < 0$),人体感到不舒适,严重时可能出现各种疾病或者死亡。

• 矿工新陈代谢量计算。平煤一矿掘进工作面工人劳动强度一般属中等偏上强度,故

$M$ 为：

$$M = 352.2 \times (0.23R_Q + 0.77)V_{O_2}/A \qquad (F\text{-}6)$$

式中　$R_Q$——呼吸熵，即呼出 $CO_2$ 量与吸入 $O_2$ 量之比，一般取值 $0.83\sim1.0$，本书取 $0.85$；

$V_{O_2}$——人体耗氧量，以标准状态计算，$L/min$，对矿工取 $0.8\sim1.5\ L/min$，平煤一矿井下掘进工作面比较闷热和潮湿，取值可以稍大，取 $1.2\ L/min$；

$A$——人体表面积，$m^2$。

中国人体表面面积为：

$$A = 0.61h + 0.012\,8w - 0.152\,9 \qquad (F\text{-}7)$$

式中　$h$——人体身高，$m$；

$W$——人体体重，$kg$。

● 人体与环境的辐射热交换量计算。井下矿工与环境的辐射换热量为：

$$R = 0.093A \times 0.8(t_s - t_m) \qquad (F\text{-}8)$$

式中　$t_m$——环境平均辐射温度，$℃$，在井下采掘面一般比原始岩温低 $2\sim3\ ℃$；

$t_s$——人体皮肤平均温度，$℃$。

人体的皮肤的平均温度是干球温度和湿球温度、气流速度及环境的平均辐射温度的函数。当人在处于静止空气中不作运动时，其平均皮肤温度可根据 B·吉沃尼所绘制的如图 F-11 所示的平均皮肤温度计算图查得。在其他条件下，再进行修正。

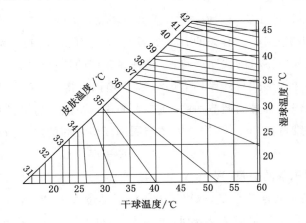

图 F-11　在静止空气中休息时的平均皮肤温度计算图

对于气流速度高于 $0.15\ m/s$ 的修正值为：

$$\Delta t_{s(v)} = 0.282(v - 30)^{0.2}[(t_a - ST_s)^{0.2} - 0.51] \qquad (F\text{-}9)$$

式中　$\Delta t_{s(v)}$——相对于静止空气时的皮肤温度的变化量，$℃$；

$ST_s$——在静止空气中休息时的皮肤温度，$℃$，可由图 F-11 查得；

$t_a$——井下空气温度，$℃$；

$v$——气流速度，$m/s$。

从图 F-11 查得的皮肤温度单位是华氏（$℉$），然后利用华氏和摄氏的关系式 $1\ ℉ = (9/5)℃ + 32$ 进行换算。

而当遇到平均辐射温度与空气温度不同时,可利用下式计算出另一个修正值,即:

$$\Delta t_{s(R)} = 0.057R \tag{F-10}$$

式中　$\Delta t_{s(R)}$——修正值,℃;

　　　$R$——平均辐射温度与空气温度之差值,℃。

则皮肤温度 $t_s$ 的计算公式为:

$$t_s = \Delta t_{s(v)} + \Delta t_{s(R)} \tag{F-11}$$

• 对流换热量。对流换热量取决于周围的气流速度,通常认为是与气流速度的平方根成正比,也有的学者认为取气流速度的 0.3 次方值较为合适。对流换热量是空气温度与皮肤平均温度之差值$(t_a - t_s)$的线性函数。其计算公式为:

$$C_1 = 0.1A\alpha(0.5 + v^{1/2})(t_a - t_s) \tag{F-12}$$

$$C_2 = 0.12A\alpha(0.273 + v^{1/2})(t_a - t_s) \tag{F-13}$$

式中　$\alpha$——衣着修正系数,见表 F-13。

表 F-13　　　　　　　　　　　　　衣着修正系数 $\alpha$

| 衣着 | $\alpha$ |
|---|---|
| 半裸(短衣) | 26.9 |
| 短裤＋短袖衬衣 | 22.0 |
| 长裤＋长袖衬衣 | 19.7 |

当气流速度小于 0.6 m/s 时,采用式(F-12)计算;而当气流速度大于 0.6 m/s 时,采用式(F-13)计算。本书所选两个掘进工作面的风速均超过 0.6 m/s,故采用式(F-13)计算。

从式(F-12)和式(F-13)可以看出,当皮肤温度高于周围空气温度时,由皮肤表面向空气中散热;反之则吸收热量。

• 人体蒸发散热量计算。人体蒸发散热包括呼吸时潜热损失和显热损失,以及皮肤蒸发水分造成的热损失。

呼吸时的潜热损失为:

$$E_{rs} = 0.017\ 3M(5.87 - \varphi p_{ab}) \tag{F-14}$$

呼吸时的显热损失为:

$$C_{rs} = 0.001\ 4M(34 - t_a) \tag{F-15}$$

皮肤蒸发水分造成的热损失为:

$$E_s = L_e\alpha_c(0.06 + 0.94W_s)(p_{sb} - p_{ab})F_P \tag{F-16}$$

则人体蒸发散热量为:

$$E = E_{rs} + C_{rs} + E_s \tag{F-17}$$

式中　$M$——人体新陈代谢产热量,W/m²,由式(F-6)计算得出;

　　　$\varphi$——相对湿度,%;

　　　$p_{ab}$——空气温度 $t_a$ 对应的水蒸气饱和分压,kPa;

$L_e$——刘易斯数,矿井条件取 14.9 ℃/kPa;

$\alpha_c$——对流换热系数,$\alpha_c = 1.202B^{0.5}v^{0.5}$,$B$ 为大气压,kPa;

$W_s$——皮肤湿度,%;

$p_{sb}$——皮肤温度 $t_s$ 所对应的水蒸气饱和分压,kPa;

$F_p$——服装的渗透系数,取 0.34;

• 矿工做功量计算。矿工做功量计算公式为:

$$W = \eta M \tag{F-18}$$

式中　$\eta$——做功量占新陈代谢的比例,%,取 5% 左右;

$M$——新陈代谢量。

• 人体导热换热量。由于人体表面传热一般很小,因为人体与固体接触面很小。如果二者之间有隔热层(如手套)时,传热就更小,因此人体导热换热量可以忽略不计。

把式(F-8)、式(F-10)、式(F-14)~式(F-18)代入式(F-5),得:

$$S = (1-\eta)M - 0.093A \times 0.8(t_s - t_m) - 0.12A\alpha(0.273 + v^{1/2})(t_a - t_s) -$$
$$0.017\,3M(5.87 - \varphi p_{ab}) - 0.001\,4M(34 - t_a) -$$
$$5.066\alpha_c(0.06 + 0.94W_s)(p_{sb} - p_{ab}) \tag{F-19}$$

式(F-19)即为矿工热平衡方程。

1. 矿工热舒适方程

从式(F-19)可看出,矿工在井下能感觉到舒适,理想状态是人体无蓄热量,即 $S=0$。但是,影响 $S$ 的因素很多,当其中某一或多个因素发生变化时,就会使 $S \neq 0$,而此时要使 $S=0$,唯一的办法就是人体的自身调节,但人体自身的调节是有限度的。矿工舒适性有 3 个基本条件,即人体蓄热量 $S=0$;平均皮肤温度 $t_s \leqslant 35.7$ ℃;皮肤湿度 $W_s \leqslant 50\%$。

代入式(F-19),则:

$$(1-\eta)M - 0.093A \times 0.8(35.7 - t_m) - 0.12A\alpha(0.273 + v^{1/2})(t_a - t_s) -$$
$$0.017\,3M(5.87 - \varphi p_{ab}) - 0.001\,4M(34 - t_a) -$$
$$2.685\alpha_c(p_{sb} - p_{ab}) = 0 \tag{F-20}$$

式(F-20)即为矿工热舒适方程,是具有普遍意义的矿工热舒适方程。从式(F-20)中可以看出,$p_{ab}$ 与 $t_a$ 有关,$\alpha_c$ 与风速 $v$ 有关。因此,根据式(F-20)就可以求出使工人舒适的气候条件 $t_a$、$v$、$\varphi$。

2. 矿工热舒适性评价

矿工热舒适性评价的指标和方法有很多,常见的有标准有效温度(SET),等效温度、黑球温度、卡他度、过度活动状态的热舒适指标、热应力指标(HSI)、热感觉等级(TSS)以及预测平均热感觉指标 PMV。

其中,预测平均热感觉指标 PMV(predicted mean vote)是由丹麦哥本哈根大学的 Fanger 教授提出,被公认为一种比较全面评价热环境舒适性的指标,并于 1984 年作为了 ISO-7730 标准被国际化。

Fanger 设想人体热负荷的变化必然会带来对温冷感觉的差异,故用温冷感觉值 $Y$ 作为作用温度的函数,如知道与作用温度变化量对应的人体热负荷的变化量,就能求出人体的热负荷与温冷感觉值 $Y$ 之间的微分关系式。Fanger 通过大量的受试人员的实验调查结果分析,求出各种 $\Delta Y/\Delta L$ 值,经过数理统计后得出:

$$\frac{\partial Y}{\partial L} = 0.303\mathrm{e}^{-0.036M} + 0.027\,5 \tag{F-21}$$

式中　$L$——作用在人体上的热负荷,W/m$^2$;

　　　$M$——新陈代谢量,W/m$^2$。

　　式(F-21)中代入初始条件 $L=0$ 时,$Y=0$,积分后求出 $Y$,并将其命名为 PMV:

$$\mathrm{PMV} = [0.303\mathrm{e}^{-0.036M} + 0.027\,5]L \tag{F-22}$$

上述方程可以计算人在各种衣着和活动状态下对热环境的舒适感觉,该方程综合反映了稳定热环境下,人的活动、衣着、环境的空气温度、相对湿度、风速与辐射温度等因素的关系及其综合影响,并从心理学角度将热感觉等级分为 7 级,舒适的状态处在等级中心,PMV 值范围为 $-3\sim+3$。PMV 值与温冷感觉的对应关系见表 F-14 所示。

表 F-14　　　　　　　　　　　　　PMV 值与温冷感觉的对应关系

| 级别 | I | II | III | IV | V | VI | VII |
|------|-----|-----|-----|-----|-----|-----|-----|
| PMV | +3 | +2 | +1 | 0 | -1 | -2 | -3 |
| 温冷感觉 | 热 | 暖和 | 稍暖 | 中性舒适 | 稍凉快 | 凉 | 冷 |

对于矿工来说,$L=S$,即:

$$\begin{aligned}
\mathrm{PMV} = &[0.303\mathrm{e}^{-0.036M} + 0.0275][(1-\eta)M - 0.093A \times 0.8(t_\mathrm{s} - t_\mathrm{m}) - \\
&0.12A\alpha(0.273 + v^{1/2})(t_\mathrm{a} - t_\mathrm{s}) - 0.0173M(5.87 - \varphi p_\mathrm{ab}) - \\
&0.001\,4M(34 - t_\mathrm{a}) - 5.066\alpha_\mathrm{c}(0.06 + 0.94W_\mathrm{s})(p_\mathrm{sb} - p_\mathrm{ab})]
\end{aligned} \tag{F-23}$$

PMV 指标代表了对同一工作环境下绝大多数矿工的舒适感觉,利用 PMV 指标能够预测高温环境下矿工的热反应。

Fanger 进一步统计受试人员中对热感觉 PMV 值在 $-1\sim+1$ 以外的人,并与 PMV 建立函数关系,将其定义为预测不满足率 PPD(predicted percentage of dissatisfied),即:

$$\mathrm{PPD} = 100 - 95\exp[-(0.033\,53\mathrm{PMV}^4 + 0.217\,9\mathrm{PMV}^2)] \tag{F-24}$$

PMV 值和 PPD 值的出现,进一步扩充了改温热环境指标在评价技术与环境设计中的应用,既满足对一般性预测和评价的要求,又满足该环境下个性化预测和评价的要求。

由于人与人之间的各种生理和心理上的差异,每个矿工对热感觉不尽相同,故可用 PPD 指标来表示对热环境的不满意的百分数。由 PPD 公式可知,即使是在 PMV$=0$ 这一理论上最佳的环境状态,也会有 5% 的人对该环境不满意,而 ISO7730 对 PMV 与 PPD 的推荐值为 PPD$<10\%$,PMV 值在 $-0.5\sim+0.5$,相当于在所测试的人群中允许有 10% 的人感到不满意,PMV 与 PPD 之间的关系如图 F-12 所示。

3. 矿工热舒适性指标现场测定及其分析

结合 2010 年 11—12 月间对平煤一矿进行的调查,以戊$_{10}$-31100 机巷和戊$_{10}$-31010 机巷

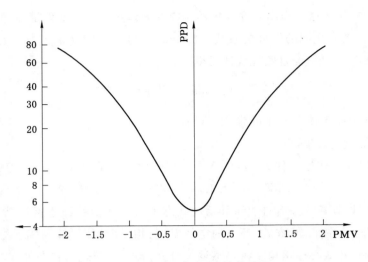

图 F-12  PMV 与 PPD 的关系图

为例,分别从新陈代谢量变化量和体温变化量两个方面对矿工的热舒适性指标进行了现场测定、分析。

(1) 矿工新陈代谢量变化量测定及其分析

戊$_{10}$—31100 机巷掘进工作面风流中所测温度高达 30～31 ℃,风速为 0.9 m/s 左右,相对湿度高达 80%～90%,热害较为严重;戊$_{10}$-31010 机巷掘进工作面夏季风流中所测温度达 28～30 ℃,风速为 0.85 m/s 左右,相对湿度也接近 80%,热害虽没有戊$_{10}$-31100 机巷那么严重,温热环境同样存在问题。

在研究过程中,对戊$_{10}$-31100 机巷和戊$_{10}$-31010 机巷两个掘进工作面的矿工身高、体重(下井前后)进行了共计 30 个工作班的测定,计算出其平均值,并利用式(F-6)和式(F-7)对所测数据计算其新陈代谢量,测定及计算结果见表 F-15 和表 F-16。

表 F-15  戊$_{10}$-31100 机巷掘进工作面矿工新陈代谢变化量计算表

| 矿工编号 | 年龄 | 工龄 | 身高/m | 下井前体重/kg | 升井后体重/kg | 下井前新陈代谢量/(W·m$^{-2}$) | 升井后新陈代谢量/(W·m$^{-2}$) | 升井后较下井前体重减轻量/kg |
|---|---|---|---|---|---|---|---|---|
| 1 | 46 | 24 | 1.81 | 79.0 | 77.8 | 207.94 | 209.55 | 1.2 |
| 2 | 31 | 11 | 1.76 | 69.0 | 66.2 | 226.21 | 230.72 | 2.8 |
| 3 | 41 | 25 | 1.72 | 69.0 | 68.1 | 229.31 | 230.74 | 0.9 |
| 4 | 41 | 24 | 1.65 | 52.3 | 50.1 | 267.92 | 272.87 | 2.2 |
| 5 | 30 | 4 | 1.79 | 81.0 | 78.5 | 206.53 | 209.91 | 2.5 |
| 6 | 30 | 2 | 1.66 | 47.5 | 44.6 | 278.03 | 285.24 | 2.9 |

| 矿工编号 | 年龄 | 工龄 | 身高/m | 下井前体重/kg | 升井后体重/kg | 下井前新陈代谢量/(W·m⁻²) | 升井后新陈代谢量/(W·m⁻²) | 升井后较下井前体重减轻量/kg |
|---|---|---|---|---|---|---|---|---|
| 7 | 39 | 21 | 1.75 | 56.5 | 54.1 | 249.15 | 253.91 | 2.4 |
| 8 | 25 | 7 | 1.77 | 77.0 | 75.2 | 213.38 | 215.98 | 1.8 |
| 9 | 41 | 19 | 1.66 | 54.0 | 51.2 | 263.11 | 269.34 | 2.8 |
| 10 | 22 | 2 | 1.74 | 68.5 | 65.7 | 228.57 | 233.25 | 2.8 |
| 11 | 30 | 1 | 1.75 | 66.0 | 64.2 | 231.93 | 235.08 | 1.8 |
| 12 | 35 | 8 | 1.67 | 79.2 | 76.6 | 217.10 | 221.03 | 2.6 |
| 13 | 50 | 30 | 1.64 | 58.5 | 56.7 | 255.63 | 259.42 | 1.8 |
| 14 | 32 | 11 | 1.73 | 67.5 | 65.5 | 231.01 | 234.33 | 2.0 |
| 15 | 28 | 1 | 1.74 | 68.5 | 66.8 | 228.57 | 231.34 | 1.7 |
| 16 | 27 | 7 | 1.80 | 81.2 | 79.2 | 205.63 | 208.27 | 2.0 |
| 17 | 28 | 2 | 1.72 | 59.5 | 58.5 | 246.13 | 248.14 | 1.0 |
| 18 | 21 | 2 | 1.69 | 56.0 | 53.4 | 255.87 | 261.22 | 2.6 |
| 19 | 31 | 2 | 1.71 | 66.8 | 64.2 | 233.81 | 238.33 | 2.6 |
| 20 | 48 | 30 | 1.76 | 72.2 | 70.6 | 221.19 | 223.64 | 1.6 |
| 21 | 39 | 8 | 1.70 | 66.2 | 64.2 | 235.67 | 239.19 | 2.0 |
| 22 | 32 | 2 | 1.75 | 72.4 | 69.9 | 221.61 | 225.51 | 2.5 |
| 23 | 44 | 24 | 1.77 | 80.4 | 77.3 | 208.63 | 212.95 | 3.1 |
| 24 | 37 | 5 | 1.68 | 62.2 | 60.1 | 244.63 | 248.64 | 2.1 |
| 25 | 38 | 5 | 1.73 | 59.3 | 56.3 | 245.61 | 251.35 | 3.0 |
| 26 | 45 | 24 | 1.78 | 81.8 | 78.6 | 206.10 | 210.48 | 3.2 |
| 27 | 30 | 10 | 1.68 | 57.5 | 55.7 | 253.78 | 257.42 | 1.8 |
| 28 | 33 | 12 | 1.66 | 61.0 | 59.9 | 248.74 | 250.93 | 1.1 |
| 29 | 42 | 26 | 1.73 | 71.2 | 68.8 | 224.98 | 228.86 | 2.4 |
| 30 | 27 | 10 | 1.74 | 68.4 | 65.3 | 228.73 | 233.90 | 3.1 |
| 31 | 32 | 9 | 1.72 | 67.5 | 65.0 | 231.81 | 236.10 | 2.5 |
| 32 | 42 | 20 | 1.70 | 60.4 | 57.1 | 246.23 | 252.64 | 3.3 |
| 33 | 28 | 2 | 1.77 | 76.0 | 73.4 | 214.81 | 218.70 | 2.6 |
| 平均值 | 35 | 12 | | | | 233.59 | 237.54 | 2.26 |

表 F-16　　　　戊₁₀-31010 机巷掘进工作面矿工新陈代谢变化量计算表

| 矿工编号 | 年龄 | 工龄 | 身高/m | 下井前体重/kg | 升井后体重/kg | 下井前新陈代谢量/(W·m⁻²) | 升井后新陈代谢量/(W·m⁻²) | 升井后较下井前体重减轻量/kg |
|---|---|---|---|---|---|---|---|---|
| 1 | 45 | 21 | 1.73 | 75.8 | 73.3 | 217.91 | 221.76 | 2.5 |
| 2 | 48 | 27 | 1.70 | 59.8 | 57.7 | 247.38 | 251.48 | 2.1 |
| 3 | 33 | 9 | 1.76 | 78.8 | 76.9 | 211.50 | 214.26 | 1.9 |
| 4 | 28 | 8 | 1.81 | 85.4 | 83.1 | 199.61 | 202.51 | 2.3 |
| 5 | 30 | 6 | 1.70 | 72.2 | 69.0 | 225.66 | 230.93 | 3.2 |
| 6 | 39 | 22 | 1.68 | 65.5 | 64.3 | 238.59 | 240.73 | 1.2 |
| 7 | 33 | 13 | 1.70 | 64.5 | 62.6 | 238.67 | 242.11 | 1.9 |
| 8 | 28 | 1 | 1.66 | 67.2 | 66.6 | 237.26 | 238.39 | 0.6 |
| 9 | 30 | 2 | 1.68 | 66.8 | 65.1 | 236.29 | 239.31 | 1.7 |
| 10 | 45 | 26 | 1.77 | 79.2 | 77.7 | 210.28 | 212.44 | 1.5 |
| 11 | 26 | 1 | 1.65 | 57.2 | 54.2 | 257.33 | 263.63 | 3.0 |
| 12 | 27 | 5 | 1.70 | 62.4 | 59.6 | 242.49 | 247.76 | 2.8 |
| 13 | 47 | 24 | 1.72 | 70.8 | 70.2 | 226.38 | 227.37 | 0.6 |
| 14 | 32 | 3 | 1.68 | 58.8 | 56.4 | 251.18 | 255.93 | 2.4 |
| 15 | 25 | 3 | 1.66 | 59.2 | 56.9 | 252.28 | 256.97 | 2.3 |
| 16 | 28 | 2 | 1.71 | 60.8 | 60.1 | 244.58 | 245.98 | 0.7 |
| 17 | 27 | 3 | 1.70 | 59.2 | 58.5 | 248.53 | 249.89 | 0.7 |
| 18 | 32 | 7 | 1.75 | 73.4 | 70.1 | 220.08 | 225.14 | 3.3 |
| 19 | 43 | 17 | 1.72 | 70.8 | 69.4 | 226.38 | 228.70 | 1.4 |
| 20 | 20 | 1 | 1.65 | 57.2 | 54.9 | 257.33 | 262.30 | 2.3 |
| 21 | 48 | 24 | 1.68 | 65.0 | 63.0 | 239.49 | 243.14 | 2.0 |
| 22 | 42 | 15 | 1.66 | 58.0 | 54.8 | 254.70 | 261.38 | 3.2 |
| 23 | 33 | 3 | 1.77 | 68.5 | 67.6 | 226.25 | 227.66 | 0.9 |
| 24 | 43 | 24 | 1.75 | 71.9 | 71.1 | 222.39 | 223.65 | 0.8 |
| 25 | 42 | 15 | 1.72 | 66.8 | 64.2 | 233.00 | 237.47 | 2.6 |
| 26 | 23 | 5 | 1.70 | 62.9 | 60.7 | 241.57 | 245.62 | 2.2 |
| 27 | 51 | 30 | 1.68 | 59.4 | 57.1 | 250.00 | 254.54 | 2.3 |
| 28 | 36 | 10 | 1.82 | 83.5 | 81.1 | 201.40 | 204.56 | 2.4 |
| 29 | 28 | 8 | 1.69 | 62.0 | 59.4 | 244.11 | 249.03 | 2.6 |
| 30 | 21 | 3 | 1.66 | 56.7 | 55.7 | 257.38 | 259.54 | 1.0 |
| 31 | 30 | 3 | 1.73 | 68.8 | 66.2 | 228.86 | 233.13 | 2.6 |
| 32 | 41 | 14 | 1.75 | 72.3 | 69.9 | 221.77 | 225.53 | 2.4 |
| 33 | 29 | 3 | 1.76 | 64.1 | 62.0 | 234.36 | 238.10 | 2.1 |
| 34 | 27 | 2 | 1.78 | 80.5 | 78.2 | 207.84 | 210.99 | 2.3 |
| 35 | 24 | 1 | 1.80 | 80.7 | 78.2 | 206.29 | 209.63 | 2.5 |
| 平均值 | 34 | 10 | | | | 233.12 | 236.62 | 2.01 |

从表 F-15 和表 F-16 可以看出：

① 两个掘进工作面所有工人在经过一个班时间的体力劳动升井之后，体重比下井前减轻了。说明经过井下长时间体力劳动之后，体重减轻，体能下降是普遍现象。

② 戊$_{10}$-31100 机巷掘进工作面的工人下井前新陈代谢量平均值为 233.59 W/m$^2$，升井之后平均值为 237.54 W/m$^2$；戊$_{10}$-31010 机巷掘进工作面的工人下井前新陈代谢量平均值为 233.12 W/m$^2$，升井之后平均值为 236.62 W/m$^2$，从井下作业对工人体力消耗的角度来讲，说明两个工作面劳动强度都较大。

③ 身材相对矮小、体重较轻的工人新陈代谢量普遍比较高，身高在 1.75 m 以下、体重小于 70 kg 的工人新陈代谢量几乎都在 230 W/m$^2$ 以上；而身高较高、体重较大的工人新陈代谢量就比较低，身高在 1.75 m 以上、体重大于 70 kg 的工人新陈代谢量均小于 230 W/m$^2$。

④ 戊$_{10}$-31100 机巷掘进工作面工人经过 9 h 工作升井后的平均体重比下井前小少 2.26 kg，平均新陈代谢量增加 3.96 W/m$^2$；戊$_{10}$-31010 机巷掘进工作面工人经过 9 h 工作升井后的平均体重比下井前少 2.01 kg，平均新陈代谢量增加 3.50 W/m$^2$，说明工作环境中温度越高、湿度越大，所消耗的体能也就越大。

（2）矿工体温变化量测定及其分析

在研究的过程中，对戊$_{10}$-31100 机巷和戊$_{10}$-31010 机巷两个掘进工作面工人的体温进行了共计 30 个班的跟班实测，计算其平均值。

从测定结果可以看出：

① 矿工高强度的体力劳动直接影响着体温，是造成体温升降的主要影响因素；而环境热应力影响着周围环境与皮肤的热交换，从而影响到体温的变化，是间接影响因素。

② 矿工在井下工作时体温普遍比下井前要高。也就是说，当井下空气温度较高时，人体体温与气温相差不大，对流散热减少，主要靠蒸发散热来维持体温平衡；当遇到相对湿度比较大时，蒸发也较慢，这时人体体温将会升高。经过几个小时的工作，矿工升井之后的体温又会稍微回落。

③ 矿工体温的变化趋势与其新陈代谢量的变化趋势基本保持一致。

我们从从矿工的热平衡方程、热舒适方程、热舒适性评价等方面对矿工热舒适性进行了研究，对现场实测的矿工体重、新陈代谢量及体温进行统计分析，从而了解了其变化规律。主要研究如下：

第一，从矿工的热舒适度分析和热舒适度评价来看，掘进工作面的温度、湿度、风速等因素是影响矿工热舒适度的关键因素，要想是作业工人少受其热害的影响，就建议煤矿企业加大资金投入，大力改善工人作业环境，提高工人的工作效率。

第二，从矿工的新陈代谢的测定及分析，可以了解作业工人作业期间的能量损耗及能量损耗与劳动强度之间的关系，为工人班中加餐或班中休息等合理化建议提供理论支撑。

第三，通过对矿工的热舒适度及新陈代谢的分析和研究，下一步对作业工人的舒适度、可靠性研究奠定了基础。

### （二）矿工血压及心率变化规律的研究

1. 血压的定义及影响因素

血压指血管内的血液对于单位面积血管壁的侧压力,即压强。通常所说的血压是指动脉血压。心室收缩,血液从心室流入动脉,此时血液对动脉的压力最高,称为收缩压(systolic blood pressure,SBP),俗称高压;心室舒张,动脉血管弹性回缩,血液仍慢慢继续向前流动,但血压下降,此时的压力称为舒张压(diastolic blood pressure,DBP),也就是低压。

通常情况下影响血压变化的因素主要有:

（1）身高

身体越高,心脏便需要更大压力去泵出血液,令血液能流遍全身。

（2）年龄

年纪越轻,新陈代谢率越高,血流量较大,心脏需要较大压力泵血,随着年龄增长,血压会有上升的趋势。

（3）血黏度（血液密度）

血液越黏稠,心脏需要越大压力泵出血液。

（4）姿势

因受重力原理影响站立时血压高于坐姿血压,而坐姿时的血压又高于平躺时之血压。

（5）血管质素

血管如果变窄,血液较难通过,心脏便需要更大压力泵出血液。

（6）环境因素

因为环境会影响到人的生理和心理状态的变化,从而影响人的血压变化,同时由环境因素的多变性决定了它成为影响人体血压变化的重要因素之一。

2. 血压升高的危害

据临床研究发现,高血压是动脉硬化的主要危险因素之一,如心脏血管硬化可能产生冠心病,出现心绞痛或心肌梗死;脑动脉硬化会造成脑出血和脑梗死;眼动脉硬化,可造成眼底出血,甚至失明;特别是已有冠心病或脑动脉硬化的患者,如因情绪或周围环境的突然变化,常可能引起血压的骤然升高,导致血管阻塞,就引起心肌梗死或脑梗死,还可能破裂引起脑出血,出现偏瘫失语,甚至危及生命。长时间处于恶劣的环境当中,可能会导致血压升高,这就为工作中的工人的安全构成了严重威胁。

3. 研究掘进工作面作业工人血压变化的意义

基于影响人体血压的环境因素及血压升高的危害极大,我们研究掘进工作面作业工人的血压变化就显得格外重要。其原因有:其一,是因为掘进工作面环境复杂,粉尘、温度、湿度、风速、噪声等因素都会对人的生理和心理构成极大的威胁,从而影响人体血压的变化;其二,随着作业工人工作时间的增长,其体能将大量消耗,这将对他们血压变化产生较大的影响。同时,研究掘进工作面作业工人血压的变化规律将有助于了解工人的劳动负荷强度,有利于研究作业工人的安全行为,为作业工人创造安全的作业环境提供理论支撑,为煤矿实现安全高效生产提供保障。

4. 数据处理及变化规律研究

为此,我们选择了平煤一矿的两个掘进工作面(戊$_{10}$-31100 机巷和戊$_{10}$-31010 机巷)对作业工人的血压变化进行连续跟班实测。

在观测和数据统计的过程中发现,不同的工人的身体体质差异较大,决定了他们的生理特征存在较大差异,而年龄和工龄是决定他们个体差异的重要因素。为此,在研究作业工人的血压变化规律时,我们将分年龄段对其进行研究,结合矿工的实际情况,我们把观测的矿工分为 20～25 岁、26～30 岁、31～35 岁、36～40 岁、41～45 岁及 46 岁以上 6 个年龄段区间。

5. 作业工人血压整体变化趋势

首先,我们对各个年龄段进行作业工人血压随时间的变化趋势进行整体分析,根据测试的结果,各个年龄段取其血压的算术平均值,绘制出不同年龄作业工人高压与工作时间的变化趋势图及低压与工作时间的变化趋势图,分别如图 F-13 和图 F-14 所示。[①]

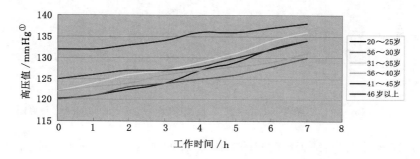

图 F-13　人体血压(高压)与工作时间的变化趋势

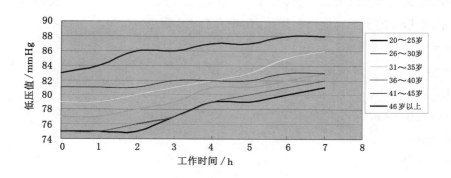

图 F-14　人体血压(低压)与工作时间的变化趋势

由于在一定的环境下,人体血压的变化随工作时间的变化趋势与作业工人的年龄是密切相关的,为形成对比研究,我们把不同年龄段工人血压的变化用不同的颜色表示。从以上两图可以看出,不同年龄段的工人其高压和低压的范围是不一样的,随着工作时间的增长,体能的消耗,他们血压的变化情况也是不一样的。从图中可以看出,随着作业工人年龄的增长,不管是高压还是低压大致都呈上升趋势,尤其低压上升趋势更加明显。另外,从图中还

---

① 1 mmHg＝133.32 Pa,下同。

可以看出,工人刚到井下开始工作时,其血压变化较慢,4 h 后随着作业工人工作时间的增长、体能的大量消耗,人体的血压变化开始变快。

6. 各年龄段作业工人血压变化趋势

为深入研究人体血压与工作时间之间的变化关系,我们将对各年龄段作业工人的血压变化与工作时间之间的关系逐一进行了研究,并对其变化趋势进行拟合,以准确找出各个年龄段作业工人每个时间段的血压变化的规律。

首先,对 20～25 岁年龄段的作业工人的血压与作业时间的变化规律进行分析。

人体血压(高压)的变化趋势与其工作时间的关系如图 F-15 所示。

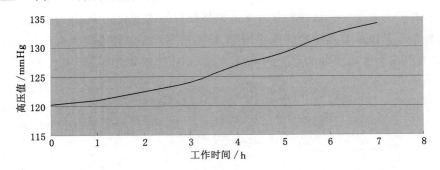

图 F-15　20～25 岁年龄段作业工人血压(高压)与工作时间的变化趋势图

从图 F-15 不难看出:随工作时间的推移,人体的血压(高压)逐渐升高,并且开始时上升较慢,4 h 后逐渐加快,最终基本稳定在一个范围之内。为了找出能切实反映出变化趋势的拟合曲线,先后用指数函数、二次函数进行拟合,并分别对两个拟合函数进行方差分析。

首先,作指数模型拟合曲线的图像,在 MATLAB 命令空间键入命令:

```
≫x=[0 1 2 3 4 5 6 7];
≫y=[120 121 122 124 127 129 132 134];
≫Ly=log(y);
≫p=polyfit(x,Ly,1);
≫b=p(1)
≫La=p(2);
≫a=exp(La)
≫x1=linspace(0,8,40);
≫y1=a*exp(b*x1);
≫plot(x,y,′r*′)
≫hold on
≫plot(x1,y1)
```

程序运行后,$a$ 和 $b$ 的结果为:

a=118.8956

b=0.0167

拟合曲线的方程为：

$$y = 118.895\,6e^{0.016\,7x} \qquad (F\text{-}25)$$

式中　$x$——矿工井下工作时间,h;

　　　$y$——矿工的血压(高压)值,mmHg。

其拟合曲线如图 F-16 所示。

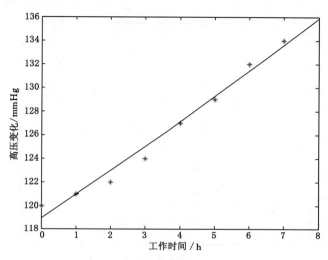

图 F-16　数据点与指数拟合图像

另外,从图 F-15 上分析,还可以用多项式模型来进行拟合。在 MATLAB 命令空间键入命令：

```
≫x=0:7;
≫y=[120,121,122,124,127,129,132,134];
≫x=x';
≫xx=[x.^2,x,ones(size(x))];
≫y=y';
≫a=xx\y
≫plot(x,y,'o');
≫x1=linspace(0,8,20);
≫y1=a(1)*x1.^2+a(2)*x1+a(3);
≫hold on
≫plot(x1,y1,'r—');
```

程序运行后：

```
a =

0.1369

1.1488

119.7083
```

即拟合曲线的方程为：

$$y = 0.136\ 9x^2 + 1.148\ 8x + 119.708\ 3 \qquad (F\text{-}26)$$

式中　$x$——矿工井下工作时间，h；

　　　$y$——矿工的血压（高压）值，mmHg。

其拟合曲线如图 F-17 所示。

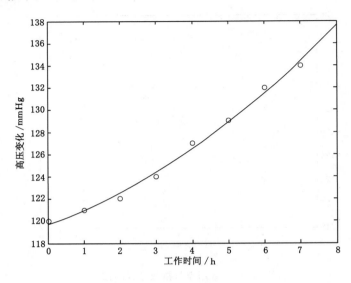

图 F-17　数据点与二次函数拟合图像

为了说明指数函数模型和二次函数模型的拟合的高低，对拟合的结果进行方差分析，见表 F-17。

从图 F-16 和图 F-17 可以明显看出，运用二次函数拟合比指数函数拟合更能反应其实际变化规律，效果更好。从表 F-17 我们对两个拟合函数进行方差分析的结果 3.642 5＞1.192 5 中也可以得到同样的结论。

表 F-17　　　　　　　　　　　指数函数模型和二次函数模型的方差分析

| $x$ | $y_1$ | $y_2$ | $y$ | $(y-y_1)^2$ | $(y-y_2)^2$ |
|---|---|---|---|---|---|
| 0 | 118.895 6 | 119.708 3 | 120 | 1.834 4 | 0.293 4 |
| 1 | 120.897 8 | 120.994 0 | 121 | 0.010 4 | 0.000 0 |
| 2 | 122.933 8 | 122.553 5 | 122 | 0.206 7 | 0.005 5 |
| 3 | 125.004 0 | 124.386 8 | 124 | 1.008 0 | 0.149 6 |
| 4 | 127.109 1 | 126.493 9 | 127 | 0.011 9 | 0.256 1 |
| 5 | 129.249 6 | 128.874 8 | 129 | 0.062 3 | 0.015 7 |
| 6 | 131.426 2 | 131.529 5 | 132 | 0.378 7 | 0.262 3 |
| 7 | 133.639 5 | 134.458 0 | 134 | 0.130 0 | 0.209 8 |
| 合　　计 | | | | 3.642 5 | 1.192 5 |

现利用同样的方法对 20～25 岁年龄段作业工人的血压(低压)与工作时间的变化关系进行分析,如图 F-18 所示。

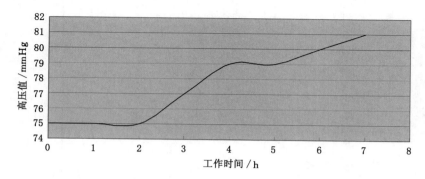

图 F-18　20～25 岁年龄段作业工人血压(低压)与工作时间的变化趋势图

从图中可以看出:随工作时间的增长,低压的变化与高压的变化具有大致相同的趋势,并将最终基本稳定在一个范围之内。为此,同样可用指数函数、二次函数先后进行拟合。

作指数模型拟合曲线的图像,在 MATLAB 命令空间键入命令:

```
≫x=[0 1 2 3 4 5 6 7];
≫y=[75 75 75 77 79 79 80 81];
≫Ly=log(y);
≫p=polyfit(x,Ly,1);
≫b=p(1)
≫La=p(2);
≫a=exp(La)
≫x1=linspace(0,8,40);
≫y1=a*exp(b*x1);
≫plot(x,y,′r*′)
≫hold on
≫plot(x1,y1)
```

程序运行后,a 和 b 的结果为:

a=74.2917

b=0.0124

拟合曲线的方程为:

$$y = 74.291\,76e^{0.012\,4x} \tag{F-27}$$

其拟合曲线如图 F-19 所示。

另外,从图像上分析,还可以用多项式模型来进行拟合。在 MATLAB 命令空间键入命令:

```
≫x=0:7;
```

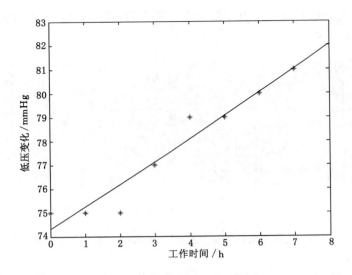

图 F-19　数据点与指数拟合图像

≫y＝[75,75,75,77,79,79,80,81];

≫x＝x′;

≫xx＝[x.^2,x,ones(size(x))];

≫y＝y′;

≫a＝xx\y

≫plot(x,y,′o′);

≫x1＝linspace(0,8,20);

≫y1＝a(1)＊x1.^2＋a(2)＊x1＋a(3);

≫hold on

≫plot(x1,y1,′r一′);

程序运行后:

a＝

0.0298

0.7560

74.4583

拟合曲线的方程为:

$$y = 0.029\ 8x^2 + 0.756\ 0x + 74.458\ 3 \tag{F-28}$$

其拟合曲线如图 F-20 所示。从图 F-19 和图 F-20 可以明显看出,运用二次函数拟合比指数函数拟合更能反应低压的变化规律,其效果更好,我们这里不再做方差检验。

由上述分析可知,运用二次函数拟合更能反映人体血压的变化规律,为此,我们对 26～30 岁、31～35 岁、36～40 岁、41～45 岁及 46 岁以上年龄段的作业工人血压与工作时间的变化规律分别进行了分析并进行了曲线拟合,各个年龄段血压变化规律如图 F-21 所示。

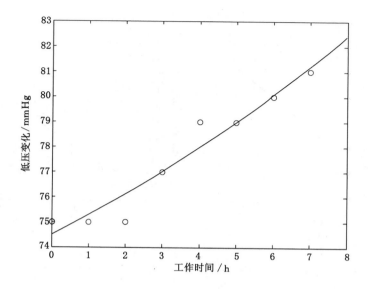

图 F-20　数据点与二次函数拟合图像

从图 F-21(i)～(j)各个年龄段血压变化趋势中可以得出下列结论：

（1）随着作业工人年龄的增长，人体的平均血压呈递增趋势，尤其是低压随年龄的增长其上升趋势更加明显。

（2）随着工作时间的增长，作业工人体能的消耗，疲劳程度的加重，人体血压呈递增趋势，且 26～30 岁年龄段增长的幅度明显高于其他年龄段作业工人的血压增幅。

（3）在工人到达工作面的前 4 h，血压升高的速度较慢，4 h 以后血压升高的速度明显增快，特别是 4～6 h 有明显上升趋势。

（4）作业工人的血压随作业时间的增长而升高，但各年龄段的作业工人的血压逐渐升高之后最终将会稳定到一个稳定的范围。

**（三）矿工心率变化规律的研究**

1. 人体心率的影响因素

正常成年人安静时的心率有显著的个体差异，平均在 75 次/分左右（60～100 次/min），小于 60 次/分就称为心动过缓，大于 100 次/min，则称为心率过速。心率可因年龄、性别及其它生理情况而不同。正常情况下，每个人的心率会在一个稳定的范围内波动。影响人心率变化的因素很多，如体位改变、体力活动、食物消化、情绪焦虑、兴奋、恐惧、激动、饮酒、吸烟、饮茶等。而煤矿掘进工作面环境条件复杂，光照不足、粉尘较大、湿度较高、噪声较大等因素都是影响人体心率变化的重要因素。为此，我们同样选取了平煤一矿戊$_{10}$-31100 和戊$_{10}$-31010 两个掘进工作面作业工人作为研究对象，对其心率变化进行了连续跟踪实测，并对实测结果进行分析研究，以得到该作业环境下作业工人心率的变化规律。

2. 矿工心率变化规律分析

由于不同年龄的人的心律范围具有较大差别，同样把作业工人分为 20～25 岁、26～30 岁、31～35 岁、36～40 岁、41～45 岁及 46 岁以上 6 年龄段进行分析，根据测试的结果，每个

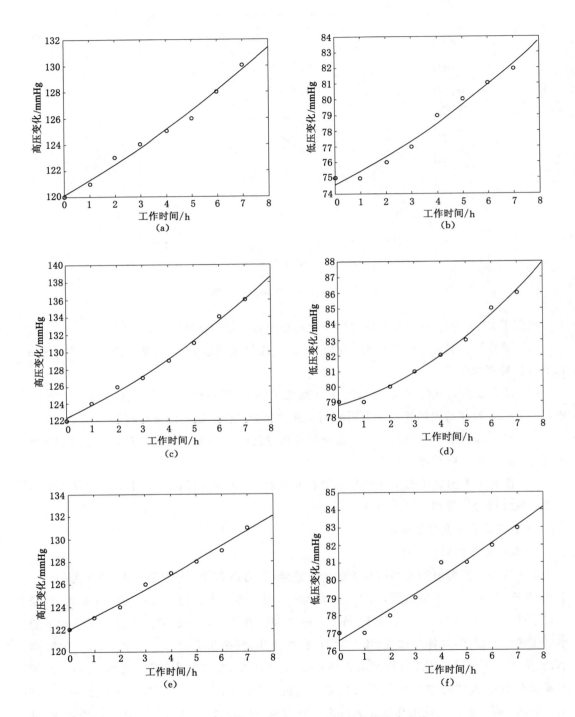

图 F-21　不同年龄段工人血压变化趋势拟合曲线

(a) 26～30 岁年龄段(高压);(b) 26～30 岁年龄段(低压);

(c) 31～35 岁年龄段(高压);(d) 31～35 岁年龄段(低压);

(e) 36～40 岁年龄段(高压);(f) 36～40 岁年龄段(低压);

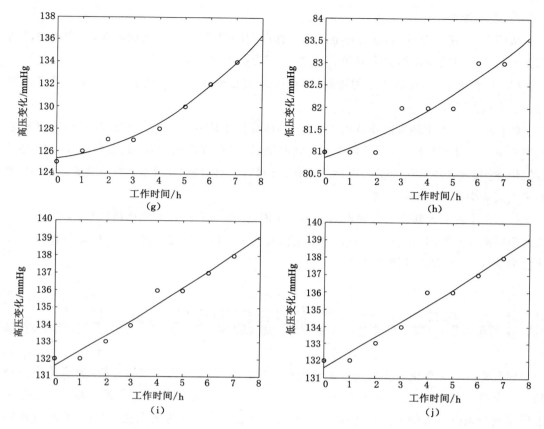

续图 F-21　不同年龄段工人血压变化趋势拟合曲线

(g) 41~45 岁年龄段(高压);(h) 41~45 岁年龄段(低压);

(i) 46 岁以上年龄段(高压);(j) 46 岁以上年龄段(低压)

年龄段取其心率的算术平均值,绘制出不同年龄作业工人心率与工作时间变化的趋势,如图 F-22所示。

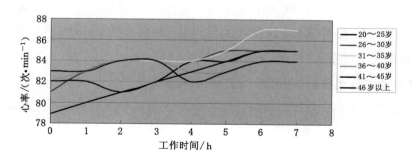

图 F-22　不同年龄段作业工人心率与时间变化的趋势图

　　从图 F-22 可以看出,随着作业工人工作时间的增长、劳动强度的增加,作业工人的心率普遍升高。这充分说明了心率与劳动负荷、工作强度有直接的关系。实地观测研究发现,当作业工人处于劳动状态时,其身心紧张,通常以交感神经系统兴奋占优势,其生理表现为呼吸变浅,心率加快。

从图 F-22 还可以看出,随着作业工人工作时间的增长,劳动强度的增加,不同年龄段的作业工人的心率的变化趋势是不同的,主要表现为以下规律:

(1) 从整体上看,随着年龄的增长,作业工人的心率变化幅度逐渐减小,并且最终将维持一个大致的范围。

(2) 20～25 岁年龄段的作业工人,由于整体身体素质要好于其他年龄段,所以,他们的平均心率较其他年龄段低,但随着作业时间的增长,劳动强度的增加,其心率的变化幅度明显较快,这与该年龄段作业工人年轻气盛有关;同时,他们性情不定,干事不稳重,也成为他们发生人为失误率较高的因素。

(3) 在作业工人到达工作地点的前两个小时,作业工人的心率变化幅度普遍较小;当工作两小时到 4 h 期间,作业工人的心率变化幅度较为明显。研究发现,这一规律与作业工人体能的消耗、劳动强度的增大有关。

# 附录 2　综采工作面员工不安全行为影响因素分析

前文对综采工作面各主要工种不安全行为的危险性进行了详细的分析,为了预防和控制不安全行为的发生,需要对影响不安全行为的形成因子进行分析。从而有助于构建综采工作面复杂条件下人的安全行为模式,进而有效分析不安全行为的发生规律,并采取有效的措施预防事故。

结合煤矿实际情况,在行为抽样测量和现场访谈所得行为数据基础上,并搜集资料、文献分析研究,并根据所构建的不安全行为形成机理模型,提出可能影响煤矿综采工作面员工不安全行为的因素进行分析和探讨,构建综采工作面员工不安全行为的内因影响因素初始模型,经实证分析后,构建综采工作面员工不安全行为的内因影响因素最终模型。使用层次分析法,对综采工作面员工不安全行为外部影响因素进行重要性排序,并构建各外因影响因素模型。以照度为例,使用 EyeLinkⅡ高速眼动仪,试验研究得出照度对人视觉识别性的影响规律。

## 一、综采工作面员工不安全行为影响因素之内因分析

### (一)不安全行为内因影响因素分析及相关假设

以下从"感觉—记忆—理解—认识—信息处理"从 5 个层次展开对不安全行为影响因素的内因分析。

1. 感觉

感觉是各种复杂的高级心理过程(如记忆、理解、认知、思维、想象、情感)的基础。根据综采工作面实际,将感觉划分为视觉、听觉、肤觉、反应时间、疲劳 5 个维度进行研究。

(1)视觉

影响综采工作面员工安全行为的视觉现象主要有明、暗适应能力和视错觉等。首先,明、暗适应能力。煤矿井下巷道照明强度大小不一,明暗差异较大,从较亮、较暗区域进入综

采工作面,极易出现明适应和暗适应现象,从而导致综采工作面员工不安全行为的发生;其次,视错觉。综采工作面工作环境色调单一,照明较差,因此综采工作面员工极易出现视错觉,而引发不安全行为。

（2）听觉

煤矿井下综采面由于采煤机、刮板机、破碎机、转载机等机器共同工作时产生极大噪声,从而较大程度掩蔽综采面员工听觉系统。因此,在出现不安全行为时或出现安全隐患时听不到工友的警告,也降低了员工的风险识别能力,较易导致员工发生不安全行为,而且噪声可以通过听觉影响人的生理指标从而诱导不安全行为的发生。

（3）肤觉

肤觉可分为触觉、温度觉和痛觉。

触觉是微弱的机械刺激及皮肤浅层的触觉感受器而引起的;压觉是较强的机械刺激引起皮肤深层组织变性而产生的感觉,通常将上述现象称为触压觉;触压感受器在体表各部分不同,舌尖、唇部和指尖等处较为敏感,背部、腿和手背较差。通过触觉人们可以辨别物体大小、形状、硬度、光滑度及表面机理等机械性质。温度觉分为冷觉和热觉。痛觉是剧烈刺激引起的,具有生物学意义,它可以导致机体的保护性反应。

（4）反应时间

综采工作面员工从开始观察事物到记忆、理解、识别所反映信息到采取动作,都经历了感觉、记忆、理解、认知、信息处理的时间过程,需要一定的反应时间确保机器操作者的行为可靠度。为了进一步确保综采工作面人—机—环境系统安全生产作业,首先在设备本质安全化设计时,要保证预留人的反应时间足够精准操作综采工作面大型机械设备,如采煤机、刮板机、破碎机、转载机、胶带机等;其次要经常培训采煤机司机、刮板机工、破碎机工、转载机工、胶带机工等设备操纵人员,并进行日常演练和专业技能考评并记录留档查看,以此来提高综采工作面设备操作员工的反应速度,以此提高操作人员的行为可靠度,降低不安全行为的发生率。

（5）疲劳

疲劳分为生理疲劳和心理疲劳两种。生理疲劳主要是指由于劳动时间过长和劳动强度较大导致肌肉酸痛现象。心理疲劳则与工人中枢神经活动有关,主要表现在注意力不集中、反应变慢等。综采工作面员工每班工作时间在 10 h 以上,加之工作面作业环境差等因素,易使综采面员工感到生理和心理疲劳。综采工作面员工在工作过场中出现生理疲劳或心理疲劳,都会使员工作业反应时间变长,风险感知、风险规避、应急处置等能力降低,从而降低疲劳员工作业行为可靠度,较易导致事故发生。

基于对感觉 5 个维度的简单分析,对感觉的 5 个方面提出如下假设,见表 F-18。

**表 F-18**　　　　　　　　　　　　　　**感觉类假设列表**

| 序号 | 假设内容 |
|------|----------|
| H1 | 员工视觉能力与综采工作面员工产生不安全行为相关 |
| H2 | 员工听觉能力与综采工作面员工产生不安全行为相关 |

| 序号 | 假设内容 |
|---|---|
| H3 | 员工肤觉能力与综采工作面员工产生不安全行为相关 |
| H4 | 员工反应时间与综采工作面员工产生不安全行为相关 |
| H5 | 员工疲劳状态与综采工作面员工产生不安全行为相关 |

## 2. 记忆

综采工作面员工在复杂的环境下受到外界刺激后,在感觉器官感觉过程中,人的过去经验有重要的作用,但是没有记忆的参与,人就不能分辨和确认周围的事物。由记忆能力提供的短暂感知到的信息储存和储存的以往关于处理同类事物的知识、经验在解决综采工作面安全问题时起着重大作用。综采工作面员工所记忆的安全规章制度以及在工作中积累的安全相关的经验和常识有助于在感觉后为下一步准确理解、准确认知刺激源奠定基础。因此,记忆对不安全行为行成有很重要的影响作用。基于以上分析,对记忆方面提出如下假设,见表 F-19。

表 F-19　　　　　　　　　　　　　　　记忆类假设列表

| 序号 | 假设内容 |
|---|---|
| H6 | 员工关于安全规章制度和刺激源的记忆;<br>能力与综采工作面员工产生不安全行为相关 |

## 3. 理解

理解是人的大脑对事物分析决定的一种对事物本质的认识,各员工在记忆安全规章制度和常识经验之后,对内容或者刺激源的本质理解会有很大的差异。比如,对瓦斯浓度超限报警的理解,有些员工理解为超限的危险性很大需要及时采取措施制止,也会有员工认为刚开始报警没有多大影响并未及时采取措施,这就是对规章制度和刺激源不同的理解影响认知的准确性。因此,理解对不安全行为形成也有很大的影响。基于以上分析,对理解方面提出如下假设,见表 F-20。

表 F-20　　　　　　　　　　　　　　　理解类假设列表

| 序号 | 假设内容 |
|---|---|
| H7 | 员工关于安全规章制度和刺激源的理解;<br>能力与综采工作面员工产生不安全行为相关 |

## 4. 认知

人对客观事物的认知是从自己感觉开始。通过形成概念、知觉、记忆或理解等心理活动来获取知识的过程,结合煤矿的实际情况,在井下综采工作面的作业过程中,员工的心理状态和员工的风险感知能力是影响综采面员工认知的主要因素。

（1）综采面员工的心理状态

在煤炭的生产过程中,综采工作面员工一直处于复杂条件下工作,心理状态易受综采工作面的温度、湿度、照度、噪声、粉尘、色彩、振动、风速、管理方法、组织机构等复杂条件的影响,心理状态不稳定易出现波动,极易产生不安全行为。

从安全人因工程的角度出发,员工的心理影响因素分为以下几个方面:

① 性格:综采面员工在生活工作中逐步形成的对客观现实比较稳定的态度和与之相适应的行为方式。性格是其最重要、最显著的心理特征之一,对性格而言相对而言也有好坏之分,好性格有:理智型和坚韧型等,不良性格有:内向型、急躁型等。

② 情绪:综采面员工的情绪是指其感觉和认知对外界事物过程中产生的态度,是一种心理活动。

③ 意志:在综采面员工的性格特征中具有十分重要的地位,是保障综采面员工各项工作顺利开展的重要基本特质。

（2）综采面员工的风险感知能力

综采工作面员工的风险感知能力是指的员工在日常作业中,对于综采工作面复杂环境中容易出现的危险、有害因素较为熟悉并认识充分,确保可以及时感知出危险源,并可以准确感知突发事件预兆或者突发事故。综采工作面员工的风险感知能力主要来源是对综采工作面各工种各类不安全行为危险性的了解和具体表现形式的认识,从而学习相关控制各类不安全行为的各种安全知识,且加强对综采工作面人—机—环境系统的充分了解,并培训和演练综采工作面的风险感知能力。通过记忆将学习、培训和演练所得知识和经验储存在大脑中,并加以理解,在工作中遇到突发状况时可以将储存的知识、经验及时转化为对风险的感知能力。基于对认知中心理状态和风险感知能力两个方面的简单分析,对其提出如下假设,见表 F-21。

表 F-21　　　　　　　　　　　　认知类假设列表

| 序号 | 假设内容 |
| --- | --- |
| H8 | 员工心理状态与综采工作面员工产生不安全行为相关 |
| H9 | 员工的性格与综采工作面员工产生不安全行为相关 |
| H10 | 员工的情绪状态与综采工作面员工产生不安全行为相关 |
| H11 | 员工的意志与综采工作面员工产生不安全行为相关 |
| H12 | 员工风险感知能力与综采工作面员工产生不安全行为相关 |

5. 信息处理

这一过程将使信息增值,而不是简单的复制和传递。只有在对信息进行适当处理的基础上,才能产生新的、用以指导决策的有效信息或知识。结合煤矿的实际情况,生产过程中影响综采面员工信息处理因素主要包括以下几个方面:

（1）综采面员工的风险识别能力，员工在煤矿综采工作面生产过程中能够有效的识别作业场所可能存在风险的能力。

（2）综采面员工的风险规避能力，员工在煤矿综采工作面生产过程中对作业场所存在的风险能够采取有效的方法和手段规避风险，尽量避免自己和他人受到伤害。

（3）综采面员工的应急处置能力，员工在煤矿综采工作面生产过程中能够采取有效的方法和手段制止风险，防止扩大和失控。

基于以上分析，对信息处理的 3 方面做出假设，见表 F-22。

**表 F-22　　　　　　　　　　信息处理类假设列表**

| 序号 | 假设内容 |
|------|----------|
| H13 | 员工的风险识别能力与综采工作面员工产生不安全行为相关 |
| H14 | 员工的风险规避能力与综采工作面员工产生不安全行为相关 |
| H15 | 员工的应急处置能力与综采工作面员工产生不安全行为相关 |

6. 内因概念模型的提出

根据以上感觉、记忆、理解、认知、信息处理对不安全行为影响的假设构建出综采工作面员工不安全行为影响因素内因分析的假设模型，如图 F-23 所示。

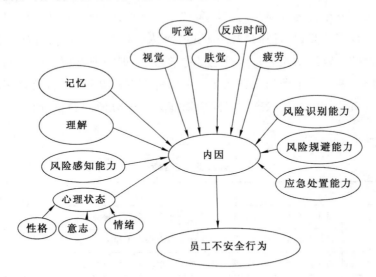

图 F-23　综采工作面员工不安全行为内因影响因素分析概念模型

**（二）不安全行为内因影响因素分析实证研究**

本节关于综采工作面员工不安全行为内因影响因素分析的实证研究所采用的研究方法如前所述。通过对影响综采工作面员工不安全发生的内因分析，列出内因中潜变量的测量指标，见表 F-23。

表 F-23　　　　　　　　　　　　　内因中潜变量的测量指标

| 潜变量 | | 测量指标 |
|---|---|---|
| 感觉 | 视觉 | 视觉的重视程度(e1) |
| | | 视觉在安全工作的地位(e2) |
| | | 视觉适应性的训练(e3) |
| | 听觉 | 听觉的重视程度(e4) |
| | | 听觉在安全工作的地位(e5) |
| | | 听觉辨别能力的培养(e6) |
| | 肤觉 | 肤觉的重视程度(e7) |
| | | 肤觉在安全工作中的地位(e8) |
| | | 肤觉感受能力的培养(e9) |
| | 反应时间 | 反应时间的重视程度(e10) |
| | | 反应时间在安全工作的地位(e11) |
| | | 反应时间的训练(e12) |
| | 疲劳 | 疲劳的重视程度(e13) |
| | | 疲劳对安全工作的影响(e14) |
| | | 疲劳的调节(e15) |
| 记忆 | 记忆 | 记忆规章制度的重视程度(e16) |
| | | 记忆规章制度在安全工作中的地位(e17) |
| | | 记忆安全规章制度能力的培养(e18) |
| 理解 | 理解 | 理解规章制度的重视程度(e19) |
| | | 理解规章制度在安全工作的地位(e20) |
| | | 理解安全规章制度能力的培养(e21) |
| 认知 | 风险感知能力 | 风险感知能力的重视程度(e22) |
| | | 风险感知能力在安全工作的地位(e23) |
| | | 风险感知能力的安全培训效果(e24) |
| | 性格 | 性格的重视程度(e25) |
| | | 性格在安全工作的地位(e26) |
| | | 性格调节能力的培养(e27) |
| | 意志 | 意志的重视程度(e28) |
| | | 意志在安全工作的地位(e29) |
| | | 意志力的培养(e30) |
| | 情绪 | 情绪的重视程度(e31) |
| | | 情绪在安全工作的地位(e32) |
| | | 情绪控制能力的培养(e33) |
| 信息处理 | 风险感知能力 | 风险辨识能力的重视程度(e34) |
| | 风险规避能力 | 风险辨识能力在安全工作的地位(e35) |
| | 应急处置能力 | 风险辨识能力的安全培训效果(e36) |
| | | 风险规避能力的重视程度(e37) |
| | | 风险规避能力在安全工作的地位(e38) |
| | | 风险规避能力的安全培训效果(e39) |
| | | 应急处置能力的重视程度(e40) |
| | | 应急处置能力在安全工作的地位(e41) |
| | | 应急处置能力的安全培训效果(e42) |

根据上述内因分析感觉、记忆、理解、认知、信息处理五方面变量的设计,得到综采工作面员工不安全行为内因影响因素初始模型如图 F-24 所示。

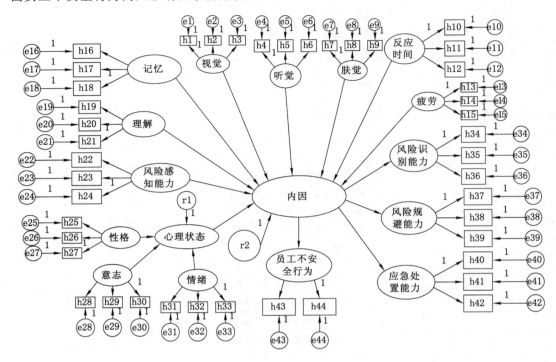

图 F-24　综采工作面员工不安全行为内因影响因素初始模型

运用 SPSS20.0 软件计算的克朗巴哈(Cronbach)系数来检测综采工作面员工不安全行为内因影响因素调查问卷的信度和效度。其计算结果表明,该问卷具有很好的可靠性和较高的结构效度。

运用软件 AMOS17.0 对综采工作面员工不安全行为内因影响因素初始模型进行拟合。其方差估计和标准回归系数结果表明,此模型并未发生违反估计之现象,可以运用 AMOS17.0分析对设想的初始模型进行整体模型拟合度的检验,拟合指数见表 F-24 所示。结果表明:构建初始模型拟合度检验符合参考标准。

表 F-24　　　　　　　　　　　初始模型拟合指数

| $\chi^2/\mathrm{d}f$ | RMSEA | NFI | IFI | CFI |
|---|---|---|---|---|
| 2.772 | 0.067 | 0.853 | 0.864 | 0.829 |

综上所述,通过对综采工作面员工不安全行为内因影响因素初始模型进行实证分析,得到综采工作面员工不安全行为内因影响因素最终模型如图 F-25 所示。

从煤矿综采工作面员工不安全行为内因影响因素最终模型可知,整个模型中外源潜变量有 14 个:视觉、听觉、肤觉、反应时间、疲劳、记忆、理解、风险感知能力、性格、意志、情绪、

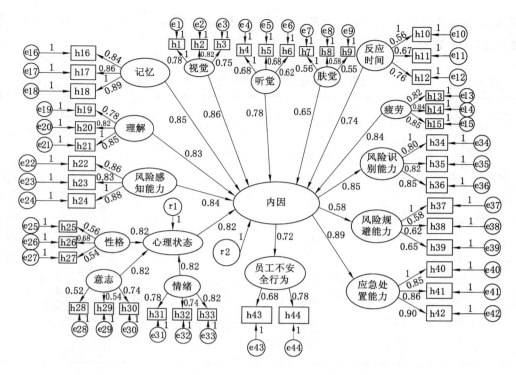

图 F-25 综采工作面员工不安全行为内因影响因素最终模型

风险识别能力、风险规避能力、应急处置能力。其中视觉、疲劳、记忆、理解、风险感知能力、风险识别能力、应急处置能力对员工不安全行为的产生影响较大，要想预防和控制不安全行为的发生，从内因影响方面应重点从这些方面着手。

## 二、综采工作面员工不安全行为影响因素之外因分析

### （一）不安全行为外因影响因素确定

1. 不安全行为外因影响因素实际调研

采用现场访谈法、资料分析法和文献研究法对综采工作面员工产生不安全行为的外因影响因素进行调研。

具体调研所汇总的综采工作面员工不安全行为的外因影响因素进行分析、汇总、归纳如下：

组织因素：企业安全管理制度、执行等情况；工友同事之间对于安全行为的态度和行动等；企业工作压力对员工安全行为的影响；企业应急装备、演习等对安全行为的影响。

领导因素：管理者对于安全的态度和看法等；管理者对于安全的实际行动等。

环境因素：工作现场噪声、温度、湿度、环境布置等因素；设备本质安全化、安全装备配备、人机匹配等情况。

社会因素：社会大众对于安全生产的认可程度；个体生活背景对于安全行为的影响；社会对安全和生命的态度；国家对于安全生产的法律法规完善及落实。

2. 不安全行为影响因素确定

综合考虑研究目的、文献涉及的研究方法、不安全行为研究现状中所涉及的研究对象

等,重点确定并关注了涉及组织因素、环境因素、领导因素及社会因素4个二级因素12个三级要素,见表F-25。

表 F-25　　　　　　　　　综采工作面员工不安全行为外因影响因素概况

| 一级因素 | 二级因素 | 三级因素 |
|---|---|---|
| 不安全行为外因影响因素 | 组织因素 | 安全管理 |
| | | 工作压力 |
| | | 工友影响 |
| | | 应急水平 |
| | 环境因素 | 现场环境 |
| | | 风险水平 |
| | | 人机匹配 |
| | | 安全装备 |
| | 领导因素 | 领导安全承诺 |
| | | 领导安全行动 |
| | 社会因素 | 社会舆论 |
| | | 风俗与时尚 |

　　影响综采面员工不安全行为的外部因素很多、性质各不相同,而且各因素对不同员工的不安全行为产生的作用强度也有很大区别,所以本文对所有因素进行全面深入研究不太现实。因此,本文将从组织因素、环境因素、领导因素和社会因素进行层次分析法研究,通过对重要度进行排序,选取影响较大的因素进行深入分析。

**(二)不安全行为外因影响因素重要性分析**

1. 构建层级结构模型

构建煤矿综采工作面复杂条件下员工不安全行为外因影响因素的层次结构模型,如图F-26所示。

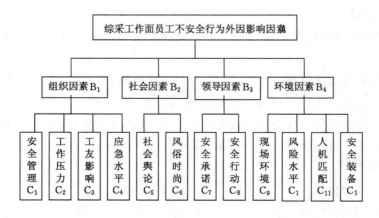

图 F-26　综采工作面员工不安全行为影响因素层次结构模型

**2. 构造两两判断矩阵**

通过煤矿相关部门帮助,笔者选取了调研煤矿综采工作面一线员工中有发生过事故或违章情况的 50 名员工,让其对各外部影响因素的重要程度进行打分,二级指标判断矩阵见表 F-26。

表 F-26　　　　　　　　　　　　　　　二级指标判断矩阵

| $A$ | $B_1$ | $B_2$ | $B_3$ | $B_4$ |
|-----|-------|-------|-------|-------|
| $B_1$ | 1 | 3 | 5 | 2 |
| $B_2$ | 1/3 | 1 | 3 | 1/5 |
| $B_3$ | 1/5 | 1/3 | 1 | 1/5 |
| $B_4$ | 1/2 | 5 | 5 | 1 |

**3. 权重计算**

采用层次分析法中的方根法计算判断矩阵最大特征根及其相对应的特征向量,步骤如下:

(1) 计算标准判断矩阵 $A=(a_{ij})_{n \times n}$ 的每一行元素 $a_{ij}$ 的乘积的 $n$ 次方根,则:

$$W_{\bar{i}}=\sqrt[n]{\prod_{j=1}^{n}a_{ij}}=(2.34,0.699,0.34,1.88)^{\mathrm{T}}$$

(2) 将向量 $\overline{W}=[\overline{W}_1,\overline{W}_2,\cdots,\overline{W}_n]$ 归一化:

$$W_i=\overline{W}_i / \sum_{i=1}^{n}\overline{W}_i$$

则

$$W=[\overline{W}_1,\overline{W}_2,\overline{W}_3,\overline{W}_4]^{\mathrm{T}}=[0.447,0.128,0.065,0.360]^{\mathrm{T}}$$

即为所求的特征向量,也是评估指标的权重向量。

(3) 计算判断矩阵的最大特征值。

$$\lambda_{\max}=\frac{1}{n}\sum_{i=1}^{n}\frac{(AW)_i}{W_i},\lambda_{\max}=\frac{1}{4}\sum_{i=1}^{n}\frac{(AW)_i}{W_i}=4.222$$

**4. 判断矩阵的一致性检验**

(1) 计算一致性指标 $I_c$

$$I_c=(\lambda_{\max}-n)/n-1$$

式中,$n$ 为判断矩阵的阶数,则 $I_c=(\lambda_{\max}-4)/3=0.0745$。

(2) 根据表 F-27 查找平均随机一致性指标 $I_R=0.90$。

表 F-27　　　　　　　　　　　　　　　平均随机一致性指标 IR 取值表

| 阶数 $n$ | 1 | 2 | 3 | 4 | 5 | 6 | 7 | 8 | 9 | 10 | 11 | 12 | 13 | 14 |
|---------|---|---|---|---|---|---|---|---|---|----|----|----|----|----|
| $I_R$ | 0.00 | 0.00 | 0.52 | 0.90 | 1.12 | 1.25 | 1.35 | 1.42 | 1.46 | 1.49 | 1.52 | 1.54 | 1.56 | 1.58 |

(3) 计算一致性比率 $R_c$

$$R_c=I_c / I_R=0.0745/0.90=0.08$$

即 $R_c < 0.10$，则判断矩阵具有满意的一致性水平，检验通过。

5. 三级指标权重计算及排序总排序

按照计算思路依次进行计算，得到影响因素的层次总排序，见表 F-28。

**表 F-28　　　　　　　不安全行为影响因素三级指标总排序**

| 三级指标 | 二级指标 | | | | 三级指标总排序 |
|---|---|---|---|---|---|
| | $B_1$ | $B_2$ | $B_3$ | $B_4$ | |
| | 0.447 | 0.128 | 0.065 | 0.360 | |
| $C_1$ | 0.227 | | | | 0.101 5 |
| $C_2$ | 0.227 | | | | 0.101 5 |
| $C_3$ | 0.423 | | | | 0.189 1 |
| $C_4$ | 0.123 | | | | 0.055 0 |
| $C_5$ | | 0.366 | | | 0.046 8 |
| $C_6$ | | 0.634 | | | 0.081 1 |
| $C_7$ | | | 0.586 | | 0.038 1 |
| $C_8$ | | | 0.414 | | 0.026 9 |
| $C_9$ | | | | 0.525 6 | 0.189 2 |
| $C_{10}$ | | | | 0.151 1 | 0.054 4 |
| $C_{11}$ | | | | 0.274 2 | 0.098 7 |
| $C_{12}$ | | | | 0.049 2 | 0.017 7 |

不安全行为影响因素的各级指标及权重见表 F-29。

**表 F-29　　　　　　　不安全行为影响因素指标及权重**

| 一级因素 | 二级因素 | 权重 | 三级因素 | 权重 |
|---|---|---|---|---|
| 不安全行为外因影响因素 | 组织因素 | 0.447 | 安全管理 | 0.101 5 |
| | | | 工作压力 | 0.101 5 |
| | | | 工友影响 | 0.189 1 |
| | | | 应急水平 | 0.055 0 |
| | 社会因素 | 0.128 | 社会舆论 | 0.046 8 |
| | | | 风俗与时尚 | 0.081 1 |
| | 领导因素 | 0.065 | 领导安全承诺 | 0.038 1 |
| | | | 领导安全行动 | 0.026 9 |
| | 环境因素 | 0.360 | 现场环境 | 0.189 2 |
| | | | 风险水平 | 0.054 4 |
| | | | 人机匹配 | 0.098 7 |
| | | | 安全装备 | 0.017 7 |

根据综采工作面员工不安全行为外因影响因素层次分析法计算结果可知，影响综采面

员工不安全行为的外因中,组织因素、社会因素、领导因素和环境因素的相对重要性排序为:组织因素＞环境因素＞领导因素＞社会因素。

因此,要想降低综采工作面员工不安全行为的发生概率,就应该对所占权重较大的因素进行重点关注,以便找到有针对性的综采工作面员工不安全行为的对策和措施,从而有效控制综采工作面员工不安全行为的发生。

**（三）照度对人的视觉识别性影响的实验研究及分析**

由以上计算结果可知,三级因素中现场环境和工友影响所占权重较高,以下将针对现场环境因素对人的影响进行试验研究和分析。

综采工作面所需的照明完全由人工照明来提供,主要是局部照明,但是局部照明要便于识别对象,为了深入分析照度对人识别性的影响,就以采煤机造作平台上出现的各类显示器作为刺激材料设计试验研究其安全性。

显示器将机器的工作倍息传递给人,实现人—机的信息传递,操作者根据显示信息来了解和掌损机器的运行情况,从而控制和操纵机器。信息传递、处理的速度与准确度直接影响工作的安全性和效率。当人在浏览视觉信息时,人通过视觉系统将视觉信息传递给大脑,大脑通过控制人的眼动来表达对视觉信息的兴趣,这个过程称为视觉感知。仪表监控人员监控仪表显示器的过程就是视觉感知的过程,人们通过识别和感知显示器所传递的危险信息来指导自己的行为,有效避免可能发生的各种事故。仪表显示器所传递的危险信息对人的行为产生作用的过程可分为:发现（注意阶段）、识别（识别阶段）、信息判断与决策（判断阶段）、遵守操作（行为阶段）4 个阶段。在这个过程中,发现仪表显示器所传递的危险信息是遵守操作的前提,即人对危险信息视觉注意程度,而环境状况对生产系统中的人有很大的影响。环境变化会影响人的心理、生理甚至干扰人的正常行为。环境中照度的变化会影响仪表监测人员对危险信息视觉注意程度,进而影响仪表监测人员迅速而准确的识读显示器所传递的危险信息,然后直接影响人的安全行为的操作状况。因此,研究照度对仪表监控人员监控仪表显示器的视觉识别性的影响规律,对提高监控过程对仪表显示器所传递的危险信息识别性,进而减少人的不安全行为及事故发生有重要意义。

针对工作环境中照度对显示器所传递的危险信息视觉识别性的影响,还未见从视觉识别性及眼动技术角度进行的定量的试验研究。因此可利用眼动追踪技术,通过 EyeLinkII 型高速眼动仪采集不同照度下被试者在警戒用仪表视觉刺激条件下的眼动数据,并将分析结果结合视觉注意理论,得出照度对仪表监控人员眼动特征影响规律,进而为仪表监控人员工作环境中照度设计提出最优化建议,使人与环境更加协调,从而增强人的安全行为。

1.试验系统及方案

具体举例如下:

～～～～～～～～～～～～～～～～～～～～～～～～～～～～～～～～～～～～

1.试验系统

本实验搭建如图 1 所示实验平台,通过 3 W、5 W、9 W、15 W、20 W、40 W 节能台灯改变局部照明来控制实验变量——工作环境照度,并通过照度计测量照度数值;并通过空调、加湿器等保证每次实验环境温度、湿度相同；采用加拿大 SR Research 公司生产的 Eye-LinkII 型眼动仪进行眼动数据监测。

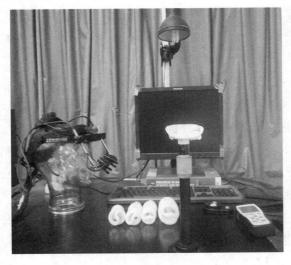

图 1　试验平台

二、试验方案

（1）试验地点

为摒除具体的天气和气候变化对照度变化的影响，进而影响试验效果，在室内一般照明的基础上通过调节局部照明光源亮度来满足实验所需的不同照度效果，这样既能达到由环境变化而引起照度变化的模拟，又能克服由环境变化的不确定带来实际测量的困难，使测得的结果具有共性。

实验在 4 m×5 m 的安静暗室进行，环境温度为 28 ℃，相对湿度为 30%。光源采用可调的节能灯台灯和白炽灯安装在顶棚上作为一般照明（在白炽灯下面距顶棚 35 cm 处安装透明有机玻璃格栅，以使室内照度均匀），台灯在被试者上方作为局部照明，使工作面照度均匀，并且提高空间亮度，照度值最高可达到 700 lx，在低于 500 lx 时在屏幕上乎看不到反射光幕和眩光的存在，并且照明质量和视觉效果较好。

（2）试验对象

为保证实验数据的合理性，本试验随机选取 20 名被试者，均为在读研究生，观察者经过视力和色盲检查，视力或矫正视力均正常，无色盲色弱现象，无眼动类实验经验，试验前无视觉疲劳。

（3）试验仪器

① 主要仪器：EyeLinkII 型眼动仪。由加拿大 SR Research 公司生产，该眼动仪采用瞳孔和角膜反射追踪模式，平均凝视位置误差<0.5°，其按照工效学原理设计头盔装置，头部自由，轻便耐用，易于设置、校正和确认，且和大多数眼镜或隐形眼镜兼容，见图 2。最高采样频率为 500 Hz；用眼动仪自带软件 Experiment Builder 编写实验程序；被试机显示器分辨率为 1024×768，大小 19 in；显示器与被试眼睛保持距离 60 cm。

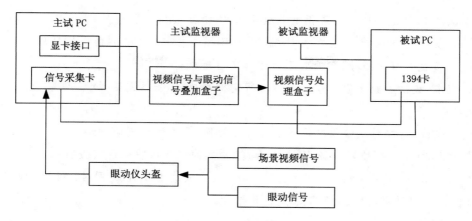

图 2　EyelinkII 系统概况

②辅助仪器:照度计、温度计、湿度计、节能台灯、空调、加湿器、节能灯(3W、5W、9W、15W、20W、40W 各 1 个)、支架(固定台灯)等。照度计、台灯、节能灯(3W、5W、9W、15W、20W、40W)用以调节控制实验环境照度值;空调、温度计用以控制实验环境温度度值保持不变,加湿器、温度计用以控制实验环境湿度值保持不变。

(4)试验过程

按照标准绘制试验刺激图片,并将所有图片处理成大小和像素相同,且满足编程要求。用眼动仪自带软件 Experiment Builder 将试验刺激图片编入试验程序,依次呈现表 1 所列 3 组共计 15 个试验刺激材料图片,在两张图片切换时会以空白屏掩蔽,驻留时间(注视点停留在每张刺激材料上的累计时间)设定为每张图片呈现 3 000 ms。试验 1～6 连续 6 d 进行,每个试验 20 名被试者单独进行,并保证室内安静。试验均在人体生理周期相似的时段内(9:00—11:00)完成;试验进行 15 min 的照明适应,尽量保证样本对试验环境照度的相同性和平等性。每天除试验环境照度发生变化外,每个试验参与试验人员、环境温度、环境湿度相同。

表 1　　　　　　　　　　　　　　　　　试验刺激图片

| 组别 | 图形示意 | | | | |
| --- | --- | --- | --- | --- | --- |
| | 圆形 | 水平直线 | 竖直直线 | 水平弧形 | 竖直弧形 |
| 1 | | | | | |
| 2 | | | | | |
| 3 | | | | | |

① 试验1(仅由一般照明提供试验照明)。

a. 适应：试验前被试者坐在被试机前，下颚托在支架上，在小室内的试验照度下适应15 min，为被试者宣读指导语，使其正确理解实验要求；

b. 校准：被试者戴上眼动仪头盔后进行定标和校准，当误差满足试验要求时，可以开始正式试验；

c. 正式试验：按照试验程序设计依次自动切换15个试验刺激材料。

② 试验2(由一般照明和(3 W节能台能)构成的混合照明提供试验照明)。

③ 试验3～6。具体步骤和要求同试验1。只是依次由5 W、9 W、15 W、20 W、40 W节能台灯提供局部照明，使试验环境照度逐步增大。

(5) 试验数据导出及处理

试验数据自动保存在眼动仪中，首先用自带软件 Data Viewer 将数据导出，用 Excel 对FC 和 FFD 进行初步筛选和整理，处理成适合 SPSS 软件分析的格式，然后用 SPSS 22.0 软件进行统计分析。

2. 试验数据分析

依据两标准差法则对被试数据进行筛选，剔除极端数据。每种形状数据的剔除量均未超过5％。打开 SPSS22.0，输入注视点个数和首次注视时间，进行统计分析。分析结果如图 F-27 所示。

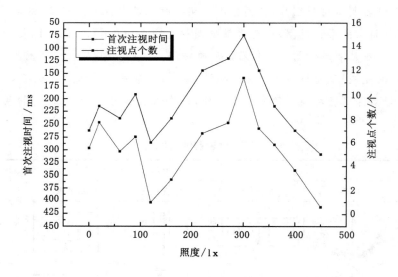

图 F-27　注视点个数和首次注视时间随照度变化曲线图

3. 讨论及结论

(1) 讨论

① 由数据分析可得，在 0～120 lx 由于受试验仪器自身显示屏亮度(显示屏亮度在120 lx左右)影响，注视点个数和首次注视时间随照度变化规律不明显。

② 分析注视点个数可以发现,300 lx 左右注视点个数最多,说明相同其他条件下,工作环境混合照明在 300 lx 左右,仪表显示器更能引起仪表监控人员的视觉注意,在设计工作环境照度值时,照度为 300 lx 左右更有助于提高工人视觉注意力及保证工人的作业安全。

③ 分析首次注视时间可以发现,的时间最短,说明在注视同一仪表显示器时,工作环境照明在 300 lx 左右所用时间最短,最有利于识别仪表显示器所传递的危险信息,从而避免安全隐患的发生。

④ 分析综合结果发现,工作环境照明在 300 lx 左右仪表显示器最能引起仪表监控人员的视觉注意。在小于 300 lx 时,可能由于照明昏暗或过暗,进而导致视觉疲劳,不利于引起仪表监控人员对仪表显示器的视觉注意。且视觉注意程度随照度的增大而增强;在大于 300 lx 时,可能由于照明太亮刺眼或引起炫光,进而导致视觉疲劳,不利于引起仪表监控人员对仪表显示器的视觉注意,且视觉注意程度随照度的增大而减弱。

⑤ 照度、温度、湿度、噪声等都是工作环境的重要构成要素,复杂环境条件会影响仪表监控人员对仪表传递的危险因素的注意和反应速度,本书只研究了照度单因素对仪表监控人员视觉注意的影响,为今后的复杂环境条件下的研究奠定了基础。

(2) 结论

通过分析实验所得眼动数据,结合视觉注意理论,得出了以下主要结论:

① 从 FC 可以得到,工作环境照明在 300 lx 左右时被测试对象对仪表显示器的的注意程度最大。

② 从 FFC 可以得到,工作环境照明在 300 lx 左右时对仪表显示器的的注意程度最大。

③ 在综合结果中,工作环境照明在 300 lx 左右仪表显示器最能引起被测试对象的视觉注意。在大于显示屏亮度小于 300 lx 时,视觉注意程度随照度的增大而增强;在大于 300 lx 时,视觉注意程度随照度的增大而减弱。因此,该研究成果具有相当的有效性与科学性,可作为工矿企业工作场所工作环境照明设计的参考依据,对提高工人视觉注意力及保证工人的作业安全方面具有重要意义。

## (四) 不安全行为各外因影响因素影响模型构建

### 1. 外因之领导因素

组织的高层管理者(senior managers)、直线管理者(line managers)和基层管理者(supervisors)是企业组织中的不同主体,他们在组织中以及在员工的不安全行为产生中扮演着不同的角色,承担着不同的责任。高层管理者、直线管理者、基层管理者这些管理主体对于安全问题的态度和承诺,以及他们在组织安全生产中的行为表现,形成领导安全因素,这些因素通过安全激励这一媒介变量对员工的不安全行为产生影响,或者说是不安全行为的预测变量,如图 F-28 所示。

### 2. 外因之组织因素

企业的安全管理方式、方法、制度等,对员工所形成的知觉(perceptions)形成组织氛围1——对安全管理制度的知觉;企业对员工的工作压力、对安全和生产的态度等,形成组织氛围 2——对工作压力风险的知觉;企业中员工之间的安全交流、影响等,形成组织氛围 3——

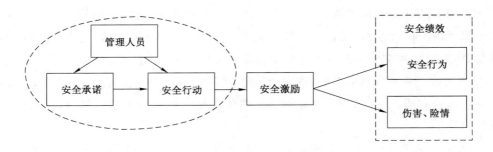

图 F-28　领导因素对人的安全行为影响理论模型

对工友及交流的知觉;企业的应急水平,包括应急预案的建立,应急演练的程度,应急装备的先进程度等,形成了组织氛围 4——对应急水平的知觉。上述 4 组组织氛围都对安全行为产生影响,或者说是安全行为的预测变量,如图 F-29 所示。

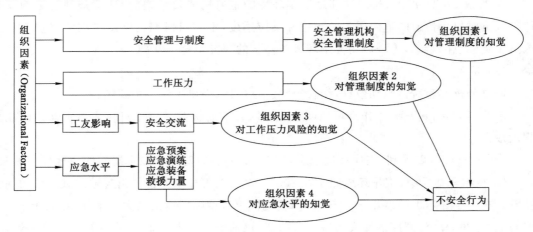

图 F-29　组织因素对人的安全行为影响理论模型

3. 外因之环境因素

本节构建了工作场所包括物态环境、风险水平及安全装备在内的环境因素对员工不安全行为影响模型,如图 F-30 所示。

4. 外因之社会因素

社会舆论会在很大程度上影响综采面员工的安全行为,它既能鼓舞人的安全行为,也会抑制人的安全行为。关于安全重视程度的社会舆论一旦形成,往往对人们的安全行为起到指向性作用。社会对安全较高的重视程度也可以强化正当的个人安全行为。社会对安全的高度重视和投入会给个人心理产生强烈的刺激,促使人重新省查、认识自己的安全行为,改变个人对自己安全行为的认知,从而形成一个良性循环,改善综采面员工的不安全行为。

风俗起着社会规范的作用,对综采面员工的行为有一定的约束力量,一般人都有顺从风俗的趋向。时尚是指人们一时崇尚的行为方式,往往对人们的行为具有强大的诱惑力量,促使人们的行为与时尚求同。因此,同样对综采面员工的不安全行为产生影响。影响模型如图 F-31 所示。

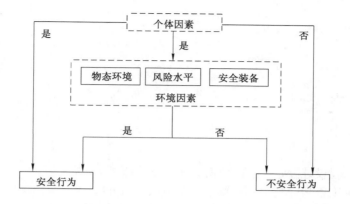

图 F-30　环境因素对人的安全行为影响理论模型

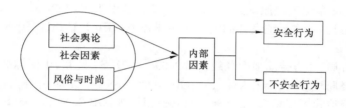

图 F-31　社会因素对人的安全行为影响理论模型

## 三、小结

（1）在综采工作面员工不安全行为形成内因、外因分析基础上，提出相应假设，并构建综采工作面员工不安全行为形成机理初始模型，在传统的 S－O－R 行为模式基础上加入了记忆、理解的阶段；经过结构方程模型验证所提出的假设，构建综采工作面员工不安全行为形成机理最终模型。对模型结果进行了相应分析，得出感觉、记忆、理解刺激源和安全规章制度的正确与否会对人的安全行为产生重要影响，综采工作面产生不安全行为的主导因素是内部自身的原因；

（2）对综采工作面员工不安全行为的内部、外部影响因素进行分析。采用结构方程模型验证所提出的假设，构建综采工作面员工不安全行为内因影响因素最终模型；运用层次分析法分析各综采工作面外因因素重要度，得出影响综采面员工不安全行为的外因中相对重要性依次为组织因素、环境因素、领导因素、社会因素；

（3）以照度为例，使用 EyeLinkⅡ高速眼动仪设计试验研究照度对人视觉识别性的影响，以照度为例，使用 EyeLinkⅡ高速眼动仪设计试验研究照度对人视觉识别性的影响规律，得出工作环境照度在 300 lx 左右仪表显示器最能引起被测试对象的视觉注意，此时观测者视觉识别性最强；

（4）构建了综采工作面外因因素中组织因素、环境因素、领导因素、社会因素 4 个方面对综采工作面员工的不安全行为的影响模型。

# 参 考 文 献

[1] 曹琦.人机工程设计[M].成都:西南交通大学出版社,1988.

[2] 陈毅然.人机工程学[M].北京:航空工业出版社,1990.

[3] 丁玉兰.人机工程学[M].3版.北京:北京理工大学出版社,2005.

[4] 郭伏,钱省三.人因工程[M].北京:机械工业出版社,2006.

[5] 郭永基.系统可靠性工程原理[M].北京:清华大学出版社,2002.

[6] 国家技术监督局.工作系统设计的人类工效学原则:GB/T 16251—2008[S].北京:中国标准出版社,2008.

[7] 国家技术监督局.体力劳动强度分级:GB 3869—1997[S].北京:中国标准出版社,2005.

[8] 国家技术监督局.中国成年人人体尺寸:GB 10000—88[S].北京:中国标准出版社,1989.

[9] 国家质量监督检验检疫总局.安全标志及其使用导则:GB 2894—2008[S].北京:中国标准出版社,2009.

[10] 国家质量监督检验检疫总局.安全色:GB 2893—2008[S].北京:中国标准出版社,2009.

[11] 国家质量监督检验检疫总局.操纵器一般人类工效学要求:GB/T 14775—93[S].北京:中国标准出版社,1994.

[12] 国家质量监督检验检疫总局.工业企业设计卫生标准:GB Z1—2010[S].北京:中国标准出版社,2010.

[13] 国家质量监督检验检疫总局.工作空间人体尺寸:GB/T 13547—92[S].北京:中国标准出版社,1992.

[14] 姜兴渭,宋政吉,王晓晨.可靠性工程技术[M].哈尔滨:哈尔滨工业大学出版社,2005.

[15] 李建中,曾维鑫,李建华.人机工程学[M].徐州:中国矿业大学出版社,2009.

[16] 梁有信.劳动卫生与职业病学[M].北京:人民卫生出版社,2000.

[17] 刘东明,孙桂林.安全人机工程学[M].北京:中国劳动出版社,1993.

[18] 刘景良,杨立全,朱虹.安全人机工程[M].北京:化学工业出版社,2009.

[19] 欧阳文昭,廖可兵.安全人机工程学[M].北京:煤炭工业出版社,2002.

[20] 邵辉,王凯全.安全心理学[M].北京:化学工业出版社,2004.

[21] 隋鹏程,陈宝智,隋旭.安全原理[M].北京:化学工业出版社,2005.

[22] 田水承,景国勋.安全管理学[M].北京:机械工业出版社,2009.

[23] 王保国,王新泉,刘淑艳,等.安全人机工程学[M].北京:机械工业出版社,2007.

[24] 谢庆森,王秉权.安全人机工程[M].天津:天津大学出版社,1999.

[25] 许国志.系统科学与工程研究[M].2版.上海:上海科技教育出版社,2001.

[26] 叶龙,李森.安全行为学[M].北京:清华大学出版社,北京交通大学出版社,2005.

[27] 张力,廖可兵.安全人机工程学[M].北京:中国劳动保障出版社,2009.

[28] 张萍,殷晓晨.人机工程学[M].合肥:合肥工业大学出版社,2009.